JN090858

よくわかる
基礎計算問題の解き方

設備士、販売、特定、
移動等の基礎計算に
強くなる

第3次
改訂版

KHK
高圧ガス保安協会

監修のことば

高圧ガス設備を安全に取り扱うためには、取り扱うガスに関する知識と設備の構造や材質の特性を充分理解することが前提であることは言うまでもない。従って、高圧ガス取扱主任者の国家試験では、その出題の範囲に法令以外に学識および保安管理の対象として、化学や物理の基礎的知識、高圧ガス容器などに関する基本的な常識が含まれている。

理科の基礎知識は、中学、高校の授業で習って以来、日常生活では殆ど必要とする機会がないので忘れてしまっていることが多いようである。特に計算を伴うような問題は、金銭の会計以外にはあまり取り扱うことがなく苦手な人が多い。

計算問題を正しく解答するには、計算式の意味を正確に理解し、正しく適用する能力が求められるが、そのためには様々な異なる条件についてその計算式を扱う多くの例題を演習することが必要である。

本書は、過去に出題された問題を取り上げ、単に模範解答を示すのではなく、例題を通して科学的現象を理解し、その理論式を正しく用いることに供することを目的としている。例年の高圧ガスの国家試験・検定試験の成績を見ると、残念ながら計算問題で充分な得点が得られず失敗している人が少なくない。これから国家試験等に挑戦する人ばかりではなく、既に資格を取得した人にとっても、実務向上のための良い教材として活用して頂きたい。

東京工業大学　名誉教授
大 島 榮 次

はじめに

高圧ガス保安法に関係する資格のうち、計算問題の比重の高い高圧ガスの製造保安の資格（甲、乙、丙種）の国家試験および講習検定の参考書として「よくわかる計算問題の解き方」が既に出版されている。

一方、製造以外の資格、例えば高圧ガス移動監視者（移動）、特定高圧ガス取扱主任者（特定）の講習検定、第一種・第二種販売主任者や液化石油ガス法の資格である液化石油ガス設備士の国家試験等について出題された問題をみると、製造に比べて比重は小さいが、計算問題が必ず出題されている。

国家資格である第一種販売主任者（一販）、第二種販売主任者（二販）（いずれも保安管理技術）および液化石油ガス設備士（設備士）（配管理論等）の国家試験、講習検定の最近の出題傾向をみると、全問に対する計算問題の出題はおよそ次のとおりであり、軽視することはできない。

一販	15 %～20 %
二販	15 %～20 %
設備士	20 %～35 %

出題されている内容は基礎的なものであり、主として化学の基礎、理想気体の挙動、反応熱、伝熱量などの熱計算および理論空気量などの燃焼計算などである。さらに設備士については、その業務に特徴的な住宅におけるLPガス容器の設置すべき本数や配管の圧力損失の計算、配管の適切な寸法取りなどの供給設備等関連の計算が必要になる。

本書は、これらの高圧ガス関係の計算の入門編として、移動、特定、一・二販および設備士の資格に挑まれる方々を対象に、主に出題された問題を整理して解説したものである。

資格の種類によって出題されている範囲は異なるが、目安としては次の範囲を学習するとよいと思われる。

移動、特定	1章、2章、3章、4章（4.2まで）
一販	1章、2章、3章、4章
二販	1章、2章、3章、4章、5章（5.1まで）
設備士	1章、2章、3章、4章、5章

計算問題に使用する数学は、中学校の前半までに勉強した易

しいものであり、本書では高圧ガスに興味のある方であればどなたでも理解できるように組み立ててある。

また、付録には、よく計算に使われる１次方程式の解き方や比例・反比例の計算などの数学を解説してあるので、忘れた方はこれを読んで思い出してほしい。

本書を活用して、少しでも多くの方が高圧ガスの資格を取得して業務に生かして頂き、それが高圧ガスの保安の向上につながれば幸甚である。

平成22年４月６日
宇野　洋

本書の使用にあたっての注意事項

1. 収録範囲

本書は高圧ガス移動監視者、特定高圧ガス取扱主任者、第一種および第二種販売主任者並びに液化石油ガス設備士の資格に関する検定、および該当する国家試験を対象に、計算問題の解き方を解説したものです。

保安管理技術や配管理論等の各試験問題には、計算問題以外に文章形式の択一問題が出題されていますので、本書以外に講習用テキストなども併せて学習される必要があります。

2. 例題、演習問題の形式

実際の問題は択一式で出題されていますが、本書は計算問題の演習本である性格上、問題の解き方に主眼をおいておりますので、例題および演習問題では択一式の形式をとっていないものが多くあります。

3. 学習範囲の便宜

資格の種類によって、実績的に出題範囲に軽重がありますので、各節には著者の判断で、その資格に応じて学習を奨励する意味の印を付けてあります。参考にして頂きたい。

その印の意味は次のとおりです。なお、(　)内は文中で省略形として使用しています。

高圧ガス移動監視者(移動)	移
特定高圧ガス取扱主任者(特定)	特
第一種販売主任者(一販)	一
第二種販売主任者(二販)	二
液化石油ガス設備士(設備士)	設

また、この印の(　)(例えば(移))は、出題頻度は少ないが、学習を奨める意味で記載してあります。

4. 例題の表示

目次には例題の内容がわかるように示してありますので、特に学習したい部分の選択などに活用して下さい。

5. 出題された出典の表示

以下のように表示していますが、出題された問題の分割、簡素化、または表現を変えて使用しているものは「類似」としています。

⑴ 国家試験の表示例

平成26年度第一種販売主任者(保安管理技術) → H26一販国家試験
平成27年度第二種販売主任者(保安管理技術) → H27二販国家試験
令和元年度液化石油ガス設備士(配管理論等) → R1設備士国家試験

⑵ 講習・検定の表示例

平成27年度第2回高圧ガス移動監視者検定 → H27-2移動
令和元年度第1回特定高圧ガス取扱主任者検定 → R1-1特定(※)
平成29年度第一種販売主任者検定(保安管理技術) → H29一販検定
平成26年度第2回第二種販売主任者検定(保安管理技術) → H26-2二販検定
令和元年度第1回液化石油ガス設備士検定(配管理論等) → R1-1設備士検定

注(※)移動・特定について、平成31年分を含めて「R1」で表示

なお、年代は古いが過去に出題されたものについて、参考までに次のように表示しているものがあります。

第二種販売主任者国家試験→過去二販国家試験
液化石油ガス設備士検定→過去設備士検定　　など。

目 次

第1章 計算に使われる単位

1.1 よく使われるSI単位 移特一二設 …… 3
例題 1.1 同じ接頭語で表す …… 4
例題 1.2 接頭語の付いた数値の指数表示 …… 5

1.2 温度、圧力、熱量など基礎となる単位 移特一二設 …… 7
例題 1.3 SI 単位の正しい理解 …… 10
例題 1.4 絶対温度とセルシウス温度の関係 …… 11
例題 1.5 絶対圧力とゲージ圧力の関係 …… 12
例題 1.6 圧力の大小を比較する …… 13
例題 1.7 定義から数値などを求める …… 14
例題 1.8 固有名称の組立単位を基本単位で表す …… 15

第2章 分子式と物質量（モル）

2.1 原子、分子および分子式 移特一二設 …… 21
例題 2.1 原子、分子、化合物、単位などの基礎知識 …… 23
例題 2.2 「移動」関連物質の分子式 …… 24
例題 2.3 「一般ガス」関連物質の分子式 …… 24
例題 2.4 LP ガス関連物質の分子式 …… 25

2.2 分子量および物質量（モル）移特一二設 …… 27
例題 2.5 元素と原子量 …… 29
例題 2.6 原子量および分子量 …… 29
例題 2.7 分子式を書いて分子量を計算する …… 30
例題 2.8 物質 1 mol の質量 …… 31
例題 2.9 物質量から質量および質量から物質量を求める …… 31

第3章 気体の一般的性質

3.1 アボガドロの法則およびボイル-シャルルの法則 移特一二設 …… 37
例題 3.1 アボガドロの法則が意味するもの …… 39
例題 3.2 質量から気体の体積の計算 …… 40
例題 3.3 標準状態の気体の体積から質量を求める …… 42
例題 3.4 温度、圧力、体積の比例、反比例の関係 …… 43

例題 3.5　ボイル-シャルルの法則から容器内の圧力の計算 …… 46
例題 3.6　ボイル-シャルルの法則から容器内の温度の計算 …… 46
例題 3.7　ボイル-シャルルの法則から気密試験時の圧力変化の計算 …… 48
例題 3.8　ボイル-シャルルの法則から気密試験時の温度変化の計算 …… 49
例題 3.9　温度、圧力の変化から体積の変化を求める …… 50
例題 3.10　消費後の容器内の圧力計算 …… 51

3.2　理想気体の状態方程式 特一二 …… 55

例題 3.11　充てん状態から圧力を計算する …… 56
例題 3.12　充てん状態から容器の内容積を計算する …… 57
例題 3.13　充てん質量の計算 …… 59
例題 3.14　充てん状態からモル質量と分子量を計算する …… 59

3.3　密度、比体積および比重 移特一二設 …… 61

例題 3.15　密度、比体積、比重の定義および単位など …… 64
例題 3.16　標準状態のガス密度、ガス比体積の計算 …… 65
例題 3.17　物質の比重の計算 …… 67
例題 3.18　ガスの軽重の判断 …… 68
例題 3.19　密度を用いた質量および体積の計算 …… 69

3.4　混合ガス（移特）一二（設） …… 72

例題 3.20　質量から混合ガスのモル分率、体積分率の計算 …… 74
例題 3.21　成分の表示単位の異なる混合気体の質量計算 …… 76
例題 3.22　混合ガスの密度の計算 …… 77
例題 3.23　混合気体の組成を mol %から wt %に変換する …… 78
例題 3.24　各成分の質量から平均分子量を求める …… 79

第4章　化学反応、燃焼および熱

4.1　化学反応式（移）特一二設 …… 83

例題 4.1　メタンの燃焼方程式の係数を求める …… 85
例題 4.2　炭化水素の燃焼方程式を書く …… 86
例題 4.3　化学反応式から物質のモル関係を読む …… 87
例題 4.4　化学反応式から気体の体積関係を読む …… 87
例題 4.5　化学反応式を書いて生成物の質量を計算する …… 88
例題 4.6　混合ガスの燃焼生成物の質量計算 …… 89

4.2　熱量 移特一二設 …… 91

例題 4.7　比熱の理解度を問う …… 93

目 次

例題 4.8　比熱を用いた水の顕熱の計算 ……94
例題 4.9　蒸発潜熱を含む熱量計算 ……94
例題 4.10　工率（kW）と時間から熱量の計算 ……96

4.3　燃焼および熱化学 移特一二設 ……98

例題 4.11　理論空気量などの基礎的問題 ……101
例題 4.12　混合ガス 1 mol 当たりの理論空気量（体積）を求める ……102
例題 4.13　燃料の質量から理論酸素量の計算 ……103
例題 4.14　体積で示された燃料ガスから理論酸素量を求める ……104
例題 4.15　LP ガスの消費量と発熱量から kW を計算する ……105
例題 4.16　燃焼器の熱効率を用いたガスバーナ能力（kW）の計算 ……105
例題 4.17　モル発熱量を体積当たりの発熱量に換算する ……106
例題 4.18　体積当たりの発熱量から質量ベースの発生熱量計算 ……107
例題 4.19　混合ガスの発熱量の計算 ……108
例題 4.20　爆発範囲の理解 ……109
例題 4.21　爆発範囲に関係する濃度計算 ……110
例題 4.22　ダイリュートガスの発熱量から希釈空気量の計算 ……111

第5章 LP ガス供給設備および消費設備関連の計算

5.1　容器の設置本数の計算 二設 ……117

例題 5.1　戸別供給の最大ガス消費量（kW）および質量流量の計算 ……120
例題 5.2　最大ガス消費率を求めて最大ガス消費量を計算する ……121
例題 5.3　戸別供給 1 系列の容器本数 ……122
例題 5.4　戸別供給 2 系列の容器本数 ……123
例題 5.5　最大ガス消費量を求めて戸別供給容器本数を計算する ……124
例題 5.6　集団供給方式の容器設置本数―1 ……125
例題 5.7　集団供給方式の容器設置本数―2 ……126

5.2　低圧配管の圧力損失の計算 設 ……129

例題 5.8　水平配管のみの圧力損失 ……132
例題 5.9　燃焼器 1 個の低圧配管の圧力損失 ……133
例題 5.10　配管系の途中で流量が変化するときの圧力損失 ……135
例題 5.11　圧力損失の上限値に見合う最大のガス消費量（kW）の計算 ……137

5.3　鋼管の寸法取り 設 ……140

例題 5.12　中心線間の長さから直管の長さを求める ……145
例題 5.13　直管の長さから継手の外面と中心線間の距離を求める ……146
例題 5.14　中心線間の直管 2 本の合計長さを求める ……147
例題 5.15　継手の外面間および外面と中心線間の直管 2 本の合計長さの計算 ……148

例題 5.16　既知の直管の長さから他の直管寸法を求める …… 150
例題 5.17　複数の直管の長さから配管系の寸法を求める …… 152

演習問題の解答

第 1 章の演習問題の解答 …… 159

第 2 章の演習問題の解答 …… 162

第 3 章の演習問題の解答 …… 165

第 4 章の演習問題の解答 …… 181

第 5 章の演習問題の解答 …… 191

付 録　計算問題でよく使われるやさしい数学

1. 演算の原則 …… 203

2. 分数の計算 …… 205

3. 指数を使った計算（べき計算） …… 207

4. 等式および 1 次方程式 …… 210

5. 比例式および比例、反比例 …… 218

6. 図形の面積、体積など …… 223

第1章

計算に使われる単位

高圧ガスの計算には、圧力、温度、体積および熱量などの単位を理解しておくことが重要である。

現在使われている単位系は、SＩ(エスアイ)単位系(国際単位系)であり、固有の名称やその意味を理解し、さらにk(キロ)、M(メガ)などの単位の桁数(けたすう)に応じて決められている接頭語の使い方に習熟しておくことが大切である。

1·1 よく使われるSI単位 移特一二設

(1) 基本単位および組立単位

SI単位には基本単位と組立単位がある。高圧ガスの基礎計算で使われる基本単位は、右の表のように5個あり、この基本単位を組み合わせることによって、種々の組立単位ができる。すなわち、組立単位は、基本単位を用いて圧力、体積、密度、モル質量などとして表されるものである。頻繁に使う組立単位の中には圧力の単位であるパスカルや仕事、熱量などの単位であるジュール、および工率や動力などの単位であるワットなど、固有の名称をもつものがある。

SI基本単位

量	名 称	記号	備 考
時間	秒	s	
長さ	メートル	m	
質量	キログラム	kg	
温度(絶対温度)	ケルビン	K	絶対零度基準温度
物質量	モル	mol	分子の集合の単位

次表に高圧ガスの計算によく使われる組立単位を掲げる。

よく計算に使われるSI組立単位

量	固有の名称	記 号	意味するもの	備 考
速さ		m/s	単位時間当たりの距離	
加速度		m/s^2	速度の変化率	
密度		kg/m^3	単位体積当たりの質量	
比体積		m^3/kg	単位質量当たりの体積	
モル質量		kg/mol	単位モル当たりの質量	
流量(体積流量)		m^3/s	単位時間当たりの体積	
力	ニュートン	N	質量×加速度	$m \cdot kg \cdot s^{-2}$
圧力、応力	パスカル	Pa	単位面積当たりの力	$N/m^2 = m^{-1} \cdot kg \cdot s^{-2}$
熱量、仕事	ジュール	J	力×移動距離	$N \cdot m = m^2 \cdot kg \cdot s^{-2}$
動力、工率	ワット	W	単位時間当たりの熱量など	$J/s = m^2 \cdot kg \cdot s^{-3}$
比熱容量		J/(kg·K)	単位質量の温度を1K上げるために必要な熱量	$m^2 \cdot s^{-2} \cdot K^{-1}$

たくさんの組立単位があるので、これらを丸暗記する必要はないが、1章、2章の例題、演習問題を通して、その意味と組み合わされている基本単位の関係を理解することも必要である。

(2) 接頭語

単位の桁が小さすぎても大きすぎても使いにくいものである。例えば

① 1秒間に0.001 m移動させる速度は　　0.001 m/s

② 1秒間に1000 m移動させる速度は　　1000 m/s

であるが、$\frac{1}{1000}$を「ミリ(m)」、1000倍を「キロ(k)」と定めると、①、②はそれぞれ

① 毎秒1ミリメートル(1 mm/s)

② 毎秒1キロメートル(1 km/s)

と簡単化して表すことができるので便利である。

このように数値の小さなもの、または大きなものに対応して、単位に付加して使われる接頭語(せっとうご)も頻繁に出てくる。基礎的な計算によく使われる接頭語を次表に掲げるので使い慣れておく。

よく使われる接頭後

量		名 称	記号
10億	10^9	ギガ	G
100万	10^6	メガ	M
1000	10^3	キロ	k
100	10^2	ヘクト	h
100分の1	10^{-2}	センチ	c
1000分の1	10^{-3}	ミリ	m
100万分の1	10^{-6}	マイクロ	μ

ここで、$1000 = 10^3$、$1000000 = 10^6$、$\frac{1}{1000} = 10^{-3}$、$\frac{1}{1000000} = 10^{-6}$のように指数で表すことにも慣れておく(付録参照)。

例題 1.1 同じ接頭語で表す

次の圧力をすべてkPa(キロパスカル)単位で表せ。

イ. 0.02 GPa(ギガパスカル)

ロ. 10.1 MPa(メガパスカル)

ハ. 1013 hPa(ヘクトパスカル)

ニ. 100 Pa(パスカル)

解説 G(ギガ)、M(メガ)、h(ヘクト)および基本となる単位(この場合はPa)を接頭語k(キロ)を用いて表す。接頭語間の関係を理解する。

イ. 1 G = 1000 M、1 M = 1000 k であるから

$$0.02\,\text{GPa} = 0.02 \times 1000\,(\text{MPa}) = 20\,\text{MPa} = 20 \times 1000\,(\text{kPa}) = 20000\,\text{kPa}$$

別解 Gは10億(= 1000000000)、kは1000であるから

$$\frac{\text{G}}{\text{k}} = \frac{1000000000}{1000} = 1000000\,(\text{倍})$$

$$\therefore\ 0.02\,\text{GPa} = 0.02 \times 1000000\,(\text{kPa}) = 20000\,\text{kPa}$$

ロ．同様に、M と k の関係は　1 M = 1000 k であるから

$$10.1\,\text{MPa} = 10.1 \times 1000\,(\text{kPa}) = 10100\,\text{kPa}$$

ハ．h = 0.1 k であるから $\left(\frac{\text{h}}{\text{k}} = \frac{100}{1000} = 0.1\right)$

$$1013\,\text{hPa} = 1013 \times 0.1\,(\text{kPa}) = 101.3\,\text{kPa}\ (=\text{標準大気圧})$$

ニ．$\text{Pa} = \frac{1}{1000}\,\text{kPa} = 0.001\,\text{kPa}$ であるから

$$100\,\text{Pa} = 100 \times 0.001\,(\text{kPa}) = 0.1\,\text{kPa}$$

答　イ　20000 kPa、ロ　10100 kPa、ハ　101.3 kPa、ニ　0.1 kPa

接頭語の異なる数値の大小を問う問題などは、この例題のように同じ接頭語の数値になおして比較するとよい。

また、イのように桁数の多い数値を扱う場合は、指数を用いると速く確実に計算できる。

例題 1.2　接頭語の付いた数値の指数表示

次の数値を指数（10 の倍数）を用いて基本となる単位で表せ。

イ．10 kW（キロワット）

ロ．101.3 kPa（キロパスカル）

ハ．100 MJ（メガジュール）

ニ．970 hPa（ヘクトパスカル）

解説　この例題は、10 の倍数（10 の指数）を用いる表現で 10^5 などの意味が理解されていれば、容易に解くことができる。

巻末の付録で解説しているように、$10 \times 10 = 10^2$（10 が 2 個）、$10 \times 10 \times 10 = 10^3$（10 が 3 個）であり、10 が n 個あれば 10^n と記す。

10 の倍数のかけ算および割り算は

$$10^a \times 10^b = 10^{a+b} \qquad \frac{10^a}{10^b} = 10^{a-b} \quad \cdots\cdots ①$$

となる。

イ．kW（キロワット）の基本となる単位は W（ワット）であり、接頭語 k（キロ）は 1000（$= 10^3$）であるから、式①を用いて

$$10\,\text{kW} = 10^1 \times 10^3\,(\text{W}) = 10^{1+3}\,\text{W} = 10^4\,\text{W}$$

ロ．kPa（キロパスカル）を Pa（パスカル）になおす。イと同様に

$101.3\ \text{kPa} = 101.3 \times 10^3\ (\text{Pa}) = 1.013 \times 10^2 \times 10^3\ \text{Pa} = 1.013 \times 10^5\ \text{Pa}$

ハ．MJ（メガジュール）は 100 万（$= 10^6$）J であるから

$100\ \text{MJ} = 100 \times 10^6\ (\text{J}) = 10^8\ \text{J}$

ニ．h（ヘクト）は 100（$= 10^2$）であるから

$970\ \text{hPa} = 970 \times 10^2\ (\text{Pa}) = 9.7 \times 10^2 \times 10^2\ \text{Pa} = 9.7 \times 10^4\ \text{Pa}$

答　イ　10^4 W、ロ　1.013×10^5 Pa、ハ　10^8 J、ニ　9.7×10^4 Pa

演習問題 1.1

次のうち正しいものはどれか。

イ．0.2 MPa と 20 kPa は等しい圧力である。　（H 29-1 移動類似）

ロ．5.0 MPa は 5.0 kPa より低い圧力である。　（H 30-2 移動類似）

ハ．8000 MPa は 80 GPa である。

ニ．500 Pa は 0.5 MPa である。　（H 29 一販国家試験）

ホ．1000 Pa の圧力は、1 MPa の圧力と等しい。　（H 26 設備士国家試験）

ヘ．10 MPa は 10000 kPa である。　（H 29 二販国家試験）

演習問題 1.2

次の圧力を（　）内の接頭語を用いて表せ。

イ．5×10^3 Pa　（kPa）

ロ．1.0×10^5 Pa　（MPa）

ハ．250×10^8 Pa　（GPa）

ニ．0.1013×10^3 kPa　（MPa）

1・2 温度、圧力、熱量など基礎となる単位 移特一二設

(1) 温度

日常生活で我々が使う温度は**セルシウス温度**（セ氏温度）といい、℃という単位を用いている。厳密な定義ではないが、これは標準的な大気圧下で純水が氷結する温度を0℃、沸とうする温度を100℃として、その間を100等分した温度を1℃としたものさしである。

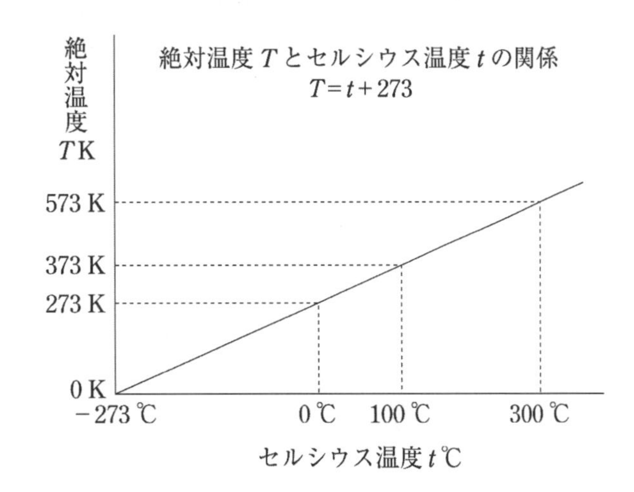

一方、気体の状態や動力などの計算では、**絶対温度**（ぜったいおんど）（または熱力学温度）が用いられ、SI単位のK（**ケルビン**）が単位である。これは、−273℃※をゼロ（0K（ケルビン））とし、セルシウス温度と同じ目盛幅で表した温度である。この書では、主に「絶対温度」の名称を使用する。

セルシウス温度 t℃と絶対温度 TK の間には次の関係がある。

$$T = t + 273^{※} \quad \cdots\cdots (1.1\,\mathrm{a})$$

(2) 力

物体の運動状態が変化しようとするときには「**力**」が作用する。

例えば、速度が速くなるときは押す力が働き、遅くなるときはブレーキのように押し戻す力が働くことを感覚的に理解することができる。

加速度（かそくど）は簡単にいうと、単位時間における速度の変化であるが、物体の運動の状態が変わろうとするときは、必ず加速度が生じている。すなわち、力と加速度は密接な関係にある。

力 F は、次式のように物体の質量 m と生ずる加速度 α のかけ算（積）で定義される。

力＝物体の質量×加速度 ……… (1.2 a)

記号で表すと

$$F = m\alpha \quad \cdots\cdots (1.2\,\mathrm{b})$$

力の単位はN（**ニュートン**）が用いられ、1 kg の物体に力が作用して 1 m/s^2 の加速度が生じるときの力が1Nである。

※ **絶対零度**（ぜったいれいど）は正確には−273.15℃であり、式(1.1 a)は

$$T = t + 273.15 \quad \cdots\cdots (1.1\,\mathrm{b})$$

となるが、一般の計算では式(1.1 a)を使用しても誤差は少ない。

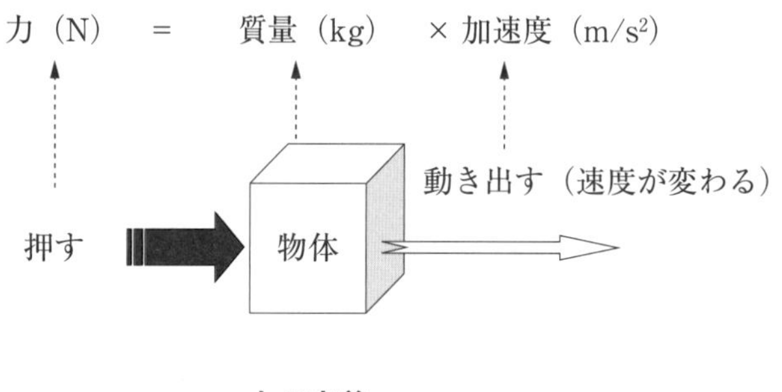

力の定義

SI 基本単位を用いて組立単位の N を表す。

質量 = kg、加速度 = $\dfrac{速度}{時間} = \dfrac{m/s}{s} = \dfrac{m}{s^2}$ であるから

$$力\,N = 物体の質量\,kg \times 加速度\,\frac{m}{s^2} = kg\cdot m/s^2$$

ここで、$\dfrac{1}{s^2} = s^{-2}$ を用いて

$$N = kg\cdot m\cdot s^{-2}$$

となる。

地球上で我々が常に受けている加速度（**重力の加速度 g**（ジー））は、9.8 m/s² であり、体重 60 kg の人が地球に与えている力 F は、定義式（1.2 a）から

$$力\,F = 体重（質量）\times 重力の加速度 = 60\,kg \times 9.8\,m/s^2 = 588\,kg\cdot m/s^2$$
$$= 588\,N$$

となる。

1 kg に働く重力（力）を 1 キログラム（重）（kgf）とし、従来、力の単位として使われていたが、現在は SI 単位ではないので取引や証明には使用されない。なお、1 kgf は

$$1\,kgf = \underbrace{1\,kg}_{質量} \times \underbrace{9.8\,m/s^2}_{加速度} = 9.8\,N$$

である。

(3) 圧　力

密閉した容器に気体を封じ込めると、気体は自由に広がろうとして壁に力を加える。この壁の単位面積当たりの垂直な方向の力が**圧力**である。すなわち、力 F、面積 A と圧力 p の関係は

$$圧力\,p = \frac{力}{面積} = \frac{F}{A} \quad \cdots\cdots (1.3)$$

圧力の単位は Pa（**パスカル**）であり、式は（1.3）の関係から

$$Pa = N/m^2$$

である。面積1 m^2 に力1 N が作用しているときの圧力が1 Pa である。

ここで、Pa を SI 基本単位で表現すると次のようになる。

$$Pa = N/m^2 = kg \cdot m \cdot s^{-2}/m^2 = kg \cdot m^{-1} \cdot s^{-2}$$

また、従来使われていた圧力の単位1 kgf/cm^2（面積1 cm^2 当たりにかかる1 kg の重力（力））をパスカルで表すと、$1\ cm^2 = 1 \times 10^{-2}\ m \times 1 \times 10^{-2}\ m = 1 \times 10^{-4}\ m^2$ であるから

$$1\ kgf/cm^2 = 9.8\ N/10^{-4}\ m^2 = 9.8 \times 10^4\ N/m^2$$
$$= 98 \times 10^3\ Pa = 98\ kPa \fallingdotseq 100\ kPa$$

となり、次に示す標準大気圧に近い数値になる。

大気は厚い層で地球を覆っているが、その大気にも重さがあり地球表面を押している。これが**大気圧**である。大気圧の値は、高気圧、低気圧などで異なるが、平均的な数値として**標準大気圧**（ひょうじゅんたいきあつ）がよく使われる。

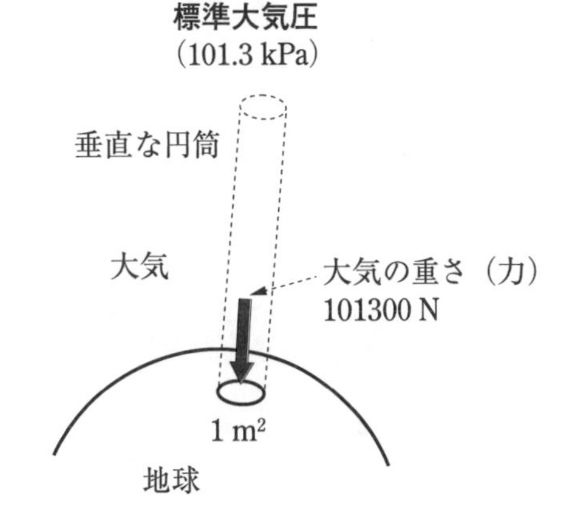

$$標準大気圧 \fallingdotseq 101300\ Pa$$
$$= 101.3\ kPa$$
$$= 0.1013\ MPa$$

であり計算によく使われるので、どの接頭語についても記憶し使えるようにしておく。

真空（**絶対真空**（ぜったいしんくう））を0 Pa として表した圧力は**絶対圧力**（ぜったいあつりょく）といわれるが、大気圧を0 Pa として表す**ゲージ圧力**も現場などでよく使われる。

絶対圧力 p とゲージ圧力 p_g の関係は、大気圧を p_a として

$$絶対圧力 = ゲージ圧力 + 大気圧 \quad \cdots\cdots (1.4\ a)$$

$$p = p_g + p_a \quad \cdots\cdots (1.4\ b)$$

である。

後述のように、気体の状態の変化などの計算には絶対圧力が用いられる。

また、大気圧は変動するので、絶対圧力とゲージ圧力を比較する場合などに、標準大気圧がよく用いられる。

(4) 熱量、仕事

熱量と**仕事**の単位にはJ（ジュール）を用いる。説明は省くが、熱と仕事は熱力学的に等価なものであり、1Jは「1Nの力が働いて、物体を1m動かすときの仕事」である。

すなわち

$$\mathrm{J} = 力(\mathrm{N}) \times 移動距離(\mathrm{m}) = \mathrm{N \cdot m}$$

である。

単位時間当たりの仕事が**工率**、**動力**および**仕事率**であり、W（ワット）で表す。燃焼器などの熱供給能力もこの単位を用いる。

すなわち

$$\mathrm{W} = \frac{熱量(仕事)}{時間} = \mathrm{J/s} = \mathrm{N \cdot m/s}$$

である。

JとWをSI基本単位で表す。

$$\mathrm{J} = \mathrm{N \cdot m} = \mathrm{kg \cdot m \cdot s^{-2}} \times \mathrm{m} = \mathrm{kg \cdot m^2 \cdot s^{-2}}$$

$$\mathrm{W} = \mathrm{J/s} = \mathrm{kg \cdot m^2 \cdot s^{-2}} \times \mathrm{s^{-1}} = \mathrm{kg \cdot m^2 \cdot s^{-3}}$$

例題 1.3　SI単位の正しい理解

次の記述のうち正しいものはどれか。

イ．絶対温度の単位は℃である。

ロ．SI単位では、力の単位はパスカル（Pa）である。1Paは1kgの物体に作用して1m/s^{2}の加速度を生じさせる力である。

ハ．SI単位では、圧力の単位はニュートン（N）である。1Nは面積1m^{2}当たり垂直に1Paの力が作用するときの圧力である。

ニ．仕事や熱量の単位にはジュール（J）が用いられ、1J = 1N·mである。

ホ．仕事率や動力の単位には、キロワット（kW）も用いられる。

解説　SI単位を正しく理解しているかを問う問題である。固有の名称をもつNやPaなどの意味を理解しておく。

イ．（×）絶対温度（熱力学温度）の単位はケルビン（K）であり、℃はセルシウス温度の単位である。式（1.1a）のとおり、絶対温度はセルシウス温度より273だけ大きな数値になる。なお、温度の差（温度差）は、Kで表しても℃で表しても同じ値になる。これは、1度の目盛がどちらも同じ間隔であるから当然である。

ロ．（×）力の単位にはニュートン（N）が用いられる。1 kg の物体に作用して 1 m/s^2 の加速度を生じるときの力が 1 N である。パスカル（Pa）は圧力の単位である。

ハ．（×）圧力の単位にはパスカル（Pa）が用いられる。面積 1 m^2 当たり垂直に 1 N の力がかかるときの圧力が 1 Pa である。ニュートン（N）は力の単位である。

ニ．（○）仕事や熱量に用いられる単位はジュール（J）である。1 N の力が作用して、物体を 1 m 移動するときの仕事が 1 J である。したがって、1 J = 1 N・m となる。なお、熱と仕事は熱力学的に等価なものである。

ホ．（○）仕事率、工率、動力など単位時間当たりのエネルギー（熱量、仕事量など）を表す単位にワット（W）が用いられ、その 1000 倍のキロワット（kW）は実用上よく用いられている。

答　ニ、ホ

例題 1.4 絶対温度とセルシウス温度の関係

次の記述のうち正しいものはどれか。

イ．セルシウス温度 t（℃）と熱力学温度 T（K）との間には次の関係がある。

$$t = T + 273$$

（R 1-1 特定類似）

ロ．93 ℃は 370 K より低い温度である。（H 24-1 特定類似）

ハ．温度 35 ℃を絶対温度で表すとおよそ 308 K である。（H 29-2 移動）

ニ．セルシウス温度の 1 度の幅と絶対温度の 1 度の幅は異なる。（R 1 一販国家試験類似）

ホ．絶対零度（0 K）はおよそ 273℃である。（H 29 二販国家試験類似）

へ．絶対温度 290 K はセルシウス温度に換算するとおよそ 17℃である。（R 1 設備士国家試験類似）

解説　絶対温度とセルシウス温度の換算または関係を問う問題は、式（1.1 a）を用いると容易に解けるが、273 を加えるのか、引くのかなどの勘違いをしやすい。式（1.1 a）を書いて、それに数値を代入して答を見つける習慣をつけたい。

イ．（×）式（1.1 a）$T = t + 273$ を変形して t を求める式にすると

$$t = T - 273$$

となる。設問の式と比較すると 273 の符号が異なる。

ロ．（○）93 ℃を絶対温度になおして比較する。

$$T = t + 273 = (93 + 273)\ (\mathrm{K}) = 366\ \mathrm{K} < 370\ \mathrm{K}$$

ハ．（○）式（1.1 a）に値を代入して

$$T = t + 273 = (35 + 273)\ (\mathrm{K}) = 308\ \mathrm{K}$$

ニ. (×) 絶対温度は絶対零度(−273.15℃)を起点として、セルシウス温度と同じ目盛幅で刻んでいるので、1度の目盛幅は等しい。

ホ. (×) 絶対零度は−273℃(正確には−273.15℃)である。式(1.1 a)の T を0として t を求めても得られる。

ヘ. (○) 式(1.1 a)を変形して

$$t = T - 273 = (290 - 273)\ (℃) = 17\ ℃$$

答 ロ、ハ、ヘ

例題 1.5 絶対圧力とゲージ圧力の関係

次の記述のうち正しいものはどれか。

イ. 絶対圧力は、ゲージ圧力から大気圧を引いた圧力である。 (H 30-2 特定)

ロ. 絶対圧力は絶対真空を零(0)、ゲージ圧力は大気圧を零(0)として圧力を表すものである。 (H 29-4 設備士検定)

ハ. 大気圧とは、大気が地球表面に及ぼす圧力のことをいい、標準大気圧はおよそ101300 Pa(絶対圧力)である。 (H 28 一販検定)

ニ. 700 kPa(ゲージ圧力)は、0.7 MPa(絶対圧力)よりも高い圧力である。 (R 1-3 移動類似)

ホ. 絶対圧力 p とゲージ圧力 p_g の間には、大気圧を p_a として次の関係がある。

$$p = p_g + p_a$$

(H 30-1 二販検定類似)

解説 絶対圧力とゲージ圧力の関係は、式(1.4 a)、(1.4 b)によって表される。すなわち

絶対圧力はゲージ圧力と大気圧の和(たし算) ……………………………①

である。

絶対圧力を p、ゲージ圧力を p_g、大気圧を p_a として、式(1.4 b)を p_g =の形に移項すると

$$p - p_a = p_g \quad \cdots\cdots ②$$

すなわち、ゲージ圧力は絶対圧力から大気圧を引いたもの(引き算)である。

絶対圧力とゲージ圧力の関係は、式(1.4 a)、(1.4 b)を書いて考えると確実である。

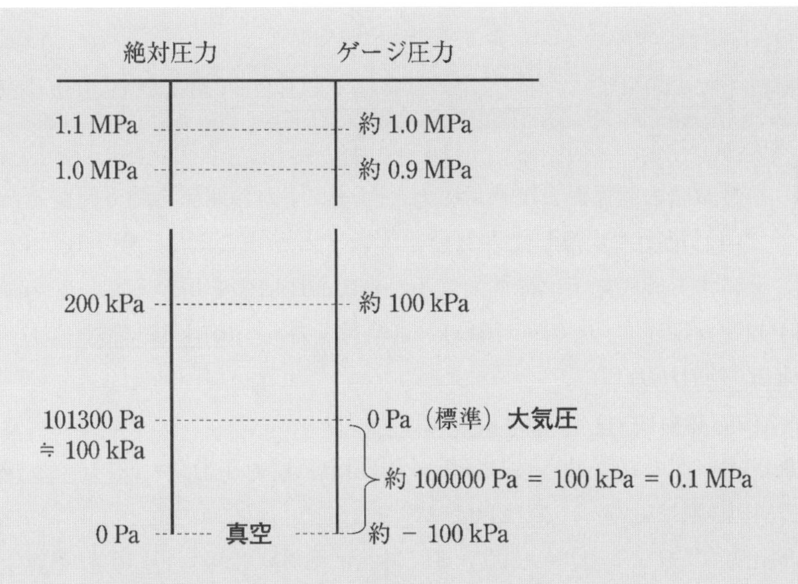

絶対圧力とゲージ圧力の関係

イ．（×）絶対圧力を p、ゲージ圧力を p_g、大気圧を p_a として、式(1.4 b)のとおり

$$p = p_g + p_a$$

である。絶対圧力はゲージ圧力と大気圧の和となる。

ロ．（○）題意のとおりである。それぞれの基準点は記憶しよう。

ハ．（○）大気圧は、大気の質量と重力の加速度の作用による単位地表面積当たりの力であり、標準大気圧は絶対圧力でおよそ 101300 Pa = 101.3 kPa = 0.1013 MPa である。

ニ．（○）700 kPa（ゲージ圧力）を絶対圧力の MPa 単位に換算して比較する。

700 kPa（ゲージ圧力）≒ (0.7 + 0.1) (MPa)（絶対圧力）
= 0.8 MPa（絶対圧力）＞ 0.7 MPa（絶対圧力）

ホ．（○）式(1.4 b)およびイの説明のとおりである。

答　ロ、ハ、ニ、ホ

例題 1.6 圧力の大小を比較する

次の圧力について、圧力が高いものから低いものへ順に並べよ。

イ．0 kPa（ゲージ圧力）

ロ．50 kPa（絶対圧力）

ハ．1.2 MPa（絶対圧力）

ニ．12000 kPa（ゲージ圧力）

ホ．0.2 MPa（絶対圧力）
ヘ．0.3 MPa（ゲージ圧力）　　（H 29-4 および H 30-1 移動（混合））

解説　接頭語の関係および絶対圧力とゲージ圧力の関係を問う問題である。すべて同じ尺度に変換して各数値を比較する。ここでは、絶対圧力の kPa 単位になおすことにする。大気圧は標準大気圧として 101 kPa を用いる。

イ．0 kPa（ゲージ圧力）＝（0 ＋ 101）kPa（絶対圧力）＝ 101 kPa（絶対圧力）
ロ．50 kPa（絶対圧力）
ハ．1.2 MPa（絶対圧力）＝ 1200 kPa（絶対圧力）
ニ．12000 kPa（ゲージ圧力）＝（12000 ＋ 101）kPa（絶対圧力）＝ 12101 kPa（絶対圧力）
ホ．0.2 MPa（絶対圧力）＝ 200 kPa（絶対圧力）
ヘ．0.3 MPa（ゲージ圧力）＝（300 ＋ 101）kPa（絶対圧力）＝ 401 kPa（絶対圧力）

同じ尺度になったので、下線部分の数値を比較して

ニ ＞ ハ ＞ ヘ ＞ ホ ＞ イ ＞ ロ　となる。

答　ニ＞ハ＞ヘ＞ホ＞イ＞ロ

例題 1.7　定義から数値などを求める

次の記述のうち正しいものはどれか。

イ．2 kg の物体に作用し、2 m/s^2 の加速度を生じさせる力は 2 ニュートン（N）である。
ロ．1 kN の力が面積 100 cm^2 の面に垂直に均一に作用するときの圧力は、0.1 MPa（絶対圧力）である。　（H 24-1 特定類似）
ハ．重力の加速度を 9.8 m/s^2 として、1 kg の物体が地表を押す力は 9.8 N であり、それを 1 m の高さまで持ち上げる仕事は 9.8 J である。
ニ．5 秒間に 1000 J の仕事をする機械の仕事率は 1000 W である。

解説　単位の定義から計算する。

イ．（×）式（1.2 b）のとおり、力 F は質量 m と加速度 a のかけ算（積）であるから

$$F = ma = 2\,\text{kg} \times 2\,\text{m/s}^2 = (4\,\text{kg}\cdot\text{m}\cdot\text{s}^{-2}) = 4\,\text{N}$$

ロ．（○）圧力 p は式（1.3）のとおり、力 F をその作用する面積 A で割った（除した）ものである。すなわち

$$p = \frac{F}{A} \quad \cdots\cdots ①$$

ここで、力Fの単位をN、面積Aの単位をm^2とすると、圧力pはPaになる。
題意により

$$F = 1\,\mathrm{kN} = 1000\,\mathrm{N}$$
$$A = 100\,\mathrm{cm^2} = 100 \times 10^{-4}\,\mathrm{m^2}$$
$$(\because\ 1\,\mathrm{cm^2} = 1\,\mathrm{cm} \times 1\,\mathrm{cm} = \frac{1}{100}\,\mathrm{m} \times \frac{1}{100}\,\mathrm{m} = 10^{-4}\,\mathrm{m^2})$$

を式①に代入すると

$$p = \frac{F}{A} = \frac{1000\,\mathrm{N}}{100 \times 10^{-4}\,\mathrm{m^2}} = 10 \times 10^4\,\mathrm{N/m^2} = 10^5\,\mathrm{Pa}$$
$$= 0.1\,\mathrm{MPa}\text{(絶対圧力)}$$

ハ. (○) 地上では$9.8\,\mathrm{m/s^2}$の加速度が作用するので、物体が地表を押す力は

$$F = ma = 1\,\mathrm{kg} \times 9.8\,\mathrm{m/s^2} = (9.8\,\mathrm{kg \cdot m \cdot s^{-2}}) = 9.8\,\mathrm{N}$$

1 m持ち上げる仕事は、力×移動距離であるから

$$\text{仕事} = 9.8\,\mathrm{N} \times 1\,\mathrm{m} = 9.8\,\mathrm{N \cdot m} = 9.8\,\mathrm{J}$$

ニ. (×) 仕事率は1秒 (s) 当たりの仕事量であるから

$$\text{仕事率} = \frac{\text{仕事}}{\text{時間}} = \frac{1000\,\mathrm{J}}{5\,\mathrm{s}} = 200\,\mathrm{J/s} = 200\,\mathrm{W}$$

答 ロ、ハ

例題 1.8 固有名称の組立単位を基本単位で表す

次の記述のうち正しいものはどれか。

イ. $1\,\mathrm{Pa} = 1\,\mathrm{m^{-1} \cdot kg \cdot s^{-2}}$である。
ロ. $1\,\mathrm{J} = 1\,\mathrm{m \cdot kg \cdot s^{-2}}$である。
ハ. $1\,\mathrm{W} = 1\,\mathrm{m^2 \cdot kg \cdot s^2}$である。
ニ. $1\,\mathrm{N} = 1\,\mathrm{m \cdot kg \cdot s^{-2}}$である。

解説 この種の問題は、基礎計算の領域の資格試験には出題数は多くないが、PaやJなどの計算の検算、確認をする上で有用である。

PaやJなどの組立単位を基本単位で暗記するのは難しいが、組立単位の内容・意味を理解しておれば容易に誘導できるものである。また、付録の指数計算に慣れておこう。

すなわち

① 力(N) = 質量(kg) × 加速度$(\mathrm{m/s^2}) = \mathrm{m \cdot kg \cdot s^{-2}}$

② $\text{圧力(Pa)} = \frac{\text{力(N)}}{\text{面積}(\mathrm{m^2})} = \mathrm{N \cdot m^{-2}}$

③　熱量・仕事(J) = 力(N) × 移動距離(m) = N·m

④　工率・仕事率・動力(W) = $\dfrac{\text{仕事または熱量(J)}}{\text{時間(s)}}$ = $J \cdot s^{-1}$

の4つの関係は理解しておく。

イ．(○)②のとおり $Pa = N \cdot m^{-2}$ であるから、このNに①の $N = m \cdot kg \cdot s^{-2}$ を代入すると

$$1\,Pa = 1\,(m \cdot kg \cdot s^{-2})\,(m^{-2}) = 1\,m^{-1} \cdot kg \cdot s^{-2}$$

ロ．(×)③のとおり $J = N \cdot m$ であるから、同様に $N = m \cdot kg \cdot s^{-2}$ を代入すると

$$1\,J = 1\,N \cdot m = 1\,(m \cdot kg \cdot s^{-2})\,(m) = 1\,m^2 \cdot kg \cdot s^{-2}$$

ハ．(×)④のとおり $W = J \cdot s^{-1}$ であり、かつ、$J = N \cdot m$ を用いると

$$1\,W = 1\,J \cdot s^{-1} = 1\,(N \cdot m) \cdot s^{-1} = 1\,(m \cdot kg \cdot s^{-2})\,(m)\,(s^{-1}) = 1\,m^2 \cdot kg \cdot s^{-3}$$

ニ．(○)①のとおりである。

答　イ、ニ

演習問題 1.3

次の記述のうち正しいものはどれか。

イ．単位面積 $1m^2$ 当たり1Nの力が均一にかかるときの圧力は1Paである。
(H 29-3 移動)

ロ．SI単位では、熱量の単位としてジュール(J)が用いられ、1Jは1Nの力が物体に働いて1mの距離を動かすときの仕事とエネルギー的に等しい。　(H 29-2 特定)

ハ．物質量の単位はキログラム(kg)である。　(R 1 二販検定類似)

ニ．1分間に1Jの熱などのエネルギーを供給する装置の仕事率は1Wである。

演習問題 1.4

次の記述のうち正しいものはどれか。

イ．セルシウス温度0℃を絶対温度に換算するとおよそ－273Kとなる。
(H 30 一販国家試験類似)

ロ．セルシウス温度25℃は、絶対温度に換算するとおよそ298Kとなる。
(H 30 設備士国家試験)

ハ．セルシウス温度150℃を絶対温度に換算するとおよそ323Kとなる。
(R 1-3 移動類似)

ニ．セルシウス温度で表すと、標準大気圧下で純水の氷が融解する温度は零度であり、純水が沸とうする温度は100度である。　(H 20-2 設備士検定)

演習問題 1.5

次の記述のうち正しいものはどれか。

イ．絶対零度を基準にして、セルシウス温度と同じ目盛刻みで目盛った温度を絶対温度（熱力学温度）という。（H 30-4 設備士検定類似）

ロ．セルシウス温度 t（℃）と絶対温度 T（K）の間には以下の関係がある。

$$t = T + 273$$

（29-1 特定類似）

ハ．絶対温度で 100 K は、セルシウス温度でおよそ − 173 ℃である。（H 23-3 移動類似）

ニ．絶対温度 250 K は、セルシウス温度に換算するとおよそ − 23 ℃である。（R 1 二販国家試験類似）

演習問題 1.6

次の記述のうち正しいものはどれか。

イ．ゲージ圧力は真空を 0 Pa としている。（H 30-2 二販検定）

ロ．圧力の表し方には絶対圧力とゲージ圧力があり、絶対圧力 = ゲージ圧力 + 大気圧の関係がある。（R 1 設備士国家試験類似）

ハ．絶対圧力とゲージ圧力との間には以下の関係がある。

ゲージ圧力 = 絶対圧力 + 大気圧（H 28-1 特定類似）

ニ．標準大気圧は約 10^5 Pa である。（H 20 一販国家試験）

演習問題 1.7

圧力に関する次の記述のうち正しいものはどれか。

イ．50 kPa（ゲージ圧力）は、大気圧より高い圧力である。

ロ．1000 kPa（ゲージ圧力）は、0.1 MPa（ゲージ圧力）と同じ圧力である。

ハ．0 Pa（ゲージ圧力）＜ 0.1 kPa（絶対圧力）＜ 0 Pa（絶対圧力）である。

（H 30-3 移動類似）

演習問題 1.8

次の記述のうち正しいものはどれか。

イ．単位面積 1 cm^2 当たり 1 N の垂直な力が面に作用しているとき、その面における圧力は 1 kPa（絶対圧力）である。（R 1 二販国家試験類似）

ロ．1 kgf/cm^2 ≒ 98 kPa ≒ 98 N/cm^2 である。（H 19-1 設備士検定）

ハ．1 Pa = 1 N/m^2 = 1 $kg/(m \cdot s^2)$ である。（H 24 一販検定類似）

ニ．ジュール（J）は次のように表せる。

$$1\ J = 1\ kg \cdot m/s^2$$

（H 27-1 二販検定類似）

ホ．1 N = 1 $kg \cdot m/s^2$ である。（H 30-4 設備士検定類似）

第2章

分子式と物質量（モル）

分子式およびモル（mol）などは、気体の計算、化学反応計算、熱量計算などの基礎であり、資格の種類にかかわらずよく理解しておく必要がある。

2·1 原子、分子および分子式 移特一二設

(1) 原子および元素記号

物質は、すべて**原子**と呼ばれる小さな単位粒子からできている。この原子には、たくさん種類があって、およそ100種類のものが知られている。

原子を水素、酸素、鉄、硫黄などのように、物質の成分として見る場合には**元素**といい、この元素を表現するのにアルファベット（またはその組合せ）が用いられている。これが**元素記号**である。

よく使われる元素記号

元素名	元素記号
水素	H
炭素	C
窒素	N
酸素	O
塩素	Cl
硫黄（いおう）	S

高圧ガスの基礎計算によく使われる元素記号を表に示したが、物質を表現する基本であるので覚えておくとよい。このほかのものは、資格によって幅があるので、テキストなどで取捨選択をするとよい。

(2) 分子および分子式

物質としての性質をもつ最小の粒子を**分子**といい、これらは原子から成り立っている。

例えば、酸素は2つの酸素原子が結びついて、気体や液体の酸素の性質をもつ分子として存在している。また、水は水素原子2個と酸素原子1個が結びついて、その分子を形成している。酸素のように、1種の元素でできている分子（物質）を**単体**といい、水のように2種類以上の元素でできている分子（物質）を**化合物**という。

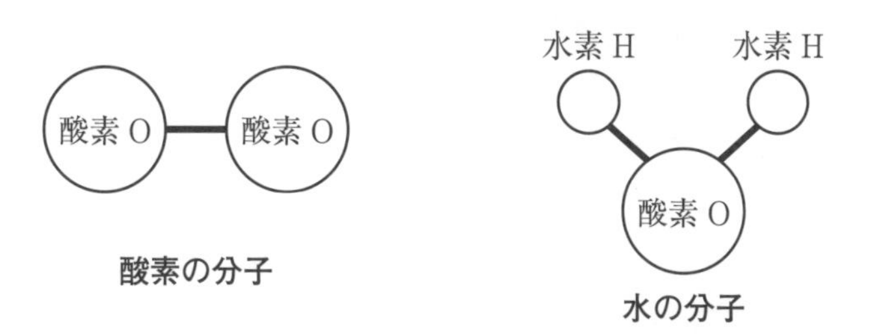

酸素の分子　　水の分子

分子の中には、ヘリウム（He）やアルゴン（Ar）のように1個の原子で分子になっている単体もある。

これらの分子を記号で表しているのが**分子式**であり、元素記号が用いられる。

アルゴン分子は原子が1個なので、分子式は単にArと書く。酸素は酸素原子が2個の分子なのでO_2と書く。小さく右下に書いた数字（添字）は、分子の中に同じ種類の原子がその数字の個数あることを表しており、O_2の代わりに2Oと書くと、全く違った意味になるので注意する。また、水の分子は、水素原子2個と酸素原子1個から成り立っているので、H_2Oと書かれる。

このように分子式は、分子内で結合している原子の種類とその個数を示すものである。

基礎の計算に関係の深い物質とその分子式を参考までに表に示す。資格によって記憶の必

要性に幅があるので、テキストなどで取捨選択して記憶する。

代表的な物質の分子式

	物質名	分子式		物質名	分子式		物質名	分子式
単体	ヘリウム	He	炭化水素（化合物の一種）	メタン	CH_4	その他の化合物	水	H_2O
	アルゴン	Ar		アセチレン	C_2H_2		アンモニア	NH_3
	水素	H_2		エチレン	C_2H_4		一酸化炭素	CO
	酸素	O_2		エタン	C_2H_6		二酸化炭素	CO_2
	窒素	N_2		プロピレン	C_3H_6		シアン化水素	HCN
	塩素	Cl_2		プロパン	C_3H_8		二酸化硫黄	SO_2
				ブテン（ブチレン）	C_4H_8		硫化水素	H_2S
				ブタン	C_4H_{10}			

(3) アルカン、アルケン、異性体

分子を構成する原子の元素が炭素と水素のみからなる物質を総称して炭化水素という。

メタン（CH_4）、エタン（C_2H_6）、プロパン（C_3H_8）、ブタン（C_4H_{10}）のように、炭素間の結合が単結合（C–C）の炭化水素をアルカン（パラフィン系炭化水素）といい、一般的な形として C_nH_{2n+2}（n は整数）と書くことができる。飽和炭化水素ともいわれ、安定した性質をもつので燃料によく用いられている。

一方、エチレン（C_2H_4）、プロピレン（C_3H_6）、ブテン（C_4H_8）など炭素間の結合に二重結合（C＝C）を１つもつ炭化水素をアルケン（オレフィン系炭化水素）といい、一般的な形として C_nH_{2n}（n は２以上の整数）と書くことができる。反応性に富んでいることから石油化学工業における原料物質としてよく利用されている。

このほかに、アセチレン（C_2H_2）のように三重結合（C≡C）をもつものがあり、アルケンと併せて不飽和炭化水素ともいわれる。

また、同じ分子式の物質でも原子間の結合の仕方が異なるものがあり、**異性体**といわれる。ブタン（C_4H_{10}）には、n–ブタン（ノルマルブタン）とi–ブタン（イソブタン）の異性体が存在する。よい例として記憶するとよい。

$$CH_3-CH_2-CH_2-CH_3$$

n–ブタン

$$\begin{array}{c} \quad CH_3 \\ \quad | \\ CH_3-CH-CH_3 \end{array}$$

i–ブタン

例題 2.1 原子、分子、化合物、単体などの基礎知識

次の記述のうち正しいものはどれか。

イ．二酸化炭素は炭素と酸素の混合物である。（H 29 一販国家試験）

ロ．物質を構成する要素である原子を物質の成分として一般的にみる場合には、これを単体という。（H 28-2 二販検定類似）

ハ．気体の酸素は酸素原子 2 個で構成されている酸素分子の集合体である。（H 24 二販国家試験類似）

ニ．プロパンは化合物ではなく単体である。（H 30 二販国家試験）

ホ．物質の固有の性質を示す最小の基本粒子は分子である。（H 28 一販国家試験類似）

ヘ．プロパン、ブタンはアルカン（パラフィン系炭化水素）であり、分子内の原子間の結合はすべて単結合である。（R 1-3 設備士検定類似）

解説　原子、元素、分子などのもつ意味、化合物、単体、混合物の違いおよび炭化水素の種類などを問う問題である。

イ．（×）二酸化炭素（CO_2）は炭素 1 個と酸素 2 個の 2 種類の原子（元素）で構成されているので化合物である。混合物は、異なる物質が混じりあった状態のものをいい、酸素と窒素およびアルゴンなどの物質が混合している空気は混合物のよい例である。

ロ．（×）設問のように、原子を物質の構成要素としてみる場合は元素という。単体は同じ元素の原子から構成されている物質をいい、酸素、窒素などの気体はそれぞれが単体である。

ハ．（○）酸素の分子式は O_2 で表され、2 個の酸素原子が結合したものである。酸素ガスはこの分子の集合したものである。窒素（N_2）、水素（H_2）、塩素（Cl_2）も同じように 2 個の同じ種類の原子で構成されているので、併せて記憶しておこう。これらはすべて単体の物質である。

ニ．（×）プロパン（C_3H_8）は炭素原子と水素原子の 2 種類の原子で構成された物質なので化合物である。

ホ．（○）その物質としての性質を示す最小の粒子が分子である。分子の多くは複数の原子から成り立っているが、ヘリウム（He）やアルゴン（Ar）のように、1 個の原子が分子（単原子分子）であるものもある。

ヘ．（○）アルカンはメタン、エタン、プロパン、ブタンのように、C_nH_{2n+2}（n は整数）で表される炭化水素の総称であり、パラフィン系炭化水素とも呼ばれる。これらの化合物の原子間の結合（C－C、C－H）は単結合である。

答　ハ、ホ、ヘ

例題 2.2 「移動」関連物質の分子式

次の記述のうち正しいものはどれか。

イ．ブタンの分子式はC_3H_8で、プロパンの分子式はC_4H_{10}である。
ロ．アセチレンの分子式はC_2H_2である。
ハ．二酸化硫黄の分子式はSO_2である。
ニ．プロパンの分子式はC_4H_8である。

解説 分子式は関係するテキストなどで覚えるしか方法はない。

イ．（×）プロパンの炭素数は3であり、ブタンのそれは4個である。記述のそれはお互いに逆になっている。
ロ．（○）アセチレンは図のように炭素数2の三重結合をもった炭化水素である。
ハ．（○）二酸化硫黄は、硫黄が燃えてできる化合物で、硫黄に酸素が2個結合している。
ニ．（×）プロパンは炭素数が3であり、記述の化合物は4個の炭素をもっている。これはブテンの分子式である

炭化水素の結合の例

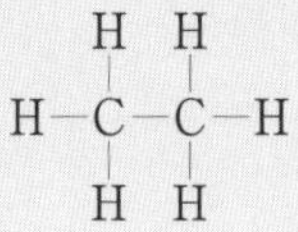

```
  H  H
  |  |
H-C--C-H      単結合（一重）
  |  |        （飽和炭化水素）
  H  H
  エタン

  H  H
  |  |
  C==C        二重結合
  |  |        （不飽和炭化水素）
  H  H
  エチレン

H-C≡C-H       三重結合
              （不飽和炭化水素）
  アセチレン
```

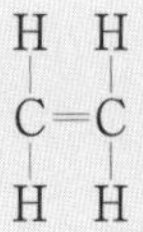

答　ロ、ハ

例題 2.3 「一般ガス」関連物質の分子式

次のガス名と分子式の組合せのうち正しいものはどれか。

イ．アセチレン　—　C_2H_2
ロ．酸素　—　N_2
ハ．モノシラン　—　SiH_4
ニ．ブタン　—　C_3H_8
ホ．二酸化炭素　—　CO

解説 物質（ガス）の分子式を炭化水素、酸化物、毒性ガス、特殊高圧ガスなどに分類して記憶するとよい。

イ．（○）炭素と水素のみからできている化合物を炭化水素というが、三重結合をもった炭化水素の代表がアセチレン（C_2H_2）である。

ロ．（×）窒素（N_2）と酸素（O_2）は空気の主成分であり、いずれも2原子分子であるので、関連づけて記憶するとよい。

ハ．（○）特殊高圧ガスのモノシランはケイ素の水素化物であり、Siはケイ素の元素記号である。

ニ．（×）炭化水素のうちメタンCH_4、エタンC_2H_6、プロパンC_3H_8、ブタンC_4H_{10}などはアルカン（パラフィン系炭化水素）といい、C_nH_{2n+2}（nは整数）で表される。記述の分子式はプロパンである。炭素が1〜4までは記憶しておくとよい。二重結合をもつ炭化水素はアルケン（オレフィン系炭化水素）（C_nH_{2n}）といい、エチレンC_2H_4、プロピレンC_3H_6が含まれているので関連づけて記憶するとよい。

ホ．（×）炭素と酸素の代表的な化合物が一酸化炭素COと二酸化炭素（炭酸ガス）CO_2である。二酸化炭素は名前のとおり分子内に酸素原子が2個ある。

答　イ、ハ

例題 2.4 LPガス関連物質の分子式

ガスの名称と分子式の組合せで正しいものはどれか。

	エタン	エチレン	プロパン	プロピレン	ブタン
(1)	CH_4	C_2H_4	C_3H_8	C_3H_6	C_4H_8
(2)	C_2H_4	C_2H_6	C_3H_6	C_3H_8	C_4H_{10}
(3)	C_2H_6	C_2H_4	C_3H_8	C_3H_6	C_4H_{10}
(4)	C_2H_6	C_2H_4	C_3H_6	C_3H_8	C_4H_8
(5)	CH_4	C_2H_6	C_3H_8	C_3H_6	C_4H_{10}

解説 炭化水素はパラフィン系、オレフィン系について、炭素数ごとに整理して記憶する。

アセチレン系（三重結合をもつもの）は、代表としてアセチレンC_2H_2を覚えておく。

		パラフィン系		オレフィン系	
炭素数	1	メタン	CH_4	—	
	2	エタン	C_2H_6	エチレン	C_2H_4
	3	プロパン	C_3H_8	プロピレン	C_3H_6

4　ブタン　C_4H_{10}　ブテン　C_4H_8

正解は(3)である。分子式の表と対比して確認する。

答 (3)

演習問題 2.1

次の記述のうち正しいものはどれか。

イ．プロパンの分子は炭素3原子と水素8原子からなっており、その分子式はC_3H_8で表される。（H 30-2 設備士検定類似）

ロ．ある物質の固有の性質を示す最小の基本粒子を原子という。（R 1 一販国家試験類似）

ハ．水やプロパンのように2種類以上の元素により構成されている物質を混合物という。（30-1 二販検定類似）

ニ．塩素は単体で分子式はCl_2である。（H 27 一販検定類似）

ホ．ブタンには、ノルマルブタンとイソブタンの2種類の異性体があり、分子式が同じでも構造（原子の結びつき方）が異なる。（H 29 設備士国家試験）

ヘ．プロパンとブタンはアルカン（パラフィン系炭化水素）に分類される。（H 30 二販国家試験類似）

演習問題 2.2

次の記述のうち正しいものはどれか。〔「移動」関連物質〕

イ．プロパンの分子式はC_3H_6である。

ロ．酸素の分子式はO_2である。

ハ．一酸化炭素の分子式はCOである。

ニ．ブタンの分子式はC_3H_8である。

演習問題 2.3

次のガスのうち、ガス名と分子式の組合せの正しいものはどれか。〔「一般ガス」関連物質〕

イ．アンモニア　—　NH_3

ロ．シアン化水素　—　HCl

ハ．エチレン　—　C_2H_6

ニ．水素　—　H_2S

ホ．プロピレン　—　CH_4

演習問題 2.4

ガスの名称と分子式の組合せで正しいものはどれか。〔LP関連物質〕

	メタン	アセチレン	エチレン	プロピレン	ブテン
(1)	CH_4	C_2H_4	C_2H_6	C_3H_6	C_4H_8

(2)	CH_4	C_2H_2	C_2H_4	C_3H_8	C_4H_{10}
(3)	C_2H_6	C_2H_2	C_2H_6	C_2H_6	C_4H_{10}
(4)	C_2H_2	C_2H_6	C_2H_2	C_3H_8	C_4H_{10}
(5)	CH_4	C_2H_2	C_2H_4	C_3H_6	C_4H_8

2·2 分子量および物質量（モル） 移 特 一 二 設

(1) 原子量

各原子は質量をもっている。しかし、1個の原子の質量は極めて小さいので、基準を炭素原子の質量として、その質量に対する他の原子の相対的な質量を用いる。これが原子量（げんしりょう）である。基準となる炭素※の質量を12として、他の原子の相対的な質量の数値であるので、原子量には単位がない。無単位である。

各原子の原子量には端数がついている（水素H = 1.00794、酸素O = 15.9994など）が、実用上はそれを省略して、水素H = 1、酸素O = 16、硫黄S = 32のように計算しても誤差は少ない。

計算によく使われる原子の原子量を表に示す。問題文で示されない場合も多いので、この表の数値は常識として記憶しておく。

計算によく使われる原子量

元素名	元素記号	原子量
水素	H	1
炭素	C	12
窒素	N	14
酸素	O	16
塩素	Cl	35.5
硫黄	S	32

(2) 分子量

前節で説明したとおり、分子は決まった元素の原子の組合せで成り立っているので、その質量は分子を構成する原子の質量の合計である。すなわち、構成する原子の原子量の総和が分子量（ぶんしりょう）である。したがって、分子量は、炭素原子を12としたときの分子の相対的質量を表している。

例えば、水 H_2O の分子量は

$$H \times 2 + O \times 1 = 1 \times 2 + 16 \times 1 = 18$$

となる。

頻繁に使われる物質の分子量として、水素 H_2 = 2、酸素 O_2 = 32、窒素 N_2 = 28、メタン CH_4 = 16、プロパン C_3H_8 = 44、ブタン C_4H_{10} = 58、水 H_2O = 18など

代表的な気体の分子量

物質名	分子式	分子量
水素	H_2	2
窒素	N_2	28
酸素	O_2	32
塩素	Cl_2	71
メタン	CH_4	16
アセチレン	C_2H_2	26
エチレン	C_2H_4	28
プロピレン	C_3H_6	42
プロパン	C_3H_8	44
ブタン	C_4H_{10}	58
水（水蒸気）	H_2O	18
一酸化炭素	CO	28
二酸化炭素	CO_2	44
空気※※	(O_2+N_2)	(29)

※　炭素には12以外のもの（同位体または同位元素）があるので、正確には炭素12（^{12}C）という原子が基準になっている。

※※　空気の平均分子量

があり、これらは記憶するにしても、単体や化合物の数は多いので、すべて暗記することは不可能に近いし、実際的でもない。したがって、基本的な原子量と分子式から分子量を計算できるように訓練しておくことが重要である。

参考までに、よく問題に登場する物質と分子量を表に示すが、分子式と原子量からその値が正しいことを確かめるとよい演習になる。

(3) 物質量（モル）

物質量（モル）のSI基本単位はmolである。1 molは決められた分子の数の集合体※であるが、簡単にいうと、分子量の数値にグラム（g）をつけた質量に相当する分子の集団である。

例えば、酸素 O_2 の場合は、酸素の分子量が32であるから、32 g（32×10^{-3} kg）が1 molになる。プロパン C_3H_8 は分子量が44であるので44 g（44×10^{-3} kg）が1 molである。

各分子の1 mol当たりの質量を**モル質量**（M）（単位はg/molまたはkg/mol）といい、物質量（n）と質量（m）の関係を表す重要な値である。

上記の例を使って酸素とプロパンのモル質量を書くと、酸素 O_2 は32 gが1 molであるから32 g/mol（または 32×10^{-3} kg/mol）であり、プロパンは同様に44 g/mol（または 44×10^{-3} kg/mol）である。すなわち

モル質量 M ＝分子量の数値 g/mol（または分子量の数値 $\times 10^{-3}$ kg/mol）
…………………………………………………………………………………… (2.1)

質量のSI基本単位はkgであるので、分子量の数値 $\times 10^{-3}$ kg/molの形を使い慣れると計算しやすい場合が多い。

質量とモル（mol）の関係

① 1モル（mol）＝分子量にグラム（g）をつけた質量（に相当する）
② モル質量＝1モル（mol）の質量（g/mol、kg/mol）
③ 物質量（mol）＝質量／モル質量
　または
　質量＝物質量（mol）×モル質量

このモル質量 M を使って、質量 m と物質量（モル数）n の関係は次の式で表される。

$$n = \frac{m}{M} \quad \cdots\cdots\cdots\cdots\cdots\cdots \quad (2.2\,\mathrm{a})$$

すなわち、物質量は質量をそのモル質量で割って（除して）得られる。

逆に物質量 n から質量 m を求める場合は、この式を変形して

$$m = nM \quad \cdots\cdots\cdots\cdots\cdots\cdots \quad (2.2\,\mathrm{b})$$

すなわち、質量は、物質量にモル質量をかけて（乗じて）得られる。

この関係は、気体の計算、化学反応、燃焼計算などに頻繁に用いられる重要なものであるので、演習などで使い慣れておく。

※ 6.02×10^{23} 個の分子の集団を1 molというが、質量になおすと、分子量にグラム（g）をつけた数値に相当する。

例題 2.5 元素と原子量

次のイ、ロ、ハのうち、元素名、元素記号、原子量の正しい組合せはどれか。

	元素名	元素記号	原子量
イ.	酸素	O	16
ロ.	水素	N	1
ハ.	炭素	C	14

（過去設備士国家試験）

解説 元素記号およびその原子量は、前に示した表「よく使われる原子量」などで記憶しておく。

イ．(○) 酸素の元素記号はO、原子量は16であるので、記述は正しい。

ロ．(×) 水素の元素記号はHであり、Nではない。Nは窒素である。水素の原子量は1でよい。

ハ．(×) 炭素の元素記号はCで正しいが、原子量は12であるので記述は誤りである。原子量14のものは、窒素が該当する。

答　イ

例題 2.6 原子量および分子量

次の記述のうち正しいものはどれか。

イ．ある物質の分子量は、その分子を構成する原子の原子量の総和である。
（H 29 二販国家試験類似）

ロ．原子量に単位はない。（H 30 一販国家試験）

ハ．プロパンの分子式はC_4H_{10}で、ブタンのそれはC_3H_8である。したがって、プロパンのほうがブタンより分子量は大きい。（R 1-3 移動類似）

ニ．酸素原子の質量は、炭素原子の質量のおよそ16 / 12倍である。（H 28 一販検定）

解説 原子量、分子量の考え方を理解し、H = 1、C = 12、O = 16を原子量として記憶していれば解ける問題である。

イ．(○) 分子量の項で説明のとおり、分子量は分子を構成する原子の原子量の総和である。したがって、分子量も炭素原子の質量を12とした相対的な質量を表している。

ロ．(○) 原子量の項で説明のとおり、ある原子の原子量は、炭素原子の質量を12としたときの相対質量であるので単位はない。

ハ．（×）プロパンとブタンの分子式はそれぞれ C_3H_8、C_4H_{10} である。したがって、その分子量は

プロパンの分子量 = 12 × 3（個）+ 1 × 8（個）= 44

ブタンの分子量 = 12 × 4（個）+ 1 × 10（個）= 58

となり、ブタンのほうが大きい。なお、LP 関係の資格ではプロパンとブタンの分子量（モル質量）が頻出するので、数値を記憶しておくと計算は速い。

ニ．（○）イ、ロでの説明のとおり、各原子の原子量は、炭素（= 12）を基準としたその原子の相対的な質量である。酸素の原子量は 16 であるから、原子量の定義のとおり

酸素原子の質量 / 炭素原子の質量 = 16 / 12（倍）

答　イ、ロ、ニ

例題 2.7 分子式を書いて分子量を計算する

次のガスのうち、水素の原子量を 1、炭素の原子量を 12、窒素の原子量を 14、酸素の原子量を 16 とするとき、分子量が同じものはどれか。

イ．プロパン

ロ．アセチレン

ハ．二酸化炭素

ニ．シアン化水素

解説　各物質の分子式が書けると、原子量が与えられているので、分子量が計算できる。

イ．プロパンの分子式は C_3H_8 である。

その分子量 = 12 × 3 + 1 × 8 = 44

ロ．アセチレンの分子式は C_2H_2 である。

その分子量 = 12 × 2 + 1 × 2 = 26

ハ．二酸化炭素の分子式は CO_2 である。

その分子量 = 12 × 1 + 16 × 2 = 44

ニ．シアン化水素の分子式は HCN である。

その分子量 = 1 × 1 + 12 × 1 + 14 × 1 = 27

したがって、プロパンと二酸化炭素の分子量が 44 であり、同じ値である。

答　イ、ハ

例題 2.8 物質 1 mol の質量

次の記述のうち正しいものはどれか。

イ．プロパン 1 mol の質量は 44 g である。

ロ．すべての物質 1 mol の質量は同じである。

ハ．分子量にグラムをつけた質量に相当する分子の集団はその分子の 1 mol（モル）である。

ニ．ブタン 1 mol の質量は 58 g である。

解説　物質量（モル）に関する基本的な事項および 1 mol の質量を問う問題である。1 mol が物質の分子量にグラムをつけた値に相当することを理解していれば解決する。

イ．（○）プロパン C_3H_8 の分子量は 44 である。すなわち、この値にグラムをつけた 44 g が 1 mol である。このことから、プロパンのモル質量（1 mol の質量）が 44 g/mol または 44×10^{-3} kg/mol となることも一緒に理解する。

ロ．（×）物質ごとに分子量が異なるので、1 mol の質量は物質によって変わる。

ハ．（○）題意のとおりである。

ニ．（○）ブタンの分子量は 58 であるから、イの説明のとおり 1 mol は 58 g である。

答　イ、ハ、ニ

例題 2.9 物質量から質量および質量から物質量を求める

次の記述のうち正しいものはどれか。

イ．メタン 5 mol の質量は 80 g である。

ロ．ブタン 4 mol の質量は 176 g である。

ハ．酸素 12.8 kg は 800 mol である。

ニ．窒素 9.8 kg は 350 mol である。

解説　物質量（モル数）から質量、および質量から物質量を計算する問題である。

この計算には、式（2.2 a）、（2.2 b）を用いるが、分子量からモル質量を導いて計算に使用する。モル質量 M の使い方に慣れる。

イ．（〇）メタン CH_4 の分子量 = 12 × 1 + 1 × 4 = 16 であるから、1 mol = 16 g である。モル質量で表現すると

CH_4 のモル質量 $M = 16$ g/mol

式（2.2 b）を用いて、物質量 $n = 5$ mol であるから

CH_4 の質量 $m = nM = 5\ \mathrm{mol} \times 16\ \mathrm{g/mol} = 80\ \mathrm{g}$ ……………………… ①

式①の単位に着目すると、次のように mol が消えて g だけが残ることがわかる。

$$\mathrm{mol} \times \frac{\mathrm{g}}{\mathrm{mol}} = \mathrm{g}$$

このように、単位を書いて計算すると正しい計算になっているか確認できる。

ロ．（×）同様に、ブタン C_4H_{10} の分子量は 58 であるから、モル質量 $M = 58$ g/mol

式（2.2 b）から

C_4H_{10} の質量 $m = nM = 4\ \mathrm{mol} \times 58\ \mathrm{g/mol} = 232\ \mathrm{g}$

ハ．（×）質量を物質量になおすときは式（2.2 a）を用いる。

酸素 O_2 の分子量 = 16 × 2 = 32

であるから

酸素のモル質量 $M = 32\ \mathrm{g/mol} = 32 \times 10^{-3}\ \mathrm{kg/mol}$

物質量 n は式（2.2 a）から

$$n = \frac{m}{M} = \frac{12.8\ \mathrm{kg}}{32 \times 10^{-3}\ \mathrm{kg/mol}} = 0.4 \times 10^{3}\ \mathrm{mol} = 400\ \mathrm{mol}$$

与えられた質量の単位が kg であるので、モル質量も kg/mol 単位の方が使いやすい。もちろん、kg を g になおしてモル質量 g/mol を使用してもよい。

ニ．（〇）窒素 N_2 の分子量 = 14 × 2 = 28 であるから

窒素のモル質量 $M = 28\ \mathrm{g/mol} = 28 \times 10^{-3}\ \mathrm{kg/mol}$

物質量 n は式（2.2 a）から

$$n = \frac{m}{M} = \frac{9.8\ \mathrm{kg}}{28 \times 10^{-3}\ \mathrm{kg/mol}} = 0.35 \times 10^{3}\ \mathrm{mol} = 350\ \mathrm{mol}$$

答　イ、ニ

演習問題 2.5

次のイ、ロ、ハ、ニのうち、元素名、元素記号、原子量の正しい組合せはどれか。

	元素名	元素記号	原子量
イ．	炭素	H	12
ロ．	酸素	O	32

ハ.　窒素　N　14
ニ.　硫黄　S　32

（過去設備士国家試験）

演習問題 2.6

[イ]～[ニ]に当てはまる語句および数値を入れよ。

原子や分子は質量をもっている。そこで原子の質量を表すのに[イ]原子を基準にして、その質量を[ロ]と定め、他の原子の質量をこれと比較した数値で表す。この数値を[ハ]といい、例えば酸素原子のこの数値は[ニ]である。

（過去設備士検定）

演習問題 2.7

次の記述のうち正しいものはどれか。

イ．プロパンの分子量と二酸化炭素の分子量を整数で表せば、いずれも 44 である。

（H 28 一販検定）

ロ．エチレンの分子式は C_2H_2 であり、その分子量は 26 である。　（過去移動）

ハ．メタンの分子量はアンモニアの分子量より大きい。　（H 26 一販検定類似）

ニ．ブタンの分子量はプロパンの分子量のおよそ 1.3 倍である。

（H 30-1 二販検定類似）

演習問題 2.8

次の記述のうち正しいものはどれか。

イ．1 mol のアンモニアの質量は 17 g である。　（30-1 移動類似）

ロ．プロパン 1 mol の質量とブタン 1 mol の質量は異なる。　（H 30 二販国家試験）

ハ．水 18 g は 1 mol である。

ニ．一酸化炭素（CO）1 kmol は 44 kg である。

演習問題 2.9

次の記述のうち正しいものはどれか。

イ．エチレン 15 mol の質量は 390 g である。

ロ．プロピレン 0.5 mol の質量は 21 g である。

ハ．塩素の原子量を 35.5 とすれば、塩化水素 365 kg は 10 kmol である。

ニ．シアン化水素 540 g は 14 mol である。

第3章

気体の一般的性質

　ここに記載する法則などは、気体の計算を行う上で基礎となるものであり、特に、アボガドロの法則およびボイル-シャルルの法則に関するものは、資格の種類にかかわらずよく理解しておく。

　また、理想気体の状態方程式は一販に出題されているが、二販の資格でも使いこなせるようにしておくとよい。

3・1 アボガドロの法則およびボイル-シャルルの法則 移特一二設

(1) アボガドロの法則

気体の体積と物質量および質量を結びつける重要な法則である。

後で説明するように、気体の体積は、温度および圧力によって変化するので、次のように基準となる状態(「**標準状態**(ひょうじゅんじょうたい)」という)が決められている。

標準状態は、温度が 0℃で圧力が 0.1013 MPa (= 101.3 kPa) の状態のことであり、この圧力は前章で説明した標準大気圧である。

アボガドロの法則は、「すべての気体において、同じ温度、同じ圧力のもとでは、同じ体積中に含まれる分子の数は同じである」というものである。

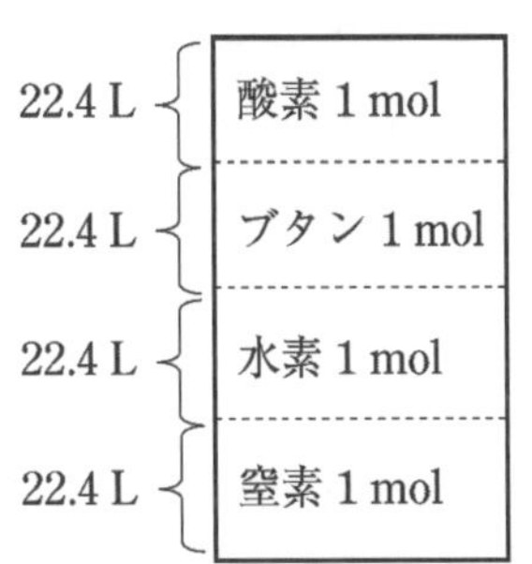

どんなガスでも標準状態では
1 mol = 22.4 L

これを物質量を使って実用的に言い替えると次のようになる。

アボガドロの法則：**標準状態において、1 mol の気体はおよそ 22.4 L (= 22.4×10^{-3} m^3) の体積を占める。**

したがって、標準状態における 22.4 L の気体は 1 mol であり、さらに、計算した物質量(モル数)にモル質量をかける(乗ずる)ことによって、体積から質量を計算することができるのである。1 mol 当たりの体積を**モル体積** (L/mol または m^3/mol) というが、標準状態ではすべての気体のモル体積が 22.4 L/mol (= 22.4×10^{-3} m^3/mol) であることを覚えておこう。

気体の体積 V とモル体積 V_m から物質量 n を求めるには

$$n = \frac{V}{V_m} \quad \cdots\cdots (3.1\,a)$$

すなわち、気体の体積をモル体積で割れば(除せば)物質量が得られる。標準状態であれば、体積を 22.4 L/mol (= 22.4×10^{-3} m^3/mol) で割ると物質量が得られる。

例えば、標準状態で 10 m^3 の気体の物質量 n は

$$n = \frac{V}{V_m} = \frac{10\,m^3}{22.4\times10^{-3}\,m^3/mol} = 0.446 \times 10^3\,mol = 446\,mol$$

となる。

物質量 n から体積 V を求めるときは、式(3.1 a)を変形して V =の形になおすと

$$V = nV_m \quad \cdots\cdots (3.1\,b)$$

すなわち、物質量にモル体積をかけると気体の体積が得られる。

また、式(3.1 a)は、モル質量 M を用いて前章の式(2.2 b)から質量と体積が関係づけられる。式(2.2 b) $m = nM$ の n に式(3.1 a)を入れると

$$m = \frac{V}{V_m} \times M = \frac{VM}{V_m} \quad \cdots\cdots (3.2)$$

となり、体積から質量が計算できる。

(2) ボイル-シャルルの法則

気体は圧力をかけると体積は減少し、圧力を減らすと体積は増加する。また、気体の温度を上げると体積は膨張し、温度を下げると体積は減少する性質がある。このように、体積、圧力、温度の関係を示すのがボイルの法則、シャルルの法則およびボイル-シャルルの法則である。この法則および次節で説明する状態方程式に当てはまる理想的な挙動をする気体を**理想気体**(りそうきたい)という。実際の気体は厳密にはこの法則からやや外れた挙動をするが、高温の気体や希薄な圧力の低い気体は、理想気体に近い挙動をする。

基礎的な資格の試験・検定問題では、理想気体として計算するものがほとんどである。

(a) ボイルの法則

ボイルの法則は、温度を一定にしたときの圧力と体積の関係を表し、「一定温度における一定量の**気体の体積は、圧力に反比例**して変化する」というものである。反比例であるから、一方が2倍になれば他方は1/2になり、4倍になれば他方は1/4になる関係である(付録参照)。

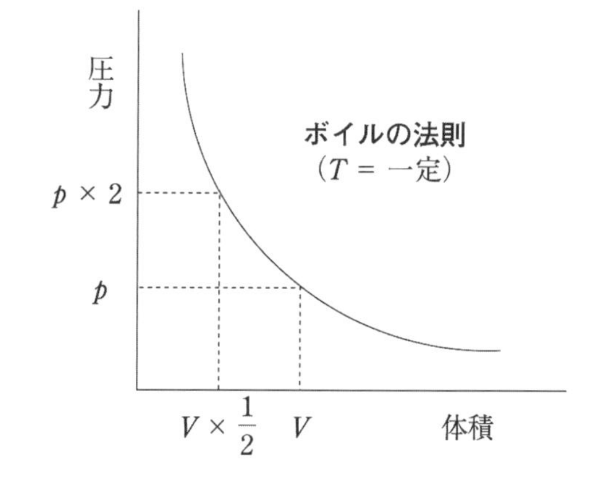

気体の圧力をp、その体積をVとすると、ボイルの法則は

$$pV = 一定 \quad \cdots\cdots (3.3\,a)$$

また、もとの状態(圧力、体積の状態(温度は不変))を1、変化した状態を2として、p_1やV_2のように右下に小さな数字(添字)で表す(以下同じ)と、式(3.3 a)は

$$p_1V_1 = p_2V_2 \quad \cdots\cdots (3.3\,b)$$

となり、圧力と体積のかけ算(積)は変化前と変化後では等しい。

なお、これらの計算には絶対圧力を用いる。

圧力pと体積Vの関係を図に示す。

(b) シャルルの法則

シャルルの法則は、圧力を一定にしたときの体積と温度の関係を表し、「一定圧力における一定量の**気体の体積は、絶対温度に比例**して変化する」というものである。正比例であるから、一方が2倍になれば他方も2倍になるという関係である(付録参照)。

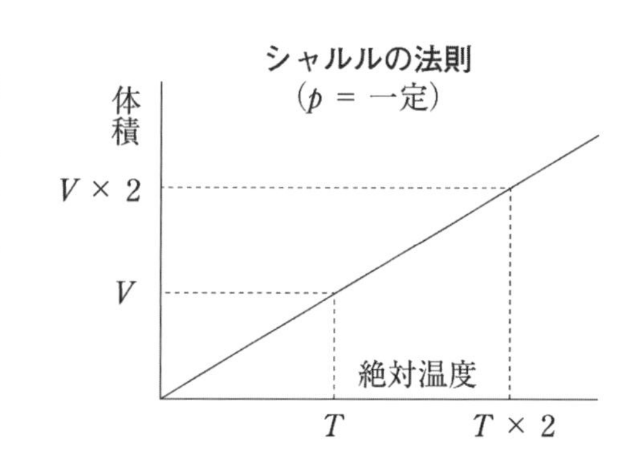

ここでしっかり記憶しなければならないこと

は、温度は絶対温度を使い、セルシウス温度ではないことである。

気体の体積を V、絶対温度を T とすると、シャルルの法則は次の式になる。

$$\frac{V}{T} = \text{一定} \quad \cdots\cdots (3.4\,\text{a})$$

または、変化前（添字 1）と変化後（添字 2）の関係は

$$\frac{V_1}{T_1} = \frac{V_2}{T_2} \quad \cdots\cdots (3.4\,\text{b})$$

体積 V と絶対温度 T との関係を図に示す。

(c) ボイル-シャルルの法則

ボイル-シャルルの法則は、ボイルの法則およびシャルルの法則から導かれる法則であり、「一定量の**気体の体積は、圧力に反比例し絶対温度に比例**して変化する」というものである。

圧力を p、絶対温度を T、体積を V で表すと、この関係は

$$\frac{pV}{T} = \text{一定} \quad \cdots\cdots (3.5\,\text{a})$$

または

$$\frac{p_1V_1}{T_1} = \frac{p_2V_2}{T_2} \quad \cdots\cdots (3.5\,\text{b})$$

この式 (3.5 a)、(3.5 b) のみを記憶し使いこなせると、他のボイルの法則およびシャルルの法則は覚えなくてもいつでも取り出すことができる。

すなわち、温度一定（$T_1 = T_2$）の場合は

$$\frac{p_1V_1}{T_1} = \frac{p_2V_2}{T_2} = \frac{p_2V_2}{T_1} \rightarrow \text{両辺に } T_1 \text{ をかけて } p_1V_1 = p_2V_2 \leftarrow \text{（ボイルの法則）}$$

圧力一定である（$p_1 = p_2$）シャルルの法則の場合は

$$\frac{p_1V_1}{T_1} = \frac{p_2V_2}{T_2} = \frac{p_1V_2}{T_2} \rightarrow \text{両辺を } p_1 \text{ で割って } \frac{V_1}{T_1} = \frac{V_2}{T_2} \leftarrow \text{（シャルルの法則）}$$

となる。

例題 3.1 アボガドロの法則が意味するもの

次の記述のうち正しいものはどれか。

イ．アボガドロの法則によれば、温度と圧力の等しい同体積の気体は、同数の分子を含む。（H 29-2 移動類似）

ロ．アボガドロの法則に従うと、すべての気体 1 mol の体積は、標準状態でおよそ 22.4 L である。（H 30-2 特定類似）

ハ．アボガドロの法則によれば、標準状態における気体 1 mol のプロパンと気体 1 mol のブタンの体積は等しい。（H 28 二販国家試験類似）

ニ．アボガドロの法則によれば、1 kg の液状のプロパンが気体になるとき、標準状態において 22.4 L の体積を占める。（R 1-1 設備士検定類似）

解説 アボガドロの法則は、同じ圧力、温度の条件下では、同一体積に含まれる分子数は等しいといっており、これは物質量（モル数）も等しいといえる。

そして、標準状態で1 molの物質量は、どのガス種でも22.4 Lの体積を占める。このことから

イ．（○）この法則では、同じ温度、圧力の状態の気体について、同じ体積中に含まれる分子の数は気体の種類によらず等しい。

ロ．（○）この法則では、気体の種類を問わず、標準状態における1 molの体積はおよそ22.4 Lである。

ハ．（○）ロの説明のとおり、1 molの標準状態の気体の体積は、気体種が異なっていても等しい。なお、標準状態に限らずイの理由により、同じ温度、圧力の場合も同じであることも理解しておこう。

ニ．（×）アボガドロの法則では、ロの説明のとおり、ガス種を問わず1 molの物質が標準状態で22.4 Lの体積を占める。1 kgの物質ではない。

標準状態におけるプロパン1 kgの体積Vを計算すると、質量をm、モル質量をM、モル体積をV_m、物質量をnとして、式(3.1 b)を応用し

$$V = nV_m = \frac{m}{M} \cdot V_m = \frac{1\ \text{kg}}{44 \times 10^{-3}\ \text{kg/mol}} \times 22.4\ \text{L/mol} = 509\ \text{L}\ (\text{標準状態})$$

答 イ、ロ、ハ

例題 3.2 質量から気体の体積の計算

次の記述のうち正しいものはどれか。

イ．液化アンモニア（分子量＝17）630 gがすべて気化すると、標準状態でおよそ400 Lの体積のガスとなる。（H 30-1 特定類似）

ロ．0℃における液体のプロパン1 L当たりの質量を0.53 kgとすると、液体のプロパンがすべて標準状態の気体になると、その体積は液体のプロパンのおよそ270倍になる。（R 1-1 二販検定類似）

ハ．アボガドロの法則によれば、水素100 gの標準状態における体積は、およそ1.1 m^3である。（H 30 一販検定類似）

ニ．液体酸素3.0 kgがすべて気化して酸素ガスになったとき、標準状態における体積はおよそ2100 Lである。（H 29-2 移動類似）

解説 アボガドロの法則を用いて、物質の質量から標準状態（0℃、0.1013 MPa）の体積を計算する問題である。この法則は、気体の種類によらず物質1 mol

は標準状態で22.4 L (22.4×10^{-3} m^3) の体積を占めるというものであるから、分子量(モル質量)を用いて質量を物質量になおすと解決する。

すなわち、物質量n、質量m、モル質量Mとして、式(2.2 a)からnを求める。

$$n = \frac{m}{M} \quad \cdots\cdots ①$$

1 mol は22.4 L であり、n(mol)ではV(L)になるとすると、次のように比例式を使いVを求めることができる(付録参照)。

$$1\,(\text{mol}) : n\,(\text{mol}) = 22.4\,(\text{L}) : V\,(\text{L}) \quad \cdots\cdots ②$$

式②から

$$1\ \text{mol} \times V(\text{L}) = n\ \text{mol} \times 22.4\ \text{L}$$

$$V = \frac{n\ \text{mol} \times 22.4\ \text{L}}{1\ \text{mol}} = n \times 22.4\ \text{L}$$

すなわち、式①で物質量を求め、その値に22.4 L (22.4×10^{-3} m^3) をかけると体積が得られる。

別の方法として、応用範囲の広いモル体積V_m(1 mol 当たりの体積)を用いて計算する。

標準状態でのモル体積はどのガスでも$V_m = 22.4$ L/mol $= 22.4 \times 10^{-3}$ m^3/mol であるので、式(3.1 b)のとおり物質量nにV_mをかけると体積が得られ、さらにnの値に式①を代入すると

$$V = n \times V_m = \frac{m}{M} \times V_m = \frac{m}{M} \times 22.4\ \text{L/mol} \quad \cdots\cdots ③$$

すなわち、質量をモル質量で割って、モル体積22.4 L/mol をかけると標準状態の体積が得られる。ここでは式③の考え方を用いて計算する。

イ. (×)アンモニア630 g の物質量nは、モル質量M= 17 g/mol として、式①より

$$n = \frac{m}{M} = \frac{630\ \text{g}}{17\ \text{g/mol}} = 37.06\ \text{mol}$$

モル体積V_mは気種によらず$V_m = 22.4$ L/mol(標準状態)であるから、式③の前段を用いて体積Vは

$$V = nV_m = 37.06\ \text{mol} \times 22.4\ \text{L/mol} = 830\ \text{L}\ (\text{標準状態})$$

ロ. (○)1 L (= 0.53 kg) の液体のプロパンがすべて標準状態の気体になったときの体積V(L)は、式③を用いて

$$V = nV_m = \frac{m}{M} \cdot V_m = \frac{0.53\ \text{kg}}{44 \times 10^{-3}\ \text{kg/mol}} \times 22.4\ \text{L/mol} = 270\ \text{L}\ (\text{標準状態})$$

したがって、液体の体積をV_Lとして、気体と液体の体積比は

$$\frac{V}{V_L} = \frac{270\ \text{L}}{1\ \text{L}} = 270\ (\text{倍})$$

ハ. (○)水素(H_2)100 g の物質量nを計算し、標準状態のモル体積V_m(V_m = 22.4 L/mol)を乗じて体積Vを計算する。mは質量、Mはモル質量として

$$n = \frac{m}{M} = \frac{100\ \mathrm{g}}{2\ \mathrm{g/mol}} = 50\ \mathrm{mol}$$

標準状態における体積 V は式③のとおり

$$V = nV_\mathrm{m} = 50\ \mathrm{mol} \times 22.4\ \mathrm{L/mol} = 1120\ \mathrm{L} \fallingdotseq 1.1\ \mathrm{m^3}\ (標準状態)$$

ニ．（○）式③の後段を用いて一気に計算する。

質量を m、酸素の分子量の 32 からモル質量 $M = 32 \times 10^{-3}\ \mathrm{kg/mol}$ とし、設問は体積 V の単位を L で要求しているので、モル体積 $V_\mathrm{m} = 22.4\ \mathrm{L/mol}$（標準状態）を用いて

$$V = \frac{m}{M} \cdot V_\mathrm{m} = \frac{3.0\ \mathrm{kg}}{32 \times 10^{-3}\ \mathrm{kg/mol}} \times 22.4\ \mathrm{L/mol} = 2100\ \mathrm{L}\ (標準状態)$$

答　ロ、ハ、ニ

例題 3.3 標準状態の気体の体積から質量を求める

次の記述のうち正しいものはどれか。

イ．標準状態で $7.0\ \mathrm{m^3}$ の気体の酸素の質量はおよそ 10 kg である。酸素はアボガドロの法則に従うものとする。（R 1 一販検定類似）

ロ．標準状態（0 ℃、0.1013 MPa）で $85\ \mathrm{m^3}$ のプロパンの質量は、およそ 167 kg である。（H 23 二販国家試験類似）

ハ．標準状態で体積が $10\ \mathrm{m^3}$ の窒素を得るには、およそ 125 kg の液化窒素を気化させるとよい。（H 25 一販検定類似）

ニ．標準状態で $3.5\ \mathrm{m^3}$ の体積のブタンをすべて液化させると、アボガドロの法則に従うとしておよそ 9 kg の液化ブタンになる。（H 28-2 二販検定類似）

解説　アボガドロの法則では、1 mol の気体は標準状態において 22.4 L（$22.4 \times 10^{-3}\ \mathrm{m^3}$）を占める。すなわち、標準状態の体積がわかれば物質量が得られ、さらにモル質量を用いて質量を計算することができる。

気体の体積を V、標準状態のモル体積を $V_\mathrm{m} = 22.4\ \mathrm{L/mol}$、物質量を n、モル質量を M および質量を m で表す。物質量 n は式（3.1 a）のとおり体積をモル体積で割ると得られる。

$$n = \frac{V}{V_\mathrm{m}} \quad \cdots\cdots ①$$

物質量 n と質量 m の関係は $m = nM$ であるので、式（3.2）のとおり

$$m = \frac{VM}{V_\mathrm{m}} \quad \cdots\cdots ②$$

である。

すなわち、標準状態では、体積をモル体積 22.4 L/mol で割ってモル質量をかけると質量が得られることを例題および演習問題で習熟しておく。

イ．(○) 酸素の分子量は 32 であるから、そのモル質量 M は $M = 32 \times 10^{-3}$ kg/mol である。

標準状態におけるモル体積 V_m は $V_m = 22.4$ L/mol $= 22.4 \times 10^{-3}$ m^3/mol であるので、物質量 n は式①より

$$n = \frac{V}{V_m} = \frac{7.0\ \mathrm{m^3}}{22.4 \times 10^{-3}\ \mathrm{m^3/mol}} = 0.313 \times 10^3\ \mathrm{mol}\ (= 313\ \mathrm{mol})$$

式 (2.2 b) を用いて質量 m になおすと

$$m = nM = 0.313 \times 10^3\ \mathrm{mol} \times 32 \times 10^{-3}\ \mathrm{kg/mol} = 10\ \mathrm{kg}$$

なお、式②を用いて一気に計算すると

$$m = \frac{VM}{V_m} = \frac{7.0\ \mathrm{m^3} \times 32 \times 10^{-3}\ \mathrm{kg/mol}}{22.4 \times 10^{-3}\ \mathrm{m^3/mol}} = 10\ \mathrm{kg}$$

ロ．(○) 同様に計算する。

プロパンの分子量は 44 であるので、モル質量 $M = 44 \times 10^{-3}$ kg/mol である。

$$物質量\ n = \frac{V}{V_m} = \frac{85\ \mathrm{m^3}}{22.4 \times 10^{-3}\ \mathrm{m^3/mol}} = 3.795 \times 10^3\ \mathrm{mol}\ (= 3795\ \mathrm{mol})$$

$$質量\ m = nM = 3.795 \times 10^3\ \mathrm{mol} \times 44 \times 10^{-3}\ \mathrm{kg/mol} = 167\ \mathrm{kg}$$

ハ．(×) 式②を用いて計算すると、窒素のモル質量は 28×10^{-3} kg/mol であるので

$$質量\ m = \frac{VM}{V_m} = \frac{10\ \mathrm{m^3} \times 28 \times 10^{-3}\ \mathrm{kg/mol}}{22.4 \times 10^{-3}\ \mathrm{m^3/mol}} = 12.5\ \mathrm{kg}$$

ニ．(○) 同様に式②を用いると

$$m = \frac{VM}{V_m} = \frac{3.5\ \mathrm{m^3} \times 58 \times 10^{-3}\ \mathrm{kg/mol}}{22.4 \times 10^{-3}\ \mathrm{m^3/mol}} = 9.06\ \mathrm{kg} \fallingdotseq 9\ \mathrm{kg}$$

答　イ、ロ、ニ

例題 3.4　温度、圧力、体積の比例、反比例の関係

次の記述のうち正しいものはどれか。

イ．ボイル-シャルルの法則に従うとき、一定質量の気体の体積は絶対圧力に反比例し、絶対温度に比例する。（H 30-1 移動類似）

ロ．理想気体の一定圧力のもとにおける体積と温度の関係は、シャルルの法則で表され、一定質量の気体の体積は、その絶対温度に反比例する。（H 28-4 設備士検定）

ハ．シャルルの法則によると、一定圧力のもとにおいては、一定質量の気体の温度を

上昇させると、気体の体積は温度が1℃上昇するごとに、0℃のときの体積の1/273だけ増加する。　(H 20-1 設備士検定)

ニ．ボイルの法則によれば、一定質量の気体は温度を変えないで絶対圧力を2倍にすると、その体積は1/2になる。　(R 1-1 設備士検定類似)

ホ．ある一定量の理想気体について、絶対圧力を元の3倍、絶対温度を元の4倍にすると、その気体の体積は元の体積の $\frac{3}{4}$ 倍になる。　(30-1 特定類似)

解説　ボイルの法則、シャルルの法則およびそれを統合したボイル-シャルルの法則について、比例、反比例の関係など基本的な事項を問う問題である。

x と y が比例することを式で表すと（付録参照）

$y = ax$ （a は定数）…………………①

または、これを変形すると（両辺を x で割る）

$\frac{y}{x} = a$ （一定）……………………②

となる。これを図にすると右図のように、x が2倍になると y も2倍になる関係になり、「y は x に比例する」という。

シャルルの法則の式をみると

$\frac{V}{T}$ = 一定 = a

は、式②と同じ形であり、さらに変形すると（両辺に T をかける）

$V = aT$

となり、式①と同じ形になる。すなわち、「体積 V は絶対温度 T に比例する」（その逆も成り立つ）。

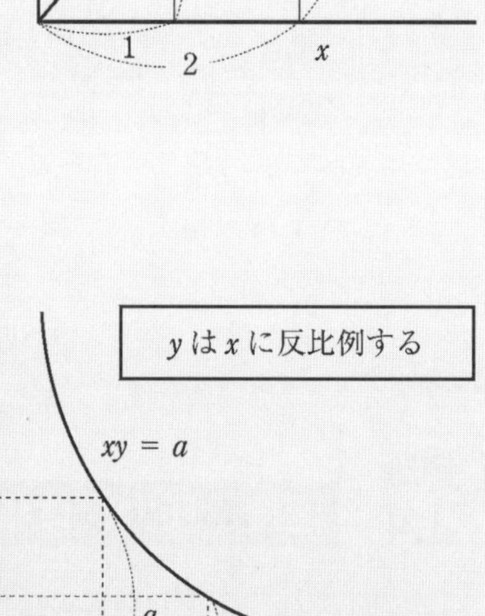

x と y が反比例する場合の式は（付録参照）

$y = \frac{a}{x}$ （a は定数）………………③

または、これを変形して（両辺に x をかけて）

$xy = a$ = 一定 ……………………④

となる。これを図にすると右図のように、x が2倍になると y は1/2になる関係であり、「y は x に反比例する」という。

ボイルの法則をみると、温度一定で体積 V と絶対圧力 p の関係は、式(3.3 a)のと

おり

$$pV = 一定 = a$$

これは、式④と同じ形であり、さらに変形すると（両辺を p で割る）

$$V = \frac{a}{p}$$

となって、式③と同じ形になる。

すなわち、「体積 V は圧力 p に反比例する」（その逆も成り立つ）。

ボイル-シャルルの法則は、式（3.5 a）のとおり

$$\frac{pV}{T} = 一定 = a$$

として変形すると（両辺に T/p をかけると）

$$V = a \times \frac{T}{p} = a \times T \times \frac{1}{p}$$

式①、式③と対比すると

「体積 V は絶対温度 T に比例し、絶対圧力 p に反比例して変化する」といえる。

このことから、例題は次のようになる。

イ．（○）ボイル-シャルルの法則の説明のとおりである。

ロ．（×）前段の一定圧力のもとにおける体積と温度の関係はシャルルの法則で正しいが、後段においては、体積は絶対温度に正比例するので記述は誤りとなる。

ハ．（○）シャルルの行った実験の結果であり、この事実から絶対温度の考え方とシャルルの法則が説明できる。

ニ．（○）ボイルの法則では、一定温度における気体の体積は絶対圧力に反比例する。したがって、その圧力を 2 倍にすると体積は 1/2 になる。

ホ．（×）理想気体の体積は絶対圧力に反比例するので、圧力が 3 倍になれば体積は $\frac{1}{3}$ になり、絶対温度に比例するのでそれが 4 倍になれば体積は 4 倍になる。したがって、圧力と温度の変化の効果は

$$変化後の体積 = \frac{1}{3} \times 4 = \frac{4}{3}\ (倍)$$

別解 圧力 p、体積 V、絶対温度 T の関係（式（3.5 b））から、変化前を 1、変化後を 2 の添字で表すと

$$\frac{p_1 V_1}{T_1} = \frac{p_2 V_2}{T_2} \quad \cdots\cdots ⑤$$

ここで、$p_2 = 3p_1$ および $T_2 = 4T_1$ を式⑤に代入して整理すると

$$\frac{V_2}{V_1} = \frac{4}{3}\ (倍)$$

答 イ、ハ、ニ

例題 3.5 ボイル－シャルルの法則から容器内の圧力の計算

ある気体が内容積 20 L の容器に－3 ℃、圧力 5.0 MPa（ゲージ圧力）で充てんされている。気体の温度が 37 ℃になったとき、この気体の圧力は何 MPa（ゲージ圧力）になるか。ただし、この気体はボイル-シャルルの法則に従うものとし、容器の内容積に変化はないものとする。　（R 1-3 移動類似）

解説　内容積（気体の体積）V は変わらず、絶対温度 T が変化したときの圧力 p をボイル-シャルルの法則を用いて計算する。

変化前の状態を 1、変化後を 2 の添字で表すと、式（3.5 b）のとおり

$$\frac{p_1V_1}{T_1}=\frac{p_2V_2}{T_2} \quad \cdots\cdots ①$$

$V_1 = V_2$ であるから、上式から V が消去されて

$$\frac{p_1}{T_1}=\frac{p_2}{T_2}$$

p_2 を求める形に変形して

$$p_2 = p_1 \cdot \frac{T_2}{T_1} \quad \cdots\cdots ②$$

ここで、変化前後の既知の数値は

変化前	変化後
p_1 = 5.0 MPa（ゲージ圧力） ≒ 5.1 MPa（絶対圧力）	p_2 = 求める圧力
T_1 = －3 ℃ = 270 K	T_2 = 37 ℃ = 310 K

これらの値を式②に代入して

$$p_2 = 5.1\ \text{MPa} \times \frac{310\ \text{K}}{270\ \text{K}} = 5.86\ \text{MPa（絶対圧力）}$$

ゲージ圧力 p'_2 に換算して

$$p'_2 = 5.86\ \text{MPa（絶対圧力）} - 0.10\ \text{MPa} = 5.76\ \text{MPa} \fallingdotseq 5.8\ \text{MPa（ゲージ圧力）}$$

なお、設問では内容積 20 L が与えられているので、この値を式①に代入して p_2 を求めることもできる。

答　5.8 MPa（**ゲージ圧力**）

例題 3.6 ボイル－シャルルの法則から容器内の温度の計算

標準状態で 7 m³ の窒素を内容積 47 L の容器に充てんしたとき、圧力（絶対圧力）が

15.0 MPa となった。このとき充てんされた窒素の温度はおよそ何℃か。理想気体の状態変化として計算せよ。 (H 19 一販検定類似)

解説 圧力 p と体積 V が変化したときの絶対温度 T をボイル-シャルルの法則を用いて計算し、セルシウス温度 t になおす。

充てん前の状態を 1、充てん後の状態を 2 の添字で表すと、ボイル-シャルルの法則は

$$\frac{p_1V_1}{T_1}=\frac{p_2V_2}{T_2}$$

$$T_2=\frac{p_2V_2}{p_1V_1}\times T_1 \quad \cdots\cdots ①$$

ここで、与えられた数値を整理すると

	充てん前	充てん後
圧力	$p_1=0.1013\ \mathrm{MPa}$	$p_2=15.0\ \mathrm{MPa}$
体積	$V_1=7\ \mathrm{m^3}$	$V_2=47\ \mathrm{L}=47\times10^{-3}\ \mathrm{m^3}$
温度	$T_1=0\ ℃=273\ \mathrm{K}$	$T_2=$求める温度(K)

これらの数値を式①に代入する。

$$T_2=\frac{15.0\ \mathrm{MPa}\times47\times10^{-3}\ \mathrm{m^3}}{0.1013\ \mathrm{MPa}\times7\ \mathrm{m^3}}\times273\ \mathrm{K}=271.4\ \mathrm{K}$$

セルシウス温度 t_2 になおすと

$$t_2=(271.4-273)\ ℃=-1.6\ ℃$$

別解 後述の理想気体の状態方程式(3.6 b)を用いて充てん時の温度 T を計算する。圧力を p、体積を V、物質量を n、モル体積を V_m、気体定数を R で表す。式(3.6 b)は

$$pV=nRT$$

T を求める形に変形して

$$T=\frac{pV}{nR} \quad \cdots\cdots ②$$

充てん時の状態は(単位を統一する)

$$n=\frac{V}{V_m}=\frac{7.0\ \mathrm{m^3}}{22.4\times10^{-3}\ \mathrm{m^3/mol}}=0.3125\times10^3\ \mathrm{mol}\ (=312.5\ \mathrm{mol})$$

$$p=15.0\ \mathrm{MPa}=15.0\times10^6\ \mathrm{Pa} \qquad V=47\ \mathrm{L}=47\times10^{-3}\ \mathrm{m^3}$$

$$R=8.31\ \mathrm{Pa\cdot m^3/(mol\cdot K)}\ (定数)$$

式②に代入して

$$T=\frac{pV}{nR}=\frac{15.0\times10^6\ \mathrm{Pa}\times47\times10^{-3}\ \mathrm{m^3}}{0.3125\times10^3\ \mathrm{mol}\times8.31\ \mathrm{Pa\cdot m^3/(mol\cdot K)}}=271.5\ \mathrm{K}=-1.5\ ℃$$

答 −1.6℃

例題 3.7 ボイル-シャルルの法則から気密試験時の圧力変化の計算

LP ガスの低圧配管工事が完成した。この配管の気密試験をするため、配管内に空気を圧入してその圧力を 9.0 kPa (ゲージ圧力) とした。このときの配管内の空気の温度が 20 ℃であったが、その後配管に直射日光が当たり配管内の空気の温度が 35 ℃となった。このときの配管内の空気の圧力はゲージ圧力で何 kPa になったか。計算により求めよ。ただし、配管に漏えいはないものとし、空気は理想気体とする。

(H 22 設備士国家試験類似)

解説 計算に必要な温度、圧力が与えられており、体積の変化はないので、容器の計算と同様にボイル-シャルルの法則を用いて計算できる。圧力がゲージ圧力で示されているので、これを絶対圧力に換算して使用する。ボイル-シャルルの法則では、圧力は絶対圧力を、温度は絶対温度を使うことを再確認しておこう。

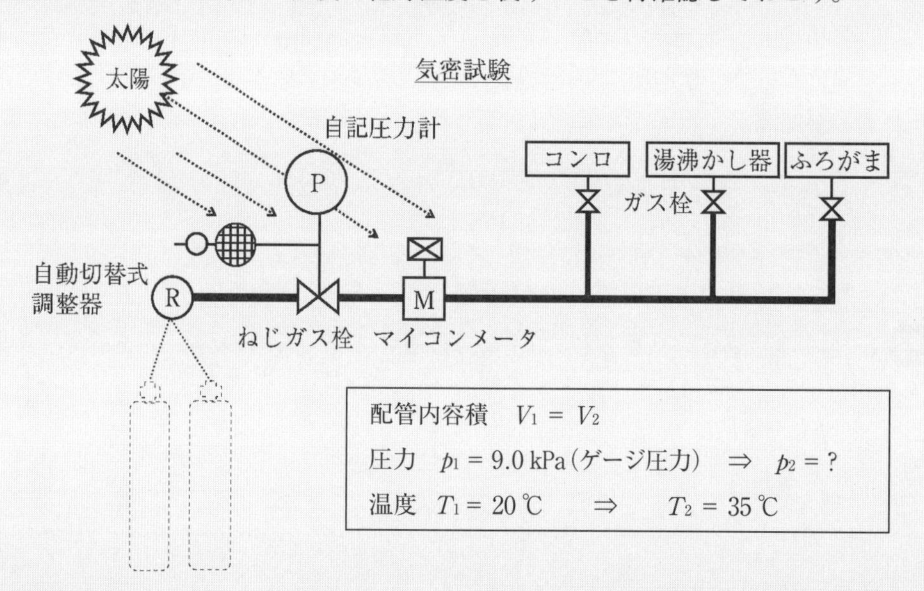

配管内容積　$V_1 = V_2$

圧力　$p_1 = 9.0$ kPa (ゲージ圧力)　⇒　$p_2 = ?$

温度　$T_1 = 20$ ℃　⇒　$T_2 = 35$ ℃

最初の配管内の状態を 1、温度が変化した状態を 2 の添字で表すと、ボイル-シャルルの法則は

$$\frac{p_1 V_1}{T_1} = \frac{p_2 V_2}{T_2} \quad \cdots\cdots ①$$

変化前後は、同じ配管内のことであるから、配管の体積 V は変化しない。すなわち、$V_1 = V_2$ であるので、次のように式①から V は消える。配管の内容積の数値が与えられることがあるが、計算上無視してよい。もちろん、その数値を用いても計算できる。

$$\frac{p_1}{T_1} = \frac{p_2}{T_2}$$

求める圧力 $p_2 =$ の形にすると

$$p_2 = \frac{T_2}{T_1} \times p_1 \quad \cdots\cdots ②$$

ゲージ圧力を絶対圧力に換算するには、式(1.4 a)、(1.4 b)から、大気圧(ここでは標準大気圧を使う)を加えるとよい。

変化前

p_1 = 9.0 kPa(ゲージ圧力)
= (9.0 + 101.3) kPa
= 110.3 kPa(絶対圧力)

T_1 = 20 ℃ = 293 K

変化後

p_2 =求める圧力

T_2 = 35 ℃ = 308 K

これらの値を式②に代入すると

$$p_2 = \frac{T_2}{T_1} \cdot p_1 = \frac{308\ \mathrm{K}}{293\ \mathrm{K}} \times 110.3\ \mathrm{kPa} = 115.9\ \mathrm{kPa}\text{(絶対圧力)}$$

ゲージ圧力になおすと

ゲージ圧力=絶対圧力−大気圧=(115.9 − 101.3) kPa
= 14.6 kPa(ゲージ圧力)

答　14.6 kPa(ゲージ圧力)

例題 3.8 ボイル-シャルルの法則から気密試験時の温度変化の計算

LP ガス低圧配管（内容積 20 L）の工事が完成した。気密試験のため配管内に空気を圧入し、配管内の空気の温度と圧力が 17.0 ℃、8.8 kPa（ゲージ圧力）になった。放置後、配管内の空気圧が 9.5 kPa（ゲージ圧力）に上がった。このときの配管内の空気の温度は何 ℃になったか。配管に漏えいと内容積の変化はないものとし、空気はボイル-シャルルの法則に従う。

（H 30-4 設備士検定類似）

解説　気密試験をする配管系の変化前後の圧力がわかっているとき、変化後の温度をボイル-シャルルの法則から求める問題である。前例題と同様に圧力は絶対圧力に、温度は絶対温度になおして計算する。

変化前の状態を 1、圧力が上昇した状態(変化後)を 2 の添字で表すと、ボイル-シャルルの法則は

$$\frac{p_1 V_1}{T_1} = \frac{p_2 V_2}{T_2} \quad \cdots\cdots ①$$

配管の体積 V は変化前後で変わらないので $V_1 = V_2$ であり、式①の V は次のように消える。

$$\frac{p_1}{T_1}=\frac{p_2}{T_2}$$

求める変化後の温度 T_2 =の形にすると

$$T_2=\frac{p_2}{p_1}\cdot T_1 \cdots\cdots ②$$

ここで

p_1 = 8.8 kPa(ゲージ圧力) = (8.8 + 101.3) kPa = 110.1 kPa(絶対圧力)

T_1 = 17.0 ℃ = 290 K

p_2 = 9.5 kPa(ゲージ圧力) = (9.5 + 101.3) kPa = 110.8 kPa(絶対圧力)

これらの値を式②に代入して求める温度 T_2 を計算し、セルシウス温度 t_2 になおす。

$$T_2=\frac{p_2}{p_1}\cdot T_1=\frac{110.8\ \text{kPa}}{110.1\ \text{kPa}}\times 290\ \text{K}=291.8\ \text{K}$$

$$t_2=T_2-273=(291.8-273)\ (℃)=18.8\ ℃$$

なお、配管の内容積が与えられているので使用してもよいが、式①から②のとおり体積は消去されるので、ここでは無視して計算している。

答　18.8 ℃

例題 3.9 温度、圧力の変化から体積の変化を求める

内容積 40 L の容器に温度 23 ℃、圧力 4.0 MPa（ゲージ圧力）で充てんされている酸素がある。この酸素の標準状態における体積はおよそ何 m³ か。理想気体として計算せよ。　（R 1 一販国家試験類似）

解説　変化の前後の温度 T、圧力 p がわかっているときは、ボイル-シャルルの法則を用いて体積 V の変化を計算することができる。初期の状態を 1、変化後（標準状態）を 2 の添字で表すと、式（3.5 b）から

$$\frac{p_1V_1}{T_1}=\frac{p_2V_2}{T_2}$$

V_2 を求める形にして

$$V_2=\frac{p_1}{p_2}\cdot\frac{T_2}{T_1}\cdot V_1 \cdots\cdots ①$$

ここで、与えられた値を整理すると

変化前	変化後
p_1 = 4.0 MPa(ゲージ圧力) ≒ 4.1 MPa(絶対圧力)	p_2 = 0.1013 MPa（絶対圧力）
T_1 = 23 ℃ = 296 K	T_2 = 0 ℃ = 273 K

$V_1 = 40\,\mathrm{L} = 40 \times 10^{-3}\,\mathrm{m}^3$　　　　V_2 ＝求める体積

これらの値を式①に代入して

$$V_2 = \frac{4.1\,\mathrm{MPa}}{0.1013\,\mathrm{MPa}} \times \frac{273\,\mathrm{K}}{296\,\mathrm{K}} \times 40 \times 10^{-3}\,\mathrm{m}^3 = 1.49\,\mathrm{m}^3 \fallingdotseq 1.5\,\mathrm{m}^3$$

別解 後述の理想気体の状態方程式を利用して酸素の物質量 n を求め、標準状態におけるモル体積 V_m を乗じて体積 V を計算する。初期の状態から

$$n = \frac{p_1 V_1}{RT_1} = \frac{4.1 \times 10^6\,\mathrm{Pa} \times 40 \times 10^{-3}\,\mathrm{m}^3}{8.31\,\mathrm{Pa \cdot m^3/(mol \cdot K)} \times 296\,\mathrm{K}} = 0.0667 \times 10^3\,\mathrm{mol}\,(= 66.7\,\mathrm{mol})$$

体積 V_2 は

$$V_2 = nV_\mathrm{m} = 0.0667 \times 10^3\,\mathrm{mol} \times 22.4 \times 10^{-3}\,\mathrm{m^3/mol} = 1.49\,\mathrm{m}^3$$

答　$1.5\,\mathrm{m}^3$

例題 3.10 消費後の容器内の圧力計算

内容積 40 L の容器に理想気体のアルゴンガスが温度 35 ℃、圧力 14.7 MPa（絶対圧力）で充てんされている。この容器から標準状態で $2.0\,\mathrm{m}^3$ に相当するガスを使用（消費）したが、容器内温度は変わらず 35 ℃であった。このときの容器内の圧力は何 MPa（絶対圧力）になるか。

（H 28 一販検定類似）

解説　ボイル-シャルルの法則を用いて計算する。

使用する（消費する）ガスが標準状態の体積で示されているので、ここでは図のように、Ⓐ 変化前のガスを標準状態の体積（V_{01}）になおし、Ⓑ それから使用するガス（V_U）を差し引いて容器内残ガスの標準状態の体積（$V_{02} = V_{01} - V_\mathrm{U}$）を求め、Ⓒ 変化後の条件になおして圧力を計算する。

なお、逆の方法として、使用するガスの体積を最初の圧力、温度条件で求め、40 L から差し引いた体積を用いて、式（3.5 b）から変化後の圧力を求めることもできる。

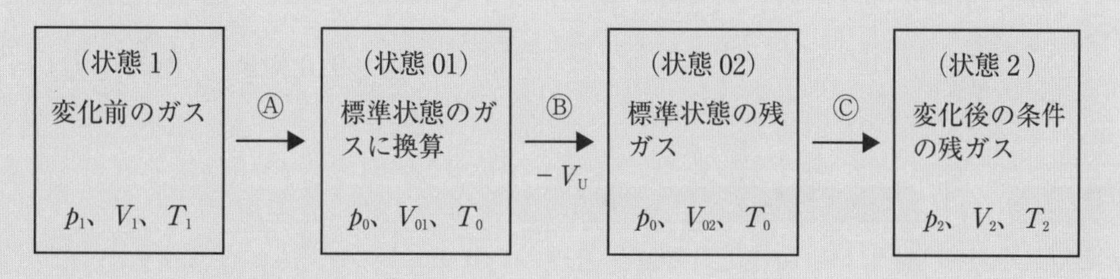

Ⓐ 変化前の体積 を標準状態に換算する（V_{01} の計算）

ボイル-シャルル則の式（3.5 b）から

3章 気体の一般的性質

$$\frac{p_1V_1}{T_1}=\frac{p_0V_{01}}{T_0}$$

$$\therefore \quad V_{01}=\frac{p_1}{p_0}\cdot\frac{T_0}{T_1}\cdot V_1=\frac{14.7\ \text{MPa}}{0.1013\ \text{MPa}}\times\frac{273\ \text{K}}{(273+35)\ \text{K}}\times 40\times10^{-3}\ \text{m}^3=5.14\ \text{m}^3\text{(標準状態)}$$

Ⓑ 使用後の残ガス量 V_{02}（標準状態）を求める

使用したガス $V_U = 2.0\ \text{m}^3$(標準状態)であるから、Ⓐで計算した変化前の換算値を用いて

$$V_{02}=V_{01}-V_U=(5.14-2.0)\text{m}^3=3.14\text{m}^3\text{(標準状態)}$$

Ⓒ 変化後の圧力を求める

計算した $V_{02} = 3.14\text{m}^3$(標準状態)のガスが温度 T_2、体積 V_2(容器の内容積)、圧力 p_2 に変化したときの関係は、式(3.5 b)から

$$\frac{p_0V_{02}}{T_0}=\frac{p_2V_2}{T_2}$$

$$\therefore \quad p_2=\frac{V_{02}}{V_2}\cdot\frac{T_2}{T_0}\cdot p_0=\frac{3.14\ \text{m}^3}{40\times10^{-3}\ \text{m}^3}\times\frac{308\ \text{K}}{273\ \text{K}}\times 0.1013\ \text{MPa}=9.0\ \text{MPa}$$

別解 後述する理想気体の状態方程式を用いて変化前と使用(消費)の物質量を計算し、残った物質量から変化後の圧力を計算する。変化前の状態を 1、変化後を 2 の添字で表す。

変化前の状態方程式は、物質量を n として、式(3.6 b)のように

$$p_1V_1=n_1RT_1 \quad (R\text{ は気体定数})$$

$$\therefore \quad n_1=\frac{p_1V_1}{RT_1}=\frac{14.7\times10^6\ \text{Pa}\times40\times10^{-3}\ \text{m}^3}{8.31\ \text{Pa}\cdot\text{m}^3/(\text{mol}\cdot\text{K})\times308\ \text{K}}=0.2297\times10^3\ \text{mol}=229.7\ \text{mol}$$

使用したガスの物質量 n_U は、標準状態の体積 V_U をモル体積 V_m で割って

$$n_U=\frac{V_U}{V_m}=\frac{2.0\ \text{m}^3}{22.4\times10^{-3}\ \text{m}^3/\text{mol}}=89.3\ \text{mol}$$

容器内の残ガスの物質量 n_2 は、差をとって

$$n_2=n_1-n_U=(229.7-89.3)\text{mol}=140.4\ \text{mol}$$

この n_2 が体積 40 L、温度 35 ℃のときの圧力 p_2 は、状態方程式から

$$p_2=\frac{n_2RT_2}{V_2}=\frac{140.4\ \text{mol}\times8.31\ \text{Pa}\cdot\text{m}^3/(\text{mol}\cdot\text{K})\times308\ \text{K}}{40\times10^{-3}\ \text{m}^3}=9.0\times10^6\ \text{Pa}=9.0\ \text{MPa}$$

答 9.0 MPa（絶対圧力）

演習問題 3.1

次の記述のうち正しいものはどれか。

イ．アボガドロの法則によれば、温度と圧力が等しい同体積の気体中には、同数の分子が含まれる。 （H 28-3 移動類似）

ロ．アボガドロの法則によれば、すべての気体 1 mol は、標準状態で 10 L の体積を占

める。（H 30-2 設備士検定）

ハ．酸素 1 mol の分子の数は、温度が上昇すると増加する。（H 25 一販国家試験類似）

ニ．アボガドロの法則によれば、標準状態において、気体のプロパン 1 mol と気体のブタン 1 mol の体積は等しい。（R 1 二販国家試験類似）

演習問題 3.2

次の記述のうち正しいものはどれか。

イ．アボガドロの法則に従うとすれば、液化酸素 100 kg がすべて標準状態の酸素ガスになったとき、体積は 80 m^3 となる。（H 29-1 特定類似）

ロ．液化ガス 10 kg を気化させたとき、標準状態において体積が 5.1 m^3 になった。この物質の分子量はおよそ 58 である。アボガドロの法則が成り立つものとする。

（H 28 一販国家試験類似）

ハ．アボガドロの法則に従うとすれば、水素 1.0 kg の標準状態における体積はおよそ 11.2 m^3 である。（H 28 一販検定類似）

ニ．アボガドロの法則によると、すべての物質は液体の状態から蒸発して気体の状態に変化すると、その体積は 22.4 倍になる。（H 26-2 移動類似）

演習問題 3.3

次の記述のうち正しいものはどれか。

イ．標準状態における酸素 90 m^3 の質量はおよそ 113 kg である。

（R 1 二販国家試験類似）

ロ．標準状態で 7.0 m^3 の体積を示す気体の酸素の質量はおよそ 10 kg である。アボガドロの法則に従うものとする。（H 27 一販検定類似）

ハ．標準状態（0 ℃、0.1013 MPa）で 5 m^3 の体積を占める気体のアンモニア（分子式 NH_3）の質量は、およそ 5.1 kg である。（H 24 一販国家試験類似）

ニ．標準状態において、15 m^3 の二酸化炭素の質量はおよそ 19 kg である。

演習問題 3.4

次の記述のうち正しいものはどれか。

イ．ボイル-シャルルの法則に従うとき、一定質量の気体の体積は、絶対温度に比例し、絶対圧力に反比例する。（H 29-4 移動類似）

ロ．理想気体について、圧力（絶対圧力）を p、絶対温度を T、体積を V とすると、それらの関係は次の式で表される。

$$\frac{pV}{T} = 一定$$

ハ．シャルルの法則では、一定圧力における一定質量の気体の体積は、その絶対温度に比例して変化する。（H 29 二販国家試験類似）

ニ．ボイルの法則によれば、温度が一定のとき、一定量の気体のゲージ圧力 p_g とその体積 V の関係は次式で表される。

$$\frac{V}{p_g}=一定$$

演習問題 3.5

容器に充てんされている理想気体の圧力が 18 ℃で 7.0 MPa（絶対圧力）であった。温度が 45 ℃になったとき、この気体の圧力は何 MPa（絶対圧力）になるか。容器の内容積は変化しないものとする。

（R 1-1 特定類似）

演習問題 3.6

標準状態（0 ℃、0.1013 MPa）で、体積 2.6 m^3 を占める酸素を温度 35 ℃、圧力 14.8 MPa（絶対圧力）の状態で充てんするために必要な容器の内容積は何 L か。理想気体として計算せよ。

（H 26 一販国家試験類似）

演習問題 3.7

LP ガス低圧配管（内容積 45 L）の工事が完成した。この配管の気密試験をするために、配管内に空気を圧入してその圧力を 8.4 kPa（ゲージ圧力）とした。このときの配管内の空気の温度は 10 ℃であったが、その状態で放置しておいたところ、配管に直射日光が当たり配管内の空気の温度が 16 ℃になった。このときの配管内の空気の圧力は何 kPa（ゲージ圧力）になったか。ただし、配管に漏えいおよび内容積の変化はないものとし、空気は理想気体とする。

（H 26 設備士国家試験類似）

演習問題 3.8

LP ガスの低圧配管（内容積 15 L）の工事が終了した。この配管の気密試験をするため配管内に空気（理想気体とする）を圧入したところ、配管内の空気の温度と圧力が 25.0 ℃、9.0 kPa（ゲージ圧力）になった。その後、配管内の空気の圧力が 8.7 kPa（ゲージ圧力）に下った。このとき配管の温度はおよそ何 ℃になったか。配管に漏えいと内容積の変化はないものとする。

（R 1-3 設備士検定類似）

演習問題 3.9

内容積 47 L の容器に理想気体が温度 27 ℃、圧力 11.9 MPa（ゲージ圧力）で充てんされている。この容器から標準状態で 3.0 m^3 の気体を消費した後に容器内の温度が 17 ℃になった。このときの容器内の圧力（ゲージ圧力）はおよそいくらか。ただし、容器の内容積に変化はないものとする。

（H 24-2 特定類似）

演習問題 3.10

内容積 47 L の容器に窒素ガス（理想気体とする）を充てんしたところ、10.0 MPa（絶対圧力）、15 ℃の状態であった。3 週間後に測定したとき、圧力が 8.4 MPa（絶対圧力）および温度が 23 ℃になっていた。漏れた窒素ガスは標準状態でおよそ何 L か。

3·2 理想気体の状態方程式 特一二

ボイル-シャルルの法則とアボガドロの法則から次の式が導かれる。

すなわち、1 mol の体積（モル体積）を V_m、圧力を p、絶対温度を T で表すと

$$pV_m = RT \quad (R \text{は定数}) \quad \cdots\cdots (3.6\,a)$$

さらに、n mol の気体については、その体積 V と V_m の関係は、式 (3.1 a) を変形して

$V_m = \dfrac{V}{n}$ であるから、式 (3.6 a) は

$$pV = nRT \quad \cdots\cdots (3.6\,b)$$

となる。この式 (3.6 a)、(3.6 b) を**理想気体の状態方程式**（じょうたいほうていしき）といい、圧力、温度、体積、物質量（モル数）のうち 3 つが決まれば残りの 1 つは決まる重要な関係式である。

ここで、R は**気体定数**（きたいじょうすう）といい、ガスの種類に関係のない定数であるので、次の 3 桁の数字と単位は記憶しておくとよい。

$$R = 8.31\ \mathrm{Pa \cdot m^3/(mol \cdot K)} = 8.31\ \mathrm{J/(mol \cdot K)}\ ※$$

質量 m とモル質量 M と物質量 n の関係は、式 (2.2 a) のとおり

$$n = \frac{m}{M}$$

であるから、式 (3.6 b) に代入すると

$$pV = \frac{m}{M} RT \quad \cdots\cdots (3.6\,c)$$

となり、圧力、温度、体積と質量の関係を表す重要な式であり、質量基準の状態方程式といわれよく使われる。

※ **参考**

気体定数 R は次のように計算して求めることができる。

式 (3.6 a) を変形して

$$R = \frac{pV_m}{T} \quad \cdots\cdots ①$$

標準状態の 1 mol の体積（モル体積）は、$V_m = 22.4\ \mathrm{L/mol} = 22.4 \times 10^{-3}\ \mathrm{m^3/mol}$ であり、このときの圧力 $p = 0.1013 \times 10^6\ \mathrm{Pa}$、温度 $T = 273\ \mathrm{K}$ を式①に代入すると

$$R = \frac{0.1013 \times 10^6\,\mathrm{Pa} \times 22.4 \times 10^{-3}\,\mathrm{m^3/mol}}{273\,\mathrm{K}}$$
$$= 0.00831 \times 10^{6-3}\,\mathrm{Pa \cdot m^3/(mol \cdot K)}$$
$$= 0.00831 \times 10^3\,\mathrm{Pa \cdot m^3/(mol \cdot K)} = 8.31\,\mathrm{Pa \cdot m^3/(mol \cdot K)}$$
$$= 8.31\,\mathrm{J/(mol \cdot K)}$$

ここでは、次のように単位を変換している。

$$\mathrm{Pa \cdot m^3} = \frac{\mathrm{N}}{\mathrm{m^2}} \times \mathrm{m^3} = \mathrm{N \cdot m} = \mathrm{J}$$

例題 3.11 充てん状態から圧力を計算する

内容積 20 L の容器に水素 200 g が充てんされている。容器内の温度が 0 ℃のとき、その圧力はおよそ何 MPa(ゲージ圧力)になるか。理想気体として計算せよ。

(H 29 一販検定類似)

解説 充てんされている状態から直接圧力や体積などを計算するには、状態方程式を用いると便利である。もちろん、ボイル-シャルルの法則およびアボガドロの法則を用いても計算できる。

質量が与えられ圧力を求める計算なので、式 (3.6 c) を用いるとよいことがわかる。

$$pV = \frac{m}{M} RT \quad \cdots\cdots ①$$

求める圧力 p =の形になおすと (両辺を V で割る)

$$p = \frac{m}{M} \cdot \frac{RT}{V} \quad \cdots\cdots ②$$

この式に数値を入れる場合に重要なことは、使用する単位を統一して使用することである。ここで使用する気体定数 R の単位は $\mathrm{Pa \cdot m^3/(mol \cdot K)}$ であることを考えると、接頭語のつかない SI 単位を使うとよい。すなわち、圧力は Pa、体積は $\mathrm{m^3}$、質量は kg (Pa を基本単位で表すと $\mathrm{kg \cdot m^{-1} \cdot s^{-2}}$ (1.1 節参照))、温度は K、モル質量は kg/mol を使用する。

体積 $V = 20\,\mathrm{L} = 20 \times 10^{-3}\,\mathrm{m^3}$　　温度 $T = 0\,℃ = 273\,\mathrm{K}$

質量 $m = 200\,\mathrm{g} = 0.20\,\mathrm{kg}$

モル質量 $M = 2\,\mathrm{g/mol} = 2 \times 10^{-3}\,\mathrm{kg/mol}$ (分子量 = 2)

気体定数 $R = 8.31\,\mathrm{Pa \cdot m^3/(mol \cdot K)}$

気体定数 R は与えられていないが記憶しておく。

これらの値を式②に代入すると

$$p = \frac{m}{M} \cdot \frac{RT}{V} = \frac{0.20\ \mathrm{kg}}{2 \times 10^{-3}\ \mathrm{kg/mol}} \times \frac{8.31\ \mathrm{Pa \cdot m^3/(mol \cdot K)} \times 273\ \mathrm{K}}{20 \times 10^{-3}\ \mathrm{m^3}}$$

$$= \left(11.3 \times \frac{1}{10^{-3}} \times \frac{1}{10^{-3}}\right) \mathrm{Pa} = 11.3 \times 10^6\ \mathrm{Pa} = 11.3\ \mathrm{MPa}（絶対圧力）$$

ゲージ圧力 p' になおして

$$p' = (11.3 - 0.10)\ \mathrm{MPa} = 11.2\ \mathrm{MPa}（ゲージ圧力）$$

別解 ボイル-シャルル則とアボガドロ則を用いて解く。

水素 200 g の物質量 n は

$$n = \frac{m}{M} = \frac{200\ \mathrm{g}}{2\ \mathrm{g/mol}} = 100\ \mathrm{mol}$$

標準状態における体積を V_0、圧力を p_0、温度を T_0 とすると、モル体積を V_m として

$$V_0 = nV_\mathrm{m} = 100\ \mathrm{mol} \times 22.4\ \mathrm{L/mol} = 2240\ \mathrm{L}$$

$$p_0 = 0.1013\ \mathrm{MPa}$$

$$T_0 = 273\ \mathrm{K}$$

充てん状態の体積、圧力、温度をそれぞれ V、p、T として、その値は

$$V = 20\ \mathrm{L}$$

$$T = 273\ \mathrm{K}$$

$$p = 求める圧力$$

ボイル-シャルル則の式(3.5 b)を応用して

$$p = \frac{V_0}{V} \cdot \frac{T}{T_0} \cdot p_0 \quad \cdots\cdots ③$$

それぞれの値を式③に代入すると

$$p = \frac{V_0}{V} \cdot \frac{T}{T_0} \cdot p_0 = \frac{2240\ \mathrm{L}}{20\ \mathrm{L}} \times \frac{273\ \mathrm{K}}{273\ \mathrm{K}} \times 0.1013\ \mathrm{MPa} = 11.3\ \mathrm{MPa}（絶対圧力）$$

ゲージ圧力 p' になおして $p' = 11.2\ \mathrm{MPa}$ が得られる。

答 11.2 MPa（ゲージ圧力）

例題 3.12 充てん状態から容器の内容積を計算する

ある容器に 1 kg の窒素が充てんされている。その温度、圧力がそれぞれ 298 K（25 ℃）および 15 MPa（絶対圧力）であるとき、容器の内容積はおよそ何 L か。理想気体として計算せよ。

解説 モル質量は与えられていないが、窒素の分子量が 28 であることを記憶していれば問題はない。すなわち、質量 m、温度 T、圧力 p、モル質量 M が既知なので、内容積（体積）V は式（3.6 c）を用いて一気に計算することができる。

$$pV = \frac{m}{M} RT$$

から、$V =$ の形になおすと（両辺を p で割る）

$$V = \frac{m}{M} \cdot \frac{RT}{p} \quad \cdots\cdots ①$$

ここで、単位を kg、m^3、K、mol、Pa で表すと

$m = 1\,kg$

$p = 15\,MPa = 15 \times 10^6\,Pa$

$T = 298\,K$

$M = 28\,g/mol = 28 \times 10^{-3}\,kg/mol$

$R = 8.31\,Pa \cdot m^3/(mol \cdot K)$

式①に代入すると

$$V = \frac{1\,kg}{28 \times 10^{-3}\,kg/mol} \times \frac{8.31\,Pa \cdot m^3/(mol \cdot K) \times 298\,K}{15 \times 10^6\,Pa}$$

$$= \left(5.90 \times \frac{1}{10^{-3}} \times \frac{1}{10^6}\right) m^3$$

$$= (5.90 \times 10^{3-6})\,m^3 = 5.90 \times 10^{-3}\,m^3 = 5.9\,L$$

別解 ボイル-シャルルの法則およびアボガドロの法則を用いる方法で解く。

$$物質量\,n = \frac{1\,kg}{28 \times 10^{-3}\,kg/mol} = 0.0357 \times 10^3\,mol = 35.7\,mol$$

標準状態を0の添字、充てんした状態は添字なしで表すと、ボイル-シャルルの法則から

$$\frac{pV}{T} = \frac{p_0 V_0}{T_0}$$

$V =$ の形になおして（両辺に $\frac{T}{p}$ をかける）

$$V = \frac{p_0}{p} \cdot \frac{T}{T_0} \cdot V_0 \quad \cdots\cdots ②$$

ここで　$V_0 = 35.7\,mol \times 22.4\,L/mol = 800\,L$

$p_0 = 0.1013\,MPa$

$T_0 = 273\,K$

$p = 15\,MPa$

$T = 298\,K$

これらの値を式②に代入する。

$$V = \frac{0.1013\,MPa}{15\,MPa} \times \frac{298\,K}{273\,K} \times 800\,L = 5.9\,L$$

答　5.9 L

例題 3.13 充てん質量の計算

内容積 47 L の真空の容器(質量 55.0 kg)に窒素ガス(理想気体とする)を充てんしたところ、温度 20 ℃で圧力が 15.0 MPa(ゲージ圧力)になった。このとき、容器と窒素の合計質量は何 kg になるか。容器の内容積の変化はないものとする。

(H 30 一販検定類似)

解説 質量基準の状態方程式を用いて窒素の質量を計算し、容器の質量を加算する。

気体について、圧力 p、温度 T、体積 V、質量 m、モル質量 M の関係は、式(3.6 c)から

$$pV = \frac{m}{M}RT$$

これを、m =の形に変形すると(両辺に $\frac{M}{RT}$ をかける)

$$m = \frac{pVM}{RT} \quad \cdots\cdots ①$$

圧力はゲージ圧力を絶対圧力(Pa)に、温度は絶対温度(K)および体積は m^3 単位になおす。

p = 15.0 MPa(ゲージ圧力) ≒ 15.1 MPa = 15.1×10^6 Pa(絶対圧力)

V = 47 L = $47 \times 10^{-3}\ m^3$

T = 20 ℃ = 293 K

M = 28 g/mol = 28×10^{-3} kg/mol　(分子量 = 28)

式①に代入すると窒素の質量 m が得られる。

$$m = \frac{pVM}{RT} = \frac{15.1\times10^6\,\mathrm{Pa}\times47\times10^{-3}\,\mathrm{m^3}\times28\times10^{-3}\,\mathrm{kg/mol}}{8.31\ \mathrm{Pa\cdot m^3/(mol\cdot K)}\times293\ \mathrm{K}}$$

$$= (8.16\times10^6\times10^{-3}\times10^{-3})\ \mathrm{kg} = 8.16\ \mathrm{kg} \fallingdotseq 8.2\ \mathrm{kg}$$

容器(55.0 kg)と窒素の質量の合計は

(55.0 + 8.2)kg= 63.2 kg

なお、ボイル-シャルル則とアボガドロ則を用いても計算できる。

答 63.2 kg

例題 3.14 充てん状態からモル質量と分子量を計算する

内容積 47 L の容器に、ある気体が 30 g 充てんされている。その圧力と温度はそれぞ

れ 0.91 MPa（絶対圧力）および 70 ℃であった。この気体が理想気体であるとして、モル質量（kg/mol）と分子量（整数）を計算せよ。

解説 次の質量基準の状態方程式の要素のうち、未知なのはモル質量 M だけであるので、M を求めることができる。また、モル質量 M が決まると、g/mol の単位を除いたものが分子量である。

$$pV = \frac{m}{M}RT$$

M ＝の形になおして（両辺に $\frac{M}{pV}$ をかける）

$$M = \frac{mRT}{pV} \quad \cdots\cdots ①$$

ここで、$m = 30\ \text{g} = 30 \times 10^{-3}\ \text{kg}$

$T = 70\ ℃ = (70 + 273)\ \text{K} = 343\ \text{K}$

$p = 0.91\ \text{MPa} = 0.91 \times 10^{6}\ \text{Pa}$

$V = 47\ \text{L} = 47 \times 10^{-3}\ \text{m}^3$

これらの数値を式①に代入して

$$M = \frac{30 \times 10^{-3}\ \text{kg} \times 8.31\ \text{Pa·m}^3/(\text{mol·K}) \times 343\ \text{K}}{0.91 \times 10^{6}\ \text{Pa} \times 47 \times 10^{-3}\ \text{m}^3}$$

$$= 1999 \times 10^{-3-6+3}\ \text{kg/mol}$$

$$= 1999 \times 10^{-6}\ \text{kg/mol} \fallingdotseq 2.0 \times 10^{-3}\ \text{kg/mol} = 2\ \text{g/mol}$$

したがって、分子量は 2（水素の分子量）である。

答　モル質量＝ 2.0×10^{-3} kg/mol、分子量＝ 2

演習問題 3.11

内容積 43 L の真空容器にアルゴン 4.0 kg を充てんすると、その圧力は 0 ℃で何 MPa になるか。ただし、アルゴンの原子量は 40 とし、理想気体として計算せよ。

（H 26 一販検定類似）

演習問題 3.12

内容積 47 L の LP ガス容器にプロパンが 20 kg 充てんされている。このプロパンを 19.5 kg 消費したときの残圧は、27 ℃でおよそ何 MPa（ゲージ圧力）になるか。プロパンは理想気体として計算せよ。ただし、消費後のプロパンはすべてガス状とする。

（H 21-1 二販検定類似）

演習問題 3.13

内容積 25 L の容器にある理想気体が温度 20 ℃、圧力 19.5 MPa(絶対圧力)で充てんされている。充てんされている気体の物質量は何 mol か。

演習問題 3.14

内容積 118 L の容器に理想気体が温度 27 ℃、圧力 0.50 MPa (ゲージ圧力) で充てんされている。この容器に同じ気体を追加充てんしたところ、温度は変わらず圧力が 5.2 MPa (ゲージ圧力) となった。追加充てんした気体の体積は、標準状態で何 L か。ただし、容器の内容積に変化はないものとする。　(H 25-1 特定類似)

演習問題 3.15

標準状態 (0 ℃、0.1013 MPa) で体積 5 m^3、質量 12.9 kg の気体がある。この気体の分子量 (整数) はいくらか。理想気体として計算せよ。　(H 27 一販国家試験類似)

3·3 密度、比体積および比重　移 特 一 二 設

(1) ガス (の) 密度

物質について、ある体積 (容積) に対する質量の大きさを表す尺度として**密度**(みつど)がある。

すなわち、単位体積当たりの質量を密度といい、その物質が気体の場合に**ガス (の) 密度**という。

質量 m、体積 V と密度 ρ (ロー：ギリシャ文字) の関係は次のようになる。

$$密度 = \frac{質量}{体積} \quad \cdots\cdots (3.7\,a)$$

または

$$\rho = \frac{m}{V} \quad \cdots\cdots (3.7\,b)$$

ガス (の) 密度の単位は、kg/m^3 (または g/L) がよく使われている。

感覚的には、密度の大きな物質は同じ大きさでも、質量が大きいので重く感じ、密度の小さいものは軽く感じる。

また、式 (3.7 a) の両辺に「体積」をかけると

$$質量\,(m) = 密度\,(\rho) \times 体積\,(V) \quad \cdots\cdots (3.7\,c)$$

となり、体積から質量が計算できる。また、この式の両辺を密度で割ると

$$体積\,(V) = \frac{質量\,(m)}{密度\,(\rho)} \quad \cdots\cdots (3.7\,d)$$

が得られ、質量から体積が求められる。

また、ガス (の) 密度は、モル体積およびモル質量 (または分子量) と関係づけることができる。

1 mol の気体について考えると、体積（モル体積）V_m、1 mol の質量（モル質量）M とガス（の）密度 ρ の関係は、式（3.7 b）から

$$\rho = \frac{M}{V_m} \quad \cdots\cdots (3.7\,e)$$

この関係式はよく使われるので、きちんと理解をしておく。

ここで、理想気体についてその分子量を A とすると、$M = A \times 10^{-3}$ kg/mol であり、V_m はガスの種類を問わず標準状態では $V_m = 22.4$ L/mol $= 22.4 \times 10^{-3}$ m^3/mol である。式（3.7 e）より、標準状態の密度 ρ_0 は

$$\rho_0 = \frac{A \times 10^{-3}\,\mathrm{kg/mol}}{22.4 \times 10^{-3}\,\mathrm{m^3/mol}} = \frac{A}{22.4}\,\mathrm{kg/m^3}\,(\text{または g/L}) \quad \cdots\cdots (3.8)$$

となり、分子量を 22.4 で割れば標準状態における密度（kg/m^3）が計算できる。

例えば、プロパン（分子量＝44）と酸素（分子量＝32）の標準状態のガス（の）密度を計算すると

$$\text{プロパンのガス密度} = \frac{44}{22.4}\,(\mathrm{kg/m^3}) = 1.96\,\mathrm{kg/m^3} \fallingdotseq 2\,\mathrm{kg/m^3}\,(\text{標準状態})$$

$$\text{酸素のガス密度} = \frac{32}{22.4}\,(\mathrm{kg/m^3}) = 1.43\,\mathrm{kg/m^3}\,(\text{標準状態})$$

となる。

このように、分子量がわかると標準状態におけるガス（の）密度が計算できることを理解する。

(2) ガスの比体積

ある質量の物質が占める体積の大きさを表す尺度として**比体積**（ひたいせき）が使われる。すなわち、単位質量当たりの体積を比体積という。

質量を m、体積を V および比体積を v とすると

$$\text{比体積} = \frac{\text{体積}}{\text{質量}} \quad \cdots\cdots (3.9\,a)$$

または

$$v = \frac{V}{m} \quad \cdots\cdots (3.9\,b)$$

比体積の単位には、m^3/kg（または L/g）がよく使われる。

式（3.7 a）と式（3.9 a）を比較してみると、密度と比体積は丁度、分子と分母が逆になっており、比体積は密度の逆数（ぎゃくすう）であるといえる（その逆もまた成り立つ）。すなわち

$$\rho = \frac{1}{v} \quad \text{または} \quad v = \frac{1}{\rho} \quad \cdots\cdots (3.10)$$

したがって、密度がわかれば比体積が計算でき、また比体積から密度が計算できる。

また、密度と同様に、分子量がわかれば、標準状態のガスの比体積は計算により求めることができる。

モル体積 V_m、モル質量 M と v の関係は、式（3.9 b）より

$$v=\frac{V_\mathrm{m}}{M} \quad \cdots\cdots (3.11\,\mathrm{a})$$

であり、分子量 A の標準状態におけるガスの比体積 v_0 は

$$v_0=\frac{22.4\times10^{-3}\,\mathrm{m^3/mol}}{A\times10^{-3}\,\mathrm{kg/mol}}=\frac{22.4}{A}\,\mathrm{m^3/kg} \quad \cdots\cdots (3.11\,\mathrm{b})$$

プロパン（分子量＝44）と酸素（分子量＝32）の標準状態の比体積を計算してみると

$$\text{プロパンのガス比体積}=\frac{22.4}{44}(\mathrm{m^3/kg})=0.51\,\mathrm{m^3/kg}\ \text{（標準状態）}$$

$$\text{酸素のガス比体積}=\frac{22.4}{32}(\mathrm{m^3/kg})=0.70\,\mathrm{m^3/kg}\ \text{（標準状態）}$$

となり、密度の逆数になっていることも確認することができる。

(3) ガス（の）比重

ある基準になる物質と重さを比較する尺度として**比重**（ひじゅう）がある。すなわち、ある物質の密度と基準になる物質の密度の比を比重といい、気体の場合は標準状態の空気の密度を基準として、**ガス（の）比重**（または、**相対密度**（そうたいみつど））といわれる。

$$\text{ガス（の）比重}=\frac{\text{あるガスの密度}}{\text{標準状態の空気の密度}} \quad \cdots\cdots (3.12\,\mathrm{a})$$

空気の平均分子量（後の節で説明する）はおよそ29である。すなわち、1 mol（29 g）で22.4 L を占めるから、式（3.7 e）により標準状態における空気の密度 $\rho_{0,\mathrm{air}}$ は

$$\rho_{0,\mathrm{air}}=\frac{M}{V_\mathrm{m}}=\frac{29\times10^{-3}\,\mathrm{kg/mol}}{22.4\times10^{-3}\,\mathrm{m^3/mol}}=\frac{29}{22.4}\,\mathrm{kg/m^3}$$

次に、分子量 A のガスの標準状態における密度 $\rho_{0,A}$ は、同様に

$$\rho_{0,A}=\frac{M}{V_\mathrm{m}}=\frac{A\times10^{-3}\,\mathrm{kg/mol}}{22.4\times10^{-3}\,\mathrm{m^3/mol}}=\frac{A}{22.4}\,\mathrm{kg/m^3}$$

したがって、標準状態でのガス（の）比重は

$$\text{ガス（の）比重}=\frac{\rho_{0,A}}{\rho_{0,\mathrm{air}}}=\frac{\frac{A}{22.4}\,\mathrm{kg/m^3}}{\frac{29}{22.4}\,\mathrm{kg/m^3}}=\frac{A}{29} \quad \cdots\cdots (3.12\,\mathrm{b})$$

$$\underset{\text{（標準状態）}}{\text{理想気体のガスの比重}}=\frac{\text{ガスの分子量}}{\text{空気の平均分子量（29）}}$$

となり、そのガスの分子量を空気の平均分子量29で割れば得られる。空気の平均分子量は記憶しておく。式（3.12 b）のように、比重には単位がない。

また、同じ体積のガスAと空気（標準状態）の質量比もガス（の）比重にな

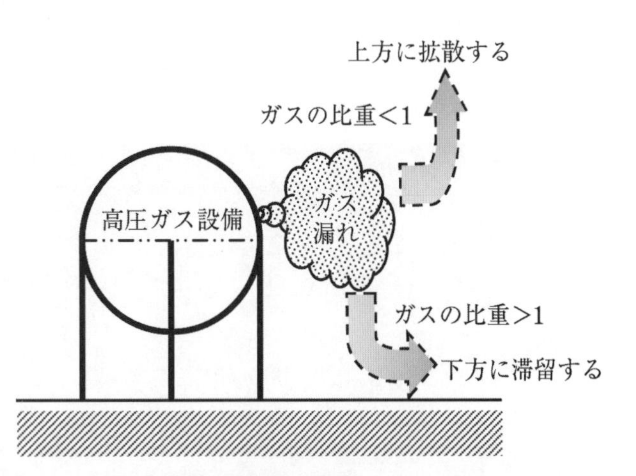

ガスの比重と挙動

る。体積を V とし、ガス A の質量を m_A、空気（標準状態）の質量を m_{air} とすると、ガス A のガス（の）比重は

$$\text{ガス（の）比重} = \frac{\rho_A}{\rho_{0,air}} = \frac{\dfrac{m_A}{V}}{\dfrac{m_{air}}{V}} = \frac{m_A}{m_{air}} \quad \cdots\cdots (3.12\,c)$$

となる。式 (3.12 a) とあわせて理解をしておく。

ガス（の）比重は高圧ガスを安全に取り扱う上で非常に重要な指標である。図のように比重が 1 より大きい（比重＞1）場合は、そのガスは空気より重いガスであり、漏れたときには低所に滞留しやすい。一方、比重が 1 より小さい（比重＜1）場合は、空気より軽いガスであり漏れたときは上方に拡散しやすい。ガス検知の位置を決める場合や火気管理など、保安管理上の重要な数値である。

(4) 液体の密度、比体積および比重

液体においても気体と同様に単位体積当たりの質量を液体の密度（液密度）といい、式 (3.7 a) ～式 (3.7 d) が適用される。また、液体の比体積も気体と同様に式 (3.9 a)、(3.9 b) および式 (3.10) が適用される。密度の単位は kg/L、比体積の単位は L/kg がよく用いられる。しかし、気体のように分子量がわかればその値が計算できるわけではなく、それぞれの物質ごとに異なる。それぞれの物質の数値を覚えることは難しいが、LP 関係の資格の場合は 20 ℃の液体プロパンの密度（約 0.50 kg/L）および n-ブタンの液密度（約 0.56 kg/L）ぐらいは記憶しておくとよい。比体積はその逆数で計算する。

液の比重は 4 ℃の水の密度を基準とする。その密度は 1 kg/L であるので、プロパンの液比重は

$$\text{プロパンの液比重} = \frac{\text{プロパンの液密度}}{\text{水の液密度（4 ℃）}} = \frac{0.50\,\text{kg/L}}{1\,\text{kg/L}} = 0.5$$

と計算されるように、液比重は密度の kg/L を除いた数値と同じ数値になる。したがって、液密度がわかれば液比重は容易に決められる。

気体と同様に、比重は密度の比なので単位はない。

例題 3.15 密度、比体積、比重の定義および単位など

次の記述のうち正しいものはどれか。

イ．ガスの比体積の単位は m^3/kg などで表されるが、ガスの密度には単位がない。（H 24-1 設備士検定類似）

ロ．物質の単位体積当たりの質量を密度といい、単位として kg/m^3、g/L などが用いられる。（H 29-3 移動類似）

ハ．あるガスの質量と、それと同じ体積の標準状態における空気の質量との比はその

ガスの比重である。（H 30-2 設備士検定類似）

ニ．ガス比重はガスの比体積の逆数で表される。（H 23-2 特定類似）

ホ．標準状態におけるある気体のおよそのガスの比重は、その気体の分子量を空気の平均分子量 29 で割ることにより求められる。（H 29-4 移動類似）

解説 密度、比体積、比重の定義と相互の関係および単位などの基本的な問であり、それらの意味するものをよく理解しておく。

イ．（×）ガスの比体積は記述のとおりであるが、ガスの密度の記述は誤りである。密度は式（3.7 a,b）のとおり質量を体積で割ったものであり、当然、kg/m^3 などの単位となる。なお、同じ単位の数値の比で表される比重には単位はない。

ロ．（○）「密度」の説明のとおりである。単位は、気体では kg/m^3（= g/L）、液体や固体では kg/L がよく用いられている。

ハ．（○）ガス比重は、対象のガスの密度と基準となる標準状態の空気の密度の比として表されるが、式（3.12 c）の説明のとおり、同じ体積の質量比として表すことができる。

ニ．（×）ガスの比体積と逆数関係にあるのはガスの密度であり、ガス比重ではない。

ホ．（○）式（3.12 b）を導くときの説明のとおり、標準状態における理想気体のガスの比重は、そのガスの分子量と空気の平均分子量（29）の比として表される。低圧の実在気体でも近似値が得られるのでこの方法はよく用いられている。

答　ロ、ハ、ホ

例題 3.16 標準状態のガス密度、ガス比体積の計算

次の記述のうち正しいものはどれか。

イ．標準状態におけるガス状のプロパンの比体積はおよそ 2.0 kg/m^3 である。（R 1-1 二販検定類似）

ロ．標準状態における酸素の密度を理想気体として求めると、およそ 1.43 g/L となる。（H 30-2 特定類似）

ハ．アルゴン（分子量 = 40）を理想気体とすると、標準状態（0 ℃、0.1013 MPa）におけるアルゴンの密度はおよそ 1.8 kg/m^3 である。（H 26 一販国家試験類似）

ニ．一酸化炭素の標準状態の比体積を 0.8 m^3/kg とすれば、そのガス密度は 0.4 kg/m^3 である。

ホ．標準状態におけるガス状のプロパンの密度はおよそ 1.96 kg/m^3 である。（R 1 設備士国家試験類似）

解説 分子量またはモル質量を使ってガスの密度、ガスの比体積を計算する。これらは相互に逆数の関係にあることを理解する。

イ．（×）プロパンのモル質量 M は 44×10^{-3} kg/mol であり、標準状態におけるモル体積 V_m は 22.4×10^{-3} m^3/mol である。したがって、ガスの比体積 v は式(3.11 a)のとおり

$$v = \frac{V_m}{M} = \frac{22.4\times10^{-3}\,\mathrm{m^3/mol}}{44\times10^{-3}\,\mathrm{kg/mol}} = 0.51\,\mathrm{m^3/kg}\ \text{（標準状態）}$$

分子量から計算するときは、式(3.11 b)を用いて

$$v = \frac{22.4}{\text{分子量}}\,(\mathrm{m^3/kg}) = \frac{22.4}{44}\,\mathrm{m^3/kg} = 0.51\,\mathrm{m^3/kg}\text{（標準状態）}$$

なお、ガスの比体積の単位は m^3/kg が使われるので、設問記述の単位 kg/m^3 に注目すると誤りに気付く。kg/m^3 は密度の単位である。

ロ．（○）酸素を理想気体として、標準状態におけるモル体積 V_m = 22.4 L/mol、モル質量 M = 32 g/mol であるから、酸素の密度 ρ は式(3.7 e)を用いて

$$\rho = \frac{M}{V_m} = \frac{32\,\mathrm{g/mol}}{22.4\,\mathrm{L/mol}} = 1.43\,\mathrm{g/L}$$

ハ．（○）標準状態におけるアルゴンの密度 ρ は、式(3.7 e)のとおり、モル質量 M、モル体積 V_m との関係から

$$\rho = \frac{M}{V_m} = \frac{40\times10^{-3}\,\mathrm{kg/mol}}{22.4\times10^{-3}\,\mathrm{m^3/mol}} = 1.79\,\mathrm{kg/m^3} \fallingdotseq 1.8\,\mathrm{kg/m^3}$$

ニ．（×）ガス密度 ρ とガス比体積 v は逆数の関係にある。すなわち、式(3.10)のとおり

$$\rho = \frac{1}{v} \quad \cdots\cdots ①$$

一酸化炭素の比体積が 0.8 m^3/kg であるから、式①に代入すると

$$\rho = \frac{1}{0.8\,\mathrm{m^3/kg}} = 1.25\,\mathrm{kg/m^3}$$

となり、記述は誤りである。

分子量を用いて計算すると、一酸化炭素 CO の分子量は 28 であるから、モル質量 M は 28×10^{-3} kg/mol である。

$$\rho = \frac{M}{V_m} = \frac{28\times10^{-3}\,\mathrm{kg/mol}}{22.4\times10^{-3}\,\mathrm{m^3/mol}} = 1.25\,\mathrm{kg/m^3}$$

となり、同じ数値になる。

ホ．（○）密度 ρ は

$$\rho = \frac{M}{V_m} = \frac{44\times10^{-3}\,\mathrm{kg/mol}}{22.4\times10^{-3}\,\mathrm{m^3/mol}} = 1.96\,\mathrm{kg/m^3}\ \text{（標準状態）}$$

答　ロ、ハ、ホ

例題 3.17 物質の比重の計算

次の記述のうち正しいものはどれか。

イ．標準状態におけるブタンのガスの比重はおよそ2である。（R1二販国家試験類似）

ロ．次のガスのうち、標準状態でガスの比重が1より大きいものは、二酸化炭素とアセチレンである。

・アセチレン　・二酸化炭素　・酸素　・プロパン　・メタン

（H30一販検定類似）

ハ．アンモニアガスの標準状態における比重はおよそ0.6である。　（30-1特定類似）

ニ．容器内の液状プロパン1Lの質量が0℃において0.53kgであるとき、そのプロパンの液比重は0.53となる。（H28設備士国家試験類似）

解説　ガス(の)比重の計算の基本式は式(3.12a)のように$\left(\frac{\text{密度}}{\text{密度}}\right)$であるが、標準状態の比重の場合には空気の平均分子量を29として、分子量を用いる式(3.12b)が便利である。一方、液体、固体の比重の基準物質は4℃の水であり、液体の水の密度は1kg/Lである。

イ．(○)ブタンの分子量を58として、空気の平均分子量との比(式(3.12b)で計算すると

$$\text{ブタンのガスの比重} = \frac{\text{ブタンの分子量}}{\text{空気の平均分子量}} = \frac{58}{29} = 2.0 \text{（標準状態）}$$

別解 標準状態における密度の比から求める。

モル質量をM、モル体積をV_m、密度をρとし、ブタンをB、空気をairの添字で表す。

1 molについて密度の比(ガスの比重）は

$$\text{ブタンのガスの比重} = \frac{\rho_B}{\rho_{air}} = \frac{\frac{M_B}{V_m}}{\frac{M_{air}}{V_m}} = \frac{M_B}{M_{air}} = \frac{58\text{ g/mol}}{29\text{ g/mol}} = 2.0 \text{（標準状態）}$$

ロ．(×)式(3.12b)から、空気の平均分子量29より大きな分子量をもつ物質の標準状態のガスの比重が1より大きい。各物質の分子量は

アセチレン(C_2H_2)=26　<u>二酸化炭素</u>(CO_2)=44　<u>酸素</u>(O_2)=32

<u>プロパン</u>(C_3H_8)=44　メタン(CH_4)=16

であるので、下線の3物質のガスの比重が1より大きい。

ハ．(○)イの前段と同様に、アンモニアNH_3の分子量17を用いて

$$\text{アンモニアガスの比重} = \frac{17}{29} = 0.59 \fallingdotseq 0.6 \text{（標準状態）}$$

ニ．(○)前段の記述から、液状プロパンの密度 ρ_P は 0.53 kg/L であることがわかる。水の密度 ρ_W は 1 kg/L であるから、液状プロパンの比重は

$$液比重 = \frac{\rho_P}{\rho_W} = \frac{0.53\ \mathrm{kg/L}}{1\ \mathrm{kg/L}} = 0.53$$

なお、液体の密度や比重は物質に固有な値である。LP 関連の資格では、プロパン、ブタンの概略数値は記憶するとよい。

答　イ、ハ、ニ

例題 3.18 ガスの軽重の判断

次の記述のうち正しいものはどれか。

イ．標準状態(0℃、0.1013 MPa)における比体積が 0.98 L/g のガス A は、標準状態における空気より重いガスである。（H 24-1 特定類似）

ロ．気体のシアン化水素は、空気と比べてはるかに重い。（H 20 一販国家試験）

ハ．塩素のように比重が 1 より大きいガスは、空気中に漏れた場合には低い所に滞留しやすい。（29- 2 移動類似）

ニ．水素、アンモニア、メタンのように、空気の平均分子量より小さい分子量をもつ気体が標準状態で漏えいした場合、上方に拡散しやすい。

解説　空気と比較して、対象ガスの軽重は保安上重要である。軽いと上方に拡散しやすく、重いと下方に滞留しやすいからである。標準状態における軽重を判断する材料として、次の 3 つのうち適切なものを使うとよい。

①ガスの比重：　1 より小さい値のガスは空気より軽く、1 より大きなガスは重い。

②ガスの密度：　0 ℃の空気の密度(およそ 1.29 kg/m^3)より小さい密度のガスは軽く、大きな値のガスは重い。

③分子量　　：　空気の平均分子量 29 より小さい分子量のガスは軽く、大きな分子量のものは重い。

イ．(×)ここでは、ガス密度を用いてガスの軽重を判断する。比体積の逆数が密度であることを利用する。

$$ガス\ \mathrm{A}\ の密度 = \frac{1}{比体積} = \frac{1}{0.98\ \mathrm{L/g}} = 1.02\ \mathrm{g/L}$$
$$= 1.02\ \mathrm{kg/m^3}\quad (標準状態)$$

$$空気の密度 = \frac{1\ \mathrm{mol}\ の質量}{1\ \mathrm{mol}\ の体積} = \frac{29 \times 10^{-3}\ \mathrm{kg/mol}}{22.4 \times 10^{-3}\ \mathrm{m^3/mol}}$$
$$= 1.29\ \mathrm{kg/m^3}\quad (標準状態)$$

空気の密度＞ガスAの密度であるので、空気のほうが重い。

ロ．（×）シアン化水素（HCN）の分子量は27であるので、空気の平均分子量29よりも小さい。したがって、空気より若干軽いガスであり、はるかに重いことはない。

ハ．（○）塩素（Cl_2）の分子量は71であるから

$$塩素ガスの比重 = \frac{71}{29} = 2.4 > 1 \quad （標準状態）$$

比重の値が大きい塩素ガスは典型的な重い気体であり、漏えい時には低い所に滞留しやすい。排水溝、地下室への流入防止や除害作業などへの考慮が必要となる。

ニ．（○）それぞれの分子量は、水素（H_2）＝2、アンモニア（NH_3）＝17、メタン（CH_4）＝16で空気の平均分子量29に比べて小さく、軽いガスの代表的なものである。これらが漏えいすると上方に拡散しやすく、建屋内では天井付近に蓄積して爆発や中毒の原因になることがある。滞留防止対策やガス検知器の取り付け位置など保安上の考慮が必要になる。

答　ハ、ニ

例題 3.19 密度を用いた質量および体積の計算

液化酸素8000Lが気化すると標準状態でおよそ何m^3のガスになるか。ただし、液体酸素の密度は1.14kg/L、標準状態における酸素ガスの密度は1.43kg/m^3とする。

（過去特定）

解説　液化酸素の量が体積Lで与えられているので、密度を用いて質量kgに換算する。また、変化前後の質量は変わらないので、その質量にガスの比体積（密度の逆数）をかけてやればガスの体積が得られることに着目する。

液化酸素の質量m、体積V_1、密度ρ_1の関係は、式（3.7c）のとおり

$$m = \rho_1 V_1 \quad \cdots\cdots ①$$

すなわち、液の体積に液密度をかけてやれば質量が得られる。

ここで、$\rho_1 = 1.14$ kg/L、$V_1 = 8000$ Lであるから、この数値を式①に代入すると

$$m = 1.14\ \mathrm{kg/L} \times 8000\ \mathrm{L} = 9120\ \mathrm{kg}$$

次に、この質量mの酸素が気化したときの体積V_2とガス密度ρ_2とmとの関係は、式①と同形で表され

$$m = \rho_2 V_2$$

これをV_2＝の形にすると（両辺をρ_2で割る）

$$V_2 = m \times \frac{1}{\rho_2} \quad \cdots\cdots ②$$

ここで、$m = 9120\ \mathrm{kg}$、$\rho_2 = 1.43\ \mathrm{kg/m^3}$ を式②に代入すると

$$V_2 = 9120\ \mathrm{kg} \times \frac{1}{1.43\ \mathrm{kg/m^3}} = 6378\ \mathrm{m^3} \fallingdotseq 6400\ \mathrm{m^3}$$

答 $6400\ \mathrm{m^3}$

後段のガスの体積を求める計算は、酸素を理想気体としてアボガドロの法則を用いて計算すると、体積 V_2' は

$$V_2' = \frac{m}{M} \times V_\mathrm{m} = \frac{9120\ \mathrm{kg}}{32 \times 10^{-3}\mathrm{kg/mol}} \times 22.4 \times 10^{-3}\mathrm{m^3/mol} = 6384\ \mathrm{m^3}$$

となり、ほぼ同じ数値が得られる。密度などを用いた計算の検算にもなる。

このように、密度または比体積を用いて体積または質量を計算できるように訓練をしておく。

演習問題 3.16

次の記述のうち正しいものはどれか。

イ．物質の単位体積当たりの質量を密度という。（H 28 設備士国家試験類似）

ロ．液状プロパンの比体積は、その温度上昇に伴って小さくなる。（過去二販検定）

ハ．気体の密度は温度が高くなると大きな値になり、圧力が高くなれば小さくなる。

ニ．標準状態におけるある気体の空気に対するガス比重は、その気体の分子量を空気の平均分子量で割ることにより、およその値を求めることができる。（H 27-4 移動類似）

ホ．ある体積のガスの質量とそれと同体積の標準状態の空気の質量の比は、ガスの比重である。（R 1-1 設備士検定類似）

演習問題 3.17

次の記述のうち正しいものはどれか。

イ．標準状態の気体について、プロパンの密度は約 $2.6\ \mathrm{kg/m^3}$ であり、ブタンのそれは約 $2.0\ \mathrm{kg/m^3}$ である。（H 29-2 設備士検定類似）

ロ．プロパンの液密度は、15 ℃においておよそ $1.5\ \mathrm{kg/L}$ である。（H 29 二販国家試験類似）

ハ．酸素（分子量 = 32）を理想気体として、標準状態（0 ℃、0.1013 MPa）における酸素の密度はおよそ $1.4\ \mathrm{kg/m^3}$ である。（H 25 一販国家試験類似）

ニ．シアン化水素（HCN）の標準状態におけるガスの比体積はおよそ0.93 m^3/kg である。

ホ．標準大気圧、25℃におけるプロパンのガス密度は、およそ1.8 kg/m^3 である。

へ．標準状態における密度が1.96 kg/m^3 である理想気体の分子量はおよそ28である。

（H 30 一販国家試験類似）

演習問題 3.18

次の記述のうち正しいものはどれか。

イ．標準状態の空気1 m^3 の質量を1.3 kg とするとき、1 m^3 の質量が0.9 kg の気体Aのガスの比重はおよそ1.4である。（R 1-3 移動類似）

ロ．標準状態におけるプロパンのガスの比重はおよそ1.5である。

（R 1-1 二販検定類似）

ハ．無風状態の室内に空気の平均分子量より分子量が小さく、空気と同温度のガスが漏えいすると、漏えいしたガスは室内の下部に下降（滞留）しやすくなる。

（H 20 一販国家試験）

ニ．標準状態において、プロパンとブタンのガスの比重を比べると、ブタンのほうが大きい。（H 27- 1 設備士検定類似）

ホ．15℃における液体のプロパンの比重はおよそ1.5である。

（H 29-1 二販検定類似）

へ．次のガスのうち、標準状態でガスの比重が1より大きいものは、酸素、プロパンおよび二酸化炭素である。

・窒素　・酸素　・プロパン　・二酸化炭素　・アセチレン

（H 29 一販検定類似）

演習問題 3.19

10 m^3 の槽の中に比体積0.11 m^3/kg のプロパンの残ガスがある。この残ガスの質量は何kg か。槽内には液体、固体はないものとして計算せよ。

演習問題 3.20

内容積120 L の容器に液密度0.54 kg/L のLP ガスを50 kg 充てんした。容器内の気相部の体積は、容器内容積のおよそ何%か。ただし、気相部にあるLP ガスの質量は無視し、すべて液相部にあるものとして計算せよ。

3·4 混合ガス (移特)(一)(二)(設)

単一成分の気体ばかりではなく、濃度を示された複数成分の混合ガスについても、理想気体の法則の適用や密度、平均分子量の計算などの問題が出題されている。各種の濃度（成分割合）を用いて成分の質量、物質量および混合ガスの平均的な性質などを算出できるように訓練しておく。

(1) 混合物の各成分の割合（濃度）

(a) 質量分率（または、質量パーセント）

混合ガスの全質量に対して、対象成分（A 成分）の質量の割合が**質量分率**である。

すなわち

$$\text{A 成分の質量分率} = \frac{\text{A 成分の質量}}{\text{混合ガスの全質量}} = \frac{\text{A 成分の質量}}{\text{各成分の質量の総和（合計）}} \quad \cdots\cdots (3.13\,\text{a})$$

また、質量パーセント（wt %）は質量分率の 100 倍、すなわち

$$\text{A 成分の質量パーセント（wt \%）} = \text{質量分率} \times 100 \quad \cdots\cdots (3.13\,\text{b})$$

式（3.13 a）を変形して、A 成分の質量を求める形にすると

$$\text{A 成分の質量} = \text{混合ガスの全質量} \times \text{A 成分の質量分率} \quad \cdots\cdots (3.13\,\text{c})$$

となり、混合ガス中の A 成分の質量が求められる。質量分率はかける（または、割る）相手が質量単位（kg、g）の数値のときに使用する。

(b) 体積分率（または、体積パーセント）

混合ガスの全体積に対して、対象成分（A 成分）のみが同じ条件で占める体積の割合が**体積分率**である。すなわち

$$\text{A 成分の体積分率} = \frac{\text{A 成分の占める体積}}{\text{混合ガスの全体積}} = \frac{\text{A 成分の占める体積}}{\text{各成分の体積の総和（合計）}} \quad \cdots\cdots (3.14\,\text{a})$$

また、体積（容積）パーセント（vol %）は体積分率の 100 倍、すなわち

$$\text{体積（容積）パーセント（vol \%）} = \text{体積分率} \times 100 \quad \cdots\cdots (3.14\,\text{b})$$

式（3.14 a）を変形して、A 成分の体積を求める形にすると

$$\text{A 成分の占める体積} = \text{混合ガスの全体積} \times \text{A 成分の体積分率} \quad \cdots\cdots (3.14\,\text{c})$$

であり、体積分率のかける（または、割る）相手が体積単位（m^3、L）の数値のときに使用する。

(c) モル分率（または、モルパーセント）

混合ガスの全物質量（モル数）に対して、対象成分（A 成分）の物質量の割合が**モル分率**である。すなわち

$$\text{A成分のモル分率} = \frac{\text{A成分の物質量}}{\text{混合ガスの全物質量}}$$

$$= \frac{\text{A成分の物質量}}{\text{各成分の物質量の総和(合計)}} \quad \cdots\cdots (3.15\,a)$$

また、モルパーセント(mol %)はモル分率の100倍、すなわち

$$\text{モルパーセント(mol \%)} = \text{モル分率} \times 100 \quad \cdots\cdots (3.15\,b)$$

式(3.15 a)を変形して、A成分の物質量を求める式にすると

$$\text{A成分の物質量} = \text{混合ガスの全物質量} \times \text{A成分のモル分率} \quad \cdots\cdots (3.15\,c)$$

であり、モル分率のかける(割る)相手がモル単位(mol)の数値のときに使用する。

混合ガスが理想気体の場合、体積は物質量に比例するので、モル分率(またはmol %)と体積分率(またはvol %)は等しいことを憶えておくとよい。高い圧力や低温の状態でなければ、この関係を使用しても誤差は少ないのでよく用いられる。すなわち、体積をV、物質量をn、モル分率をxとし、A、B、C…成分をA、B、C…の添字で表すと

式(3.14 a)=式(3.15 a)

であるから

$$\frac{V_A}{V_A + V_B + V_C + \cdots} = \frac{n_A}{n_A + n_B + n_C + \cdots} = x_A \quad \cdots\cdots (3.16)$$

(2) 混合ガスの密度およびガス(の)比重

混合ガスの各成分の濃度は、体積分率またはモル分率で表現する場合が多い。各純成分の密度ρ_iにモル分率(体積分率)x_iをかけたもの(積)の総和が混合ガスの密度ρ_{mix}になる。すなわち、A、B、C…成分をA、B、C…の添字で表すと

$$\text{混合ガスのガス密度}\ \rho_{mix} = \underbrace{x_A\rho_A}_{\text{A成分の寄与分}} + \underbrace{x_B\rho_B}_{\text{B成分の寄与分}} + \underbrace{x_C\rho_C}_{\text{C成分の寄与分}} \cdots \quad \cdots\cdots (3.17\,a)$$

また、混合ガスの全体積(容積)がわかるときは、式(3.7 a)により各成分の質量の合計値をその全体積で割って密度を計算することができる。

次に、混合ガスのガス(の)比重は、混合ガスのガス密度ρ_{mix}と標準状態の空気の密度$\rho_{0,air}$との比

$$\text{混合ガスのガス(の)比重} = \frac{\rho_{mix}}{\rho_{0,air}}$$

であるので、式(3.17 a)から

$$\text{混合ガスのガス(の)比重} = \frac{\rho_{mix}}{\rho_{0,air}} = x_A\frac{\rho_A}{\rho_{0,air}} + x_B\frac{\rho_B}{\rho_{0,air}} + \cdots \quad \cdots\cdots (3.17\,b)$$

すなわち、各成分のガス(の)比重にその成分のモル分率をかけたものの合計値を求めるとよい。

(3) 平均分子量

混合ガスにも分子量が設定できれば、各種の計算に単一気体と同様に取り扱うことができ

るので便利である。混合ガスの見かけの分子量は**平均分子量**といわれ、成分のガス濃度（モル分率または体積分率）とそのガスの分子量をかけた積を合算したものになる。すなわち、混合ガスYの各成分A、B、C…の分子量を A、B、C…とし、それぞれのモル分率（または体積分率）を x_A、x_B、x_C…で表すと、平均分子量 Y_{mix} は

$$\text{平均分子量 } Y_{mix} = \underbrace{x_A A}_{\text{A成分の寄与分}} + \underbrace{x_B B}_{\text{B成分の寄与分}} + \underbrace{x_C C}_{\text{C成分の寄与分}} \cdots \quad (3.18)$$

となる。したがって、各成分のモル分率（または体積分率）がわかれば平均分子量が計算できる。

また、平均分子量 Y_{mix} と混合ガスの密度 ρ_{mix}、モル質量 M_{mix} およびモル体積 V_m の関係は、単一成分と同様に式(3.7 e)、(3.8)が適用できる。

すなわち

$$\rho_{mix} = \frac{M_{mix}}{V_m} \quad (3.19\,a)$$

$$\rho_{0,mix} = \frac{Y_{mix}}{22.4}\,(\mathrm{kg/m^3})\,(\text{または g/L}) \quad (\text{標準状態}) \quad (3.19\,b)$$

である。$\rho_{0,mix}$ は標準状態における混合ガスの密度である。

理想気体の法則はガスの種類に関係なく成り立つので、混合ガスについてもそのまま適用することができる。

例題 3.20 質量から混合ガスのモル分率、体積分率の計算

メタン（分子量＝16）160 g およびエチレン（分子量＝28）560 g からなる混合ガスがある。このガスを理想気体として、各成分の質量分率、モル分率および体積分率を計算せよ。

解説

(1) 質量分率（質量パーセント wt %）

質量分率は、全質量に対する対象成分の質量の割合である。

題意により、メタンの質量 m_M = 160 g、エチレンの質量 m_E = 560 g であるので

$$\text{全質量 } m = m_M + m_E = (160 + 560)\,\mathrm{g} = 720\,\mathrm{g}$$

メタンの質量分率は式(3.13 a)のとおり

$$\text{メタンの質量分率} = \frac{\text{メタンの質量 } m_M}{\text{全質量 } m} = \frac{160\,\mathrm{g}}{720\,\mathrm{g}} = 0.222 \quad (\text{単位はない})$$

［メタンの質量 % ＝ メタンの質量分率 × 100 ＝ 0.222 × 100 ＝ 22.2 wt %］

同様に、エチレンについては

$$\text{エチレンの質量分率} = \frac{\text{エチレンの質量 } m_E}{\text{全質量 } m} = \frac{560\,\mathrm{g}}{720\,\mathrm{g}} = 0.778$$

または、全体の1からメタンの質量分率を差し引いても求められる。

エチレンの質量分率 = 1 − 0.222 = 0.778

[エチレンの質量 % = エチレンの質量分率 × 100 = 0.778 × 100
= 77.8 wt %]

(2) モル分率（モルパーセント mol %）

式(2.2 a)を用いて各成分の質量から物質量を計算し、混合ガスの全物質量に対する対象成分の割合を計算する。

メタンのモル質量 M_{M} = 16 g/mol、エチレンのモル質量 M_{E} = 28 g/mol であるから

$$\text{メタンの物質量}\ n_{\mathrm{M}} = \frac{\text{メタンの質量}\ m_{\mathrm{M}}}{\text{メタンのモル質量}\ M_{\mathrm{M}}} = \frac{160\ \mathrm{g}}{16\ \mathrm{g/mol}} = 10\ \mathrm{mol}$$

$$\text{エチレンの物質量}\ n_{\mathrm{E}} = \frac{\text{エチレンの質量}\ m_{\mathrm{E}}}{\text{エチレンのモル質量}\ M_{\mathrm{E}}} = \frac{560\ \mathrm{g}}{28\ \mathrm{g/mol}} = 20\ \mathrm{mol}$$

$$\text{混合ガスの全物質量}\ n = n_{\mathrm{M}} + n_{\mathrm{E}} = (10 + 20)\ \mathrm{mol} = 30\ \mathrm{mol}$$

式(3.15 a)により

$$\text{メタンのモル分率}\ x_{\mathrm{M}} = \frac{\text{メタンの物質量}\ n_{\mathrm{M}}}{\text{全物質量}\ n} = \frac{10\ \mathrm{mol}}{30\ \mathrm{mol}}$$

$$= 0.333\quad\text{（単位はない）}$$

$$\text{エチレンのモル分率}\ x_{\mathrm{E}} = \frac{\text{エチレンの物質量}\ n_{\mathrm{E}}}{\text{全物質量}\ n} = \frac{20\ \mathrm{mol}}{30\ \mathrm{mol}} = 0.667$$

または、全体の1からメタンのモル分率を差し引いても求められる。

エチレンのモル分率 x_{E} = 1 − 0.333 = 0.667

[メタンとエチレンのmol %は、モル分率の100倍の値であるので、それぞれ33.3 mol %、66.7 mol %である。]

(3) 体積分率（体積パーセント vol %）

式(3.16)で説明したとおり、理想気体においては　モル分率 = 体積分率　である。

メタンの体積分率 = 0.333

エチレンの体積分率 = 0.667

である。

[メタンとエチレンの体積パーセント(vol %)は、体積分率の100倍の値であるので、それぞれ33.3 vol %、66.7 vol %である。]

別解（モル分率の計算）

$n = \dfrac{m}{M}$ の関係を用いて一気にメタンのモル分率 x_{M} を計算する。

$$x_M = \frac{n_M}{n_M + n_E} = \frac{\dfrac{m_M}{M_M}}{\dfrac{m_M}{M_M} + \dfrac{m_E}{M_E}} = \frac{\dfrac{160\ \mathrm{g}}{16\ \mathrm{g/mol}}}{\dfrac{160\ \mathrm{g}}{16\ \mathrm{g/mol}} + \dfrac{560\ \mathrm{g}}{28\ \mathrm{g/mol}}}$$

$$= \frac{10\ \mathrm{mol}}{(10 + 20)\ \mathrm{mol}} = 0.333$$

$$x_E = 1 - 0.333 = 0.667$$

答

	質量分率	モル分率	体積分率
メタン	0.222	0.333	0.333
エチレン	0.778	0.667	0.667

例題 3.21 成分の表示単位の異なる混合気体の質量計算

標準状態において、5.0 m^3 の窒素と 300 mol の酸素を混合すると、この気体（理想気体とする）の質量は何 kg になるか。　（R 1 一販国家試験類似）

解説　各成分の質量 m を計算し加算する。物質量を n、体積を V、モル質量を M、モル体積を V_m で表す。

窒素の物質量 $n_{N_2} = \dfrac{V_{N_2}}{V_m} = \dfrac{5.0\ \mathrm{m^3}}{22.4 \times 10^{-3}\ \mathrm{m^3/mol}}$ （$=223.2$ mol）

酸素の物質量 $n_{O_2} = 300$ mol（示された数値）

各成分の質量 m は

$$m_{N_2} = n_{N_2} M_{N_2}$$

$$= \frac{V_{N_2}}{V_m} \cdot M_{N_2} = \frac{5.0\ \mathrm{m^3}}{22.4 \times 10^{-3}\ \mathrm{m^3/mol}} \times 28 \times 10^{-3}\ \mathrm{kg/mol} = 6.25\ \mathrm{kg}$$

$$m_{O_2} = n_{O_2} M_{O_2} = 300\ \mathrm{mol} \times 32 \times 10^{-3}\ \mathrm{kg/mol} = 9.60\ \mathrm{kg}$$

混合気体の質量 m_{mix} は

$$m_{mix} = m_{N_2} + m_{O_2} = (6.25 + 9.60)\ \mathrm{kg} = 15.85\ \mathrm{kg} \fallingdotseq 15.9\ \mathrm{kg}$$

別解 混合気体の平均分子量（式 (3.18)）から計算する。

前段の物質量から、各成分のモル分率 x は

$$x_{N_2} = \frac{223.2\ \mathrm{mol}}{(223.2 + 300)\ \mathrm{mol}} = 0.427$$

$$x_{O_2} = 1 - x_{N_2} = 0.573$$

∴　平均分子量 $= x_{N_2} \times 28 + x_{O_2} \times 32 = 0.427 \times 28 + 0.573 \times 32 = 30.3$

混合気体合計（523.2 mol）の質量 m_{mix} は

$$m_{mix} = n_{mix} M_{mix} = 523.2\,\text{mol} \times 30.3 \times 10^{-3}\,\text{kg/mol} = 15.85\,\text{kg}$$

答　15.9 kg

例題 3.22 混合ガスの密度の計算

プロパン 85 mol %、ブタン 15 mol % からなる LP ガスのガス密度は、標準状態（0 ℃、0.1013 MPa）で何 kg/m^3 か。理想気体として計算せよ。

（H 21 二販国家試験類似）

解説　混合ガス中の各成分の物質量（mol）から質量（kg）が計算できると、3.3 節で学習した方法に準じて密度を計算することができる。

混合ガス 1 mol について各成分の質量 m を求める。プロパンを P、ブタンを B、混合ガスを mix の添字で表す。

プロパン　$1\,\text{mol} \times 0.85 = 0.85\,\text{mol}$

（質量）　$m_P = 0.85\,\text{mol} \times 44\,\text{g/mol} = 37.4\,\text{g}$

ブタン　$1\,\text{mol} \times 0.15 = 0.15\,\text{mol}$

（質量）　$m_B = 0.15\,\text{mol} \times 58\,\text{g/mol} = 8.7\,\text{g}$

合計すると混合ガス 1 mol の質量が得られる。

$$m_{mix} = (37.4 + 8.7)\,\text{g/mol} = 46.1\,\text{g/mol} = 46.1 \times 10^{-3}\,\text{kg/mol}$$

アボガドロの法則により、1 mol の体積（モル体積）$V_m = 22.4 \times 10^{-3}\,\text{m}^3/\text{mol}$ を用いると、密度 ρ_{mix} は

$$\rho_{mix} = \frac{1\,\text{mol の質量}\,(m_{mix})}{1\,\text{mol の体積}\,(V_m)} = \frac{46.1 \times 10^{-3}\,\text{kg/mol}}{22.4 \times 10^{-3}\,\text{m}^3/\text{mol}}$$

$$= 2.06\,\text{kg/m}^3 \fallingdotseq 2.1\,\text{kg/m}^3 \quad (\text{標準状態})$$

別解 1 純成分の密度の加成性を利用

$$\text{純プロパンの密度}\ \rho_P = \frac{44 \times 10^{-3}\,\text{kg/mol}}{22.4 \times 10^{-3}\,\text{m}^3/\text{mol}} = 1.964\,\text{kg/m}^3 \quad (\text{標準状態})$$

$$\text{純ブタンの密度}\ \rho_B = \frac{58 \times 10^{-3}\,\text{kg/mol}}{22.4 \times 10^{-3}\,\text{m}^3/\text{mol}} = 2.589\,\text{kg/m}^3 \quad (\text{標準状態})$$

式（3.17 a）を用いて（x はモル分率）

$$\rho_{mix} = x_P \rho_P + x_B \rho_B = (0.85 \times 1.964 + 0.15 \times 2.589)\,\text{kg/m}^3$$

$$= 2.06\,\text{kg/m}^3 \quad (\text{標準状態})$$

別解 2 平均分子量の利用

式(3.18)から

混合ガスの平均分子量 = 0.85 × 44 + 0.15 × 58 = 46.1

混合ガスでも1 mol は標準状態で22.4 L を占めるから

$$\rho_{\mathrm{mix}} = \frac{\text{モル質量}(M_{\mathrm{mix}})}{\text{モル体積}(V_{\mathrm{m}})} = \frac{46.1 \times 10^{-3}\,\mathrm{kg/mol}}{22.4 \times 10^{-3}\,\mathrm{m^3/mol}} = 2.06\,\mathrm{kg/m^3} \quad \text{(標準状態)}$$

答　2.1 kg/m³

例題 3.23 混合気体の組成を mol %から wt %に変換する

プロパン70 mol %とブタン30 mol %からなるLPガスがある。このLPガスのプロパンの質量 %(wt %)を計算せよ。気体はすべて理想気体とする。

(H 24-2 二販検定類似)

解説　混合ガス1 mol について考え、各成分の質量から wt %を計算する。

質量を m、物質量を n、モル質量を M とし、プロパンはP、ブタンはBの添字を用いると、各成分の質量は物質量にモル質量をかけると得られるので($m = nM$)

$$\text{プロパンの質量分率} = \frac{m_{\mathrm{P}}}{m_{\mathrm{P}} + m_{\mathrm{B}}} = \frac{n_{\mathrm{P}}M_{\mathrm{P}}}{n_{\mathrm{P}}M_{\mathrm{P}} + n_{\mathrm{B}}M_{\mathrm{B}}} \quad \cdots\cdots ①$$

この式は便利な式なので、使い慣れておくと計算が速い。

ここで、混合ガス1 mol 中の各成分の物質量 n は

プロパンの物質量 $n_{\mathrm{P}} = 1\,\mathrm{mol} \times 0.7 = 0.7\,\mathrm{mol}$

ブタンの物質量 $n_{\mathrm{B}} = 1\,\mathrm{mol} \times 0.3 = 0.3\,\mathrm{mol}$

であり、それぞれのモル質量もわかっているので、式①は

$$\text{プロパンの質量分率} = \frac{n_{\mathrm{P}}M_{\mathrm{P}}}{n_{\mathrm{P}}M_{\mathrm{P}} + n_{\mathrm{B}}M_{\mathrm{B}}}$$

$$= \frac{0.7\,\mathrm{mol} \times 44\,\mathrm{g/mol}}{0.7\,\mathrm{mol} \times 44\,\mathrm{g/mol} + 0.3\,\mathrm{mol} \times 58\,\mathrm{g/mol}}$$

$$= \frac{30.8\,\mathrm{g}}{48.2\,\mathrm{g}} = 0.639$$

したがって

プロパンの質量 % = 63.9 wt %

別解 標準状態における混合ガス1 m³ の質量から wt %を求める。

理想気体では、mol % = vol %であり、また、式(2.2 b)の $m = nM$ および式

(3.1 a) の $n = \dfrac{V}{V_m}$ の関係から

$$m = \frac{V}{V_m} M$$

標準状態の混合ガス 1 m^3 中のそれぞれの成分について

$$\text{プロパンの質量 } m_P = \frac{1\,m^3 \times 0.7}{22.4 \times 10^{-3}\,m^3/mol} \times 44 \times 10^{-3}\,kg/mol$$

$$= 1.375\,kg$$

$$\text{ブタンの質量 } m_B = \frac{1\,m^3 \times 0.3}{22.4 \times 10^{-3}\,m^3/mol} \times 58 \times 10^{-3}\,kg/mol$$

$$= 0.777\,kg$$

したがって

$$\text{プロパンの質量 \%} = \frac{m_P}{m_P + m_B} \times 100 = \frac{1.375\,kg}{(1.375 + 0.777)\,kg} \times 100$$

$$= 63.9\,(wt\,\%)$$

標準状態で計算したが、温度、圧力が変化しても組成は変わらないので答は 63.9 wt % である。

答　63.9 wt %

例題 3.24 各成分の質量から平均分子量を求める

酸素 4.0 kg と窒素 3.5 kg からなる混合ガス (理想気体とする) の平均分子量を求めよ。

(H 29 一販国家試験類似)

解説　混合ガスの平均分子量は式 (3.18) のとおり、各成分の分子量にそのモル分率をかけたもの (積) の総和であるから、示された質量からそれぞれのモル分率を求めることで解決する。

質量 m を物質量 n になおす。酸素を O_2、窒素を N_2 の添字で表し、モル質量を M として式 (2.2 a) により

$$n_{O_2} = \frac{m_{O_2}}{M_{O_2}} = \frac{4.0\,kg}{32 \times 10^{-3}\,kg/mol} = 125\,mol$$

$$n_{N_2} = \frac{m_{N_2}}{M_{N_2}} = \frac{3.5\,kg}{28 \times 10^{-3}\,kg/mol} = 125\,mol$$

したがって、それぞれのモル分率 x は

$$x_{O_2} = \frac{n_{O_2}}{n_{O_2} + n_{N_2}} = \frac{125\,mol}{(125 + 125)\,mol} = 0.5$$

$x_{N_2} = 1 - x_{O_2} = 0.5$

平均分子量 Y_{mix} は、式(3.18)から

$$Y_{mix} = (\text{酸素の分子量} \times x_{O_2}) + (\text{窒素の分子量} \times x_{N_2})$$
$$= 32 \times 0.5 + 28 \times 0.5 = 30$$

答 30

演習問題 3.21

標準状態でプロパン 36 m^3、ブタン 24 m^3 からなる LP ガスがある。このガスを理想気体として、各成分の体積分率、モル分率および質量分率を求めよ。

演習問題 3.22

標準状態において、体積 7 m^3 を占める酸素と 200 mol の二酸化炭素を混合した。この混合気体（理想気体とする）の質量は何 kg か。　（H 26 一販国家試験類似）

演習問題 3.23

容積でプロパン 90 %、ブタン 10 %の LP ガスの比重は標準状態でおよそいくらか。

（過去移動）

演習問題 3.24

体積の割合が窒素 60 vol %、水素 40 vol % である混合ガス（理想気体とする）の平均分子量を求めよ。　（R 1 一販国家試験類似）

演習問題 3.25

プロパン 80 mol %、ブタン 20 mol % の混合ガス中のプロパンの質量 %(wt %)を求めよ。

（H 28-2 二販検定類似）

第4章

化学反応、燃焼および熱

化学反応式を用いた物質の量的な関係、伝熱および燃焼に係る計算などは、資格の種類にかかわらず理解しておく必要がある。また、ダイリュートガスについては、LP ガス関係の資格に出題されている。

4・1 化学反応式 (移) 特 一 二 設

この節に直接関係する問題は、移動、一販にはあまり出題されていない。特定、二販、設備士についても頻度は少ないが、後節の熱量、燃焼計算などに化学量論の知識が必要になるので理解しておくとよい。

(1) 化学反応式

物質（単体や化合物）が別の物質に変化することを化学反応といい、これを化学記号で変化前と変化後の物質の関係を表したものが**化学反応式**（**化学方程式**、**燃焼方程式**などともいう）である。

例えば、プロパン（C_3H_8）が燃えて（酸素（O_2）と反応して）二酸化炭素（CO_2）と水（H_2O）になる反応の化学反応式は

$$\underbrace{C_3H_8 + 5\,O_2}_{\text{原系}} = \underbrace{3\,CO_2 + 4\,H_2O}_{\text{生成系}} \quad \cdots\cdots ①$$

となる。関係する分子を代数式のように記号＝（または→）を用いて表される。式①は、「プロパン（C_3H_8）1分子と酸素（O_2）5分子が反応して、二酸化炭素（CO_2）3分子と水（H_2O）4分子が生成する」ことを表している。

この左側（左辺）に書かれている反応する物質（式①では、プロパンと酸素）をあわせて**原系**といい、反応によって生成する右側（右辺）に示す物質（式①では、二酸化炭素と水）をあわせて**生成系**という。

化学反応は、物質の間で原子の組合せが変わる変化であるので、原子そのものの増減はない。すなわち、反応前と反応後で原子の種類と数は変わらず、したがって、質量の合計は変わらない（質量保存の法則）。化学反応式では、各原子の数が原系と生成系で変わらないように、分子式の前に数字が書き込まれている。式①では、酸素（O_2）の前の5、二酸化炭素（CO_2）の前の3および水（H_2O）の前の4がそれであるが、これを**係数**という。係数が1の場合は省略して書かない（式①のプロパン C_3H_8 は1分子なので、その前には数字がない）。

化学反応式で各原子の数の変化がない（質量保存の法則が成り立っている）ことを理解するために、式①の左辺と右辺の各原子の数を数えてみると

	左辺（原系）	右辺（生成系）
炭素（C）	$\underline{C_3}H_8$ → 3個	$\underline{3\,C}O_2$ → 3個
水素（H）	$C_3\underline{H_8}$ → 8個	$\underline{4\,H_2}O$ → 4 × 2 = 8個
酸素（O）	$\underline{5\,O_2}$ → 5 × 2 = 10個	$\underline{3}\,C\underline{O_2} + \underline{4}\,H_2\underline{O}$ → 3 × 2 + 4 × 1 = 10個

となり、等しくなっていることがわかる。

(2) 化学反応式からわかる量的な関係（化学量論）

(a) 物質量（モル）の関係

化学反応式で示されている係数は、関係する物質の分子の数の関係を表している。

前述のとおり式①は、「プロパン（C_3H_8）1 分子と酸素（O_2）5 分子が反応して、二酸化炭素（CO_2）3 分子と水（H_2O）4 分子が生成する」ことを示している。各分子数の関係（分子数の比）と物質量（モル）の関係（モルの比）は、モルの定義から同じであるので、上述の表現は次のようにいうことができる。

「1 mol のプロパン（C_3H_8）と 5 mol の酸素（O_2）が反応して、3 mol の二酸化炭素（CO_2）と 4 mol の水（H_2O）ができる。」

このように、化学反応式の係数は、物質間のモルの関係を表していることを理解する。

(b) 気体の体積関係

原系および生成系の物質がすべて気体（理想気体）の場合には、気体の状態方程式からわかるとおり、同一温度、同一圧力の気体の体積は物質量に比例する。したがって、(a)の「mol」を「体積」に置き換えて表すことができる。式①については

「1 体積のプロパン（C_3H_8）と 5 体積の酸素（O_2）が反応して、3 体積の二酸化炭素（CO_2）と 4 体積の水蒸気（H_2O）ができる」

と書くことができる。

このように化学反応式の係数は、気体の体積の関係も表していることを理解する。

(c) 質量の関係

(a)で示したように物質量 n の関係が決まるので、モル質量 M、質量 m の関係式（式(2.2 b) $m = nM$）を用いて質量の関係を求めることができる。

式①について

原系	プロパン（C_3H_8）	1 mol → 1 mol × 44 g/mol = 44 g	204 g
	酸素（O_2）	5 mol → 5 mol × 32 g/mol = 160 g	
生成系	二酸化炭素（CO_2）	3 mol → 3 mol × 44 g/mol = 132 g	204 g
	水（H_2O）	4 mol → 4 mol × 18 g/mol = 72 g	

という質量の関係が得られる。すなわち

「44 g のプロパン（C_3H_8）と 160 g の酸素（O_2）が反応して、二酸化炭素（CO_2）132 g と水（H_2O）72 g ができる」

という化学反応式でもある。さらに、原系と生成系の総質量は 204 g であり等しいことが確認できる。

このように、化学反応式から示される定量的な関係を**化学量論**（かがくりょうろん）といっている。

以上をまとめると次の表になる。

化学反応式の量的関係（プロパンの燃焼式の例）

反応式	$C_3H_8 + 5O_2 = 3CO_2 + 4H_2O$				備　考
物質名	プロパン（C_3H_8）	酸素（O_2）	二酸化炭素（CO_2）	水（水蒸気）（H_2O）	
分子数（個）	1	5	3	4	両辺の原子の種類と数は等しい
物質量（mol）	1	5	3	4	
気体の体積（m^3、L）	1	5	3	4	同温、同圧の理想気体として（モル比＝体積比）
（モル質量）質量（g）	（44 g/mol）44	（32 g/mol）160	（44 g/mol）132	（18 g/mol）72	両辺の質量の合計は等しい

例題 4.1　メタンの燃焼方程式の係数を求める

次の燃焼方程式のイ、ロ、ハに係数を入れよ。

CH_4 ＋ イ O_2 ＝ ロ CO_2 ＋ ハ H_2O

解説　製造保安責任者以外の資格にはあまり出題されていないが、化学反応式を書いてモル計算、質量計算などが出題されているので、基礎的なものとして理解しておくことが必要である。

留意することは、反応式の左辺（原系）と右辺（生成系）の種類ごとの原子の数が等しいことである。

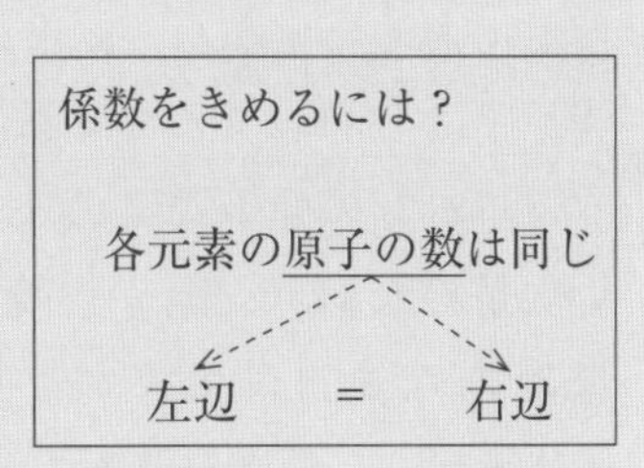

炭素（C）について：左辺は CH_4 の1個
右辺の炭素は CO_2 しかないので、ロは1でなければ等しくならない。したがって、ロ＝1

水素（H）について：左辺は CH_4 の水素原子4個
右辺の水素は H_2O のみで、その分子中に2個あるから2分子あれば4個になる。したがって、ハ＝2

酸素（O）について：右辺の係数ロ、ハが決まったので、その酸素原子の数は
$CO_2 + 2H_2O \rightarrow 2 + 2 \times 1 = 4$（個）
左辺の O_2 には分子中に2個の酸素原子があるので、2分子あれば4個になる。したがって、イ＝2

別解　各原子の左辺と右辺の数が等しいとして、連立1次方程式を書いて解く。

炭素（C）：　1＝ロ×1 ………………………… ①
水素（H）：　4＝ハ×2 ………………………… ②

酸素(O)：　　イ × 2 = ロ × 2 + ハ × 1 ………………………… ③

未知数(イ、ロ、ハ)3個に方程式が3本あるので解くことができる。

式①より　　ロ = 1

式②より　　ハ = $\frac{4}{2}$ = 2

式③にロ、ハの数値を代入して

イ × 2 = ロ × 2 + ハ × 1 = 1 × 2 + 2 × 1 = 4

ゆえに(∴)　イ = $\frac{4}{2}$ = 2　　　　(連立1次方程式の解き方は付録参照)

答　イ = 2、ロ = 1、ハ = 2

例題 4.2　炭化水素の燃焼方程式を書く

プロパンが酸素と反応して完全に燃焼するときの化学反応式を書け。

解説　炭素と水素だけからできている物質(炭化水素(たんかすいそ)と呼ばれる)が完全に燃焼するとき、生成系の物質は二酸化炭素(CO_2)と水(H_2O)のみであることを理解しておく。すなわち、炭化水素中の炭素原子は燃えることによってCO_2になり、水素原子はH_2Oになるのである。

> 炭化水素が完全に燃焼するとできる物質は？　(= 生成系)
> **二酸化炭素**　CO_2
> と
> **水**　H_2O
> だけである。

プロパンの分子式がC_3H_8であることを知っていないと解けない。C_3H_8が燃焼するときに必要な物質は酸素O_2であり、生成するものは前述のCO_2とH_2Oであるから、係数を無視すると次の式を書くことができる。

$C_3H_8 + O_2 = CO_2 + H_2O$ ………………………… A

プロパンの係数を仮に1として、その他の物質の係数をそれぞれa、b、cとすると、式Aは

$C_3H_8 + a\,O_2 = b\,CO_2 + c\,H_2O$ ………………………… B

と書くことができ、前例題の係数を決める問題と同じになる。

連立1次方程式を書くと

炭素(C)について：　$3 = b \times 1$ ………………………… ①

水素(H)について：　$8 = c \times 2$ ………………………… ②

酸素(O)について：　$a \times 2 = b \times 2 + c \times 1$ ………………………… ③

式①より　$b = 3$

式②より　$c = \frac{8}{2} = 4$

式③に b、c の値を代入して

$$a = \frac{b \times 2 + c \times 1}{2} = \frac{3 \times 2 + 4 \times 1}{2} = 5$$

仮にプロパンの係数を1としたが、すべて整数になって使いやすい形ができたので、この数字が使用できる。係数は整数とは限らないが、小数や分数が入る場合は2倍、3倍…等をして整数にする場合もある。

化学反応式として

$$C_3H_8 + 5\,O_2 = 3\,CO_2 + 4\,H_2O$$

が得られた。

答　$C_3H_8 + 5\,O_2 = 3\,CO_2 + 4\,H_2O$

例題 4.3 化学反応式から物質のモル関係を読む

プロパンの完全燃焼は、次の燃焼方程式によって表される。

$$C_3H_8 + 5\,O_2 \rightarrow 3\,CO_2 + 4\,H_2O$$

この式でプロパン1 mol を完全燃焼すると水は何 mol 発生するか。

解説　化学反応式は、反応する物質（原系）および生成する物質（生成系）の物質量の関係を示している。

与えられた式の分子式と係数の意味は

「プロパン1 mol と酸素5 mol が反応して、3 mol の二酸化炭素と4 mol の水が生成する。」ということである。

化学反応式の係数は
反応の物質量の関係（モル比）
を表す。

したがって、プロパン1 mol に対し4 mol の水が発生する。

答　4 mol

例題 4.4 化学反応式から気体の体積関係を読む

標準状態（0℃、0.1013 MPa）でプロパン2 m^3 を完全燃焼させた場合には、およそ何 m^3 の二酸化炭素が生成するか。プロパンの完全燃焼方程式は次のとおりとする。

$$C_3H_8 + 5\,O_2 \rightarrow 3\,CO_2 + 4\,H_2O$$

（過去二販国家試験）

解説 この方程式の係数は、物質量の比（モル比）を表しているので、次のように読める。

「プロパン 1 mol と酸素 5 mol が反応して、二酸化炭素 3 mol および水 4 mol が生成する。」

一方、同一の温度、圧力条件では、理想気体の体積比はモル比に比例するので、「mol」を「体積」に読み替えることができる。すなわち、

（理想）気体にあっては
モル比　＝体積比
モル分率＝体積分率
である。

「プロパン 1 体積と酸素 5 体積が反応して、二酸化炭素 3 体積および水蒸気 4 体積が生成する。」となる。すなわち、二酸化炭素の体積はプロパンの 3 倍である。

したがって、設問では 2 m^3 のプロパンに対する二酸化炭素の体積を求めているので

生成する CO_2 の体積 = 2 m^3 × 3（倍）= 6 m^3（標準状態）

答　6 m^3

例題 4.5 化学反応式を書いて生成物の質量を計算する

ブタン 580 g を完全燃焼させたときに生成する水（H_2O）の量は何 g か。計算により求めよ。
（H 24-3 設備士検定類似）

解説 化学反応式は与えられていないので、炭化水素の燃焼方程式（化学反応式）を書き、その化学量論から生成物の水（H_2O）の質量を計算する。

ブタンの分子式は C_4H_{10} であり、係数を a、b、c として化学反応式を書くと

$$C_4H_{10} + aO_2 = bCO_2 + cH_2O \quad \cdots\cdots ①$$

化学反応式の両辺の原子の種類と数は等しいので、各原子について式をつくる。

炭素（C）：$4 = b$

水素（H）：$10 = c \times 2 \quad \therefore c = 5$

酸素（O）：$a \times 2 = b \times 2 + c \times 1$

$$a = \frac{b \times 2 + c \times 1}{2} = \frac{4 \times 2 + 5 \times 1}{2} = \frac{13}{2} = 6.5$$

燃焼生成物などの計算順序
1. 燃焼方程式（化学反応式）を書く。
2. 化学量論から目標の物質の物質量 n を計算する。
3. 質量または体積を計算する。
   質量 $m = nM$
   体積 $V = nV_m$
   （M：モル質量、V_m：モル体積）

したがって、ブタンの燃焼式は式①に a、b、c の値を代入して

$$C_4H_{10} + 6.5\,O_2 = 4\,CO_2 + 5\,H_2O \quad \cdots\cdots ②$$

式②は、ブタン1 molに対して水は5倍の5 mol生成することを表している。

ブタン580 gを物質量(mol) n_B になおし、その5倍の物質量の水 n_W が生成するとしてその質量 m_W を計算する。ブタンのモル質量 M_B = 58 g/mol、水のモル質量 M_W = 18 g/molであるので、式(2.2 a)、(2.2 b)を用いて

ブタンの物質量 n_B は

$$n_B = \frac{\text{ブタンの質量}}{M_B} = \frac{580\,\text{g}}{58\,\text{g/mol}} \quad (=10.0\,\text{mol})$$

したがって、水はその5倍の物質量であるから

$$\text{水の質量}\ m_W = n_B \times 5(\text{倍}) \times M_W = \frac{580\,\text{g}}{58\,\text{g/mol}} \times 5 \times 18\,\text{g/mol} = 900\,\text{g}$$

答　900 g

例題 4.6 混合ガスの燃焼生成物の質量計算

mol %でプロパン80 %、ブタン20 %の混合ガス1 molを完全燃焼させたときに生成する H_2O はおよそ何gとなるか。計算により求めよ。（過去設備士検定）

解説　反応式は与えられていないので、例題4.5と同様に各成分の燃焼方程式を書いて、原系と生成系各成分のモル関係を確認する。係数の計算過程は省略するが、プロパンとブタンの燃焼方程式は次のとおりである。

プロパン　$C_3H_8 + 5\,O_2 \rightarrow 3\,CO_2 + 4\,H_2O$ ……………………………… ①

ブタン　$C_4H_{10} + 6.5\,O_2 \rightarrow 4\,CO_2 + 5\,H_2O$ ………………………… ②

すなわち、プロパンの物質量の4倍およびブタンの5倍の水(H_2O)が生成することがわかる。

混合ガス1 mol中のプロパン、ブタンの物質量は、モル分率をかけると得られるので

1 mol中のプロパンの物質量 n_P = 1 mol × 0.8 = 0.8 mol

1 mol中のブタンの物質量 n_B = 1 mol × 0.2 = 0.2 mol

それぞれの成分から生成する水(H_2O)の物質量は

プロパンから生成する水 $n_{W,P} = n_P \times 4$(倍) = 0.8 mol × 4 = 3.2 mol

ブタンから生成する水 $n_{W,B} = n_B \times 5$(倍) = 0.2 mol × 5 = 1.0 mol

合計の水の物質量 n_W は

$$n_W = n_{W,P} + n_{W,B} = (3.2 + 1.0)\,\text{mol} = 4.2\,\text{mol}$$

水のモル質量 M_W は18 g/molであるので、水の質量 m_W は式(2.2 b)を用いて

水の質量 $m_W = n_W \times M_W = 4.2\,\mathrm{mol} \times 18\,\mathrm{g/mol} = 75.6\,\mathrm{g} \fallingdotseq 76\,\mathrm{g}$

答　76 g

演習問題 4.1

エタン(C_2H_6)が酸素と反応し、完全に燃焼するときの化学反応式を書け。

演習問題 4.2

次の記述のうち正しいものはどれか。

イ．気体はすべて理想気体として、温度、圧力が一定の条件で、気体の水素 2 L と気体の酸素 1 L が反応して水蒸気が生成した場合、その水蒸気の体積は 3 L になる。

(H 26-2 特定類似)

ロ．2 mol の水素を完全燃焼させたときに必要な最少の酸素量は 2 mol である。

(H 21 特定類似)

ハ．プロパン 1 mol を完全燃焼させたときに生成する二酸化炭素は 3 mol である。

(H 29-1 二販検定類似)

ニ．プロパン 1 mol を完全燃焼させたときに生成する二酸化炭素の質量は 4 kg である。

(H 24-2 二販検定類似)

演習問題 4.3

プロパン 1 kg を完全燃焼したときに生成する二酸化炭素の量は何 kg か。計算により求めよ。ただし、プロパンが完全燃焼する場合、次の化学反応式によって表される。

$$C_3H_8 + 5\,O_2 \rightarrow 3\,CO_2 + 4\,H_2O$$

(H 24 設備士国家試験類似)

演習問題 4.4

標準状態において、プロパン 80 mol %、プロピレン 20 mol %の混合ガス 10 m^3 を完全に燃焼させたときに生成する水(H_2O)はおよそ何 kg か。計算により求めよ。プロパンおよびプロピレンの燃焼式は次のとおりとする。

$$C_3H_8 + 5\,O_2 \rightarrow 3\,CO_2 + 4\,H_2O$$

$$C_3H_6 + 4.5\,O_2 \rightarrow 3\,CO_2 + 3\,H_2O$$

4·2 熱　量 移特一二設

(1) 顕　熱

温度の高い物体と温度の低い物体を接触させておくと、時間とともに高い方から低い方へ熱が移動して、最終的には2物体が同じ温度になる。この移動した熱の量が**熱量**（ねつりょう）である。

熱が2物体間のみ移動したとすると

高温物体が失った熱量＝低温物体が得た熱量　…………………………… (4.1)

が成り立ち、**熱量の保存**などといわれ、重要な関係である。

今、物体に熱を加えて、その熱が物体の温度を上げるためだけに使われる熱であるとき、その熱を**顕熱**（けんねつ）という。後述する蒸発や凝縮などに使われる（または放出される）熱である潜熱と区別される。

顕熱に関して、同じ質量の物体を同じ温度にするための熱量は物質によって異なる。この物質の熱的性質を定量的に表す方法として**熱容量**（ねつようりょう）がある。これはある物質の温度を1℃(K)上昇させるのに必要な熱量をいい、さらに単位質量(1 kg、1 g)当たりの物体の熱容量を**比熱**（ひねつ）（または**比熱容量**（ひねつようりょう））という。すなわち、比熱は単位質量の物体の温度を1℃(K)上昇させるのに必要な熱量であり、単位はJ/(kg·K)などが用いられる。

比熱は物質固有の値である。この比熱 c を用いて物体（質量 m）の温度を T_1(K)から T_2(K)まで（または t_1(℃)から t_2(℃)まで）上昇させるために必要な熱量 Q は、次のかけ算の式で示される。

熱量 ＝ 物体の質量 × 比熱 × 温度差　………………………………… (4.2 a)

または、温度差を ΔT として

$$Q = mc(T_2 - T_1) = mc(t_2 - t_1) = mc\Delta T \quad \cdots\cdots (4.2\,b)$$

比熱は1 kg（または1 g）当たりの熱容量であるが、1 mol当たりの熱容量（**モル熱容量**という）を計算に用いることもあり、その単位はJ/(mol·K)などである。

(2) 潜　熱

大気圧下、100 ℃で水が沸とうしているとき、加えている熱量はすべて水が蒸発して100 ℃の水蒸気になるために使われるので、水の温度はすべての水が蒸発し終わるまで100 ℃のままで変わらない。

蒸発は液体から気体に状態が変化することであり、状態が変化する（相が変化する）ために**潜熱**（せんねつ）（この場合は**蒸発熱**（じょうはつねつ））という熱が必要である。状態の変化は次の図のように蒸発（気化）のほかに凝縮（ぎょうしゅく）（気体→液体）、凝固（ぎょうこ）（液体→固体）、融解（ゆうかい）（固体→液体）、昇華（しょうか）（固体↔気体）などがある。これに対応して、潜熱も凝縮熱、凝固熱などと名称がつけられている。

ある温度における単位質量(1 kg、1 g)当たりの**蒸発潜熱**は物質に固有の値であり、単に**蒸発熱**（気化熱）ともいわれる。

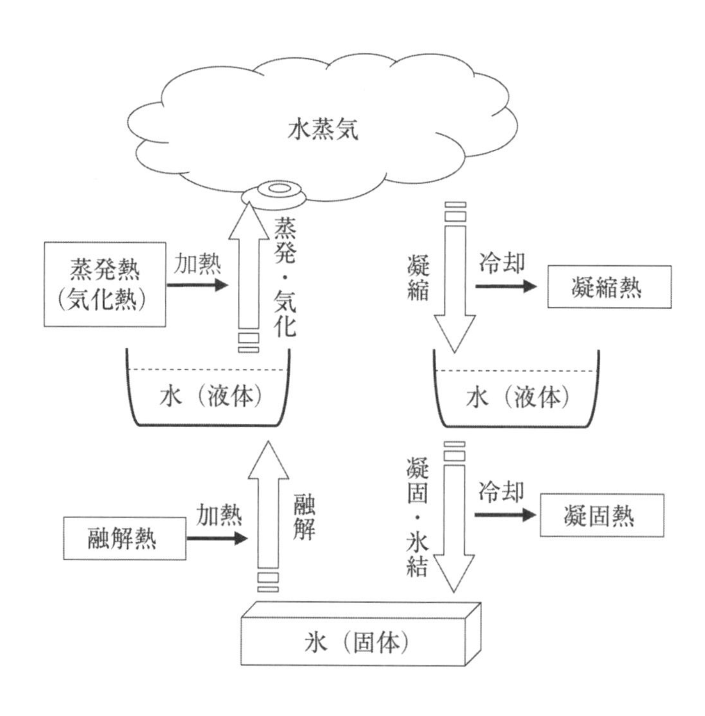

蒸発熱を L_V、質量を m とすると、蒸発に必要な熱量 Q は次のかけ算の式になる。

熱量 = 物体の質量 × 蒸発熱 ……………… (4.3 a)

または

$$Q = mL_V \quad \cdots\cdots (4.3\,b)$$

また、凝縮熱を L_C とすると、同様に凝縮に際して放出する熱量 Q は

$$Q = mL_C \quad \cdots\cdots (4.3\,c)$$

また、蒸発と凝縮は気体と液体の状態変化が逆であるが、蒸発熱(気化熱)と凝縮熱は同じ値で、熱を吸収するか、放出するかの違いだけである。すなわち、同じ温度で同一物質の場合は、L_V と L_C の絶対値(+ −の符合を取り去った値の大きさ)は $L_V = L_C$ である。

融解と凝固の関係なども同様である。

(3) ワット(W)と熱量

単位時間当たりの熱量(または仕事量)を**工率**(こうりつ)(または仕事率(しごとりつ))といい、1秒当たりの熱量(J/s)には組立単位のワット(W)がよく使われる。すなわち

$$1\,\mathrm{W} = 1\,\mathrm{J/s}$$

である。

したがって、工率 P に時間 t をかけると熱量(仕事量) Q になる。

$$Q = Pt \quad \cdots\cdots (4.4)$$

例えば、工率 5 kW(キロワット)で1分間続けて熱を供給すると、5 kW = 5 kJ/s であるから熱量 Q は

$$Q = Pt = 5\,\mathrm{kJ/s} \times 60\,\mathrm{s} = 300\,\mathrm{kJ}$$

となる。

例題 4.7 比熱の理解度を問う

次の記述のうち正しいものはどれか。

イ．比熱は単位質量の物質の温度を1℃上昇させるのに必要な熱量である。

（R 1-3 設備士検定類似）

ロ．[kJ/(kg·K)]という単位は比熱（比熱容量）に使われており、比熱は1 kgの物質の温度を1 K変化させるのに必要な熱量を表している。（H 30 一販国家試験類似）

ハ．熱容量は単位質量の物質の温度を1 K上げるのに必要な熱量であり、この値は物質に固有の値である。（H 24-1 特定類似）

ニ．1 molの気体の温度を1℃だけ上げるのに必要な熱量は、気体の体積を一定に保って加熱するときと、気体の圧力を一定に保って加熱するときとでは異なる値になる。

（H 30-1 特定類似）

解説 計算問題ではないが、「比熱」の意味をよく理解することは熱量計算の基礎となる。

イ．（○）比熱（比熱容量）は題意のとおり、単位質量の物質の温度を1℃（1 K）上昇させるのに必要な熱量のことである。

ロ．（○）後段の記述はイの説明のとおりである。比熱の単位として、kJ/(kg·K)、kJ/(kg·℃)などが使われている。

ハ．（×）説明していることは比熱（比熱容量）である。熱容量は、ある物質の温度を1℃（1 K）上昇させるために必要な熱量であり、比熱に物質の質量をかけた値になる。なお、比熱は物質に固有の値である。

ニ．（○）設問はモル熱容量について問うているが、比熱（比熱容量）に置き換えても同じことなので、以下比熱について説明する。気体には圧力が一定の場合の比熱（**定圧比熱**（ていあつひねつ） c_p という）と体積を一定にした場合の比熱（**定容比熱**（ていようひねつ） c_V という）があり、同一気体でも値は異なる。定圧比熱のほうが定容比熱より大きな値になる。これは、一定圧力で加熱するとシャルルの法則に基づいて体積が膨張するので、膨張のための余分な熱（エネルギー）が必要であるからである。熱力学的に表現すると、気体が外部に対して仕事をするためである。

厳密には、液体や固体にも2種類の比熱があるが、これらは熱膨張が気体に比べて非常に小さいので、実用上は変わらないと考えてよい。

気体には、定圧比熱と定容比熱があることを記憶しておくとよい。

答 イ、ロ、ニ

例題 4.8 比熱を用いた水の顕熱の計算

温度15℃の水3Lを95℃に上昇させるために必要な熱量(kJ)はいくらか。ただし、水の比熱を4.2 kJ/(kg·℃)、水の密度を1 kg/Lとする。 (過去二販国家試験)

解説 加熱によって水の温度が上昇するための熱量(顕熱)の計算である。比熱と温度差は示されているから、水の質量がわかれば式(4.2 a)、(4.2 b)を用いて計算することができる。

すなわち

加熱に要する熱量 Q

$=$水の質量 m

$\times$比熱 c $\times$温度差 ΔT

…………………………… ①

この式は、加熱側の熱量と水の温度上昇に必要な熱量が等しいという熱量の保存(式(4.1))の考え方が用いられている。

熱量の保存

温度上昇

15℃ → 95℃

水 3 L

水が取り込む熱量 Q_2 (kJ)

$Q_1 = Q_2$

加える熱量 Q_1 (kJ)

火

水の体積 V と密度 ρ が与えられているので、質量 m は、密度の定義式(3.7 b)によって

$$\rho = \frac{m}{V} \quad \therefore \quad m = \rho V$$

水の質量 m は

$$m = \rho V = 1\,\text{kg/L} \times 3\,\text{L} = 3\,\text{kg}$$

温度差 ΔT は、高温から低温の引き算で

$$\Delta T = (95 - 15)\,℃ = 80\,℃$$

式①から熱量 Q は

$$Q = mc\Delta T = 3\,\text{kg} \times 4.2\,\text{kJ/(kg·℃)} \times 80\,℃ = 1008\,\text{kJ}$$

答 1008 kJ

例題 4.9 蒸発潜熱を含む熱量計算

25℃の水700 gを標準大気圧下で加熱し、沸点ですべて蒸発させたとき、この水に加えた熱量は何MJか。ただし、水の比熱は4.19 kJ/(kg·℃)、蒸発熱は2260 kJ/kgとする。

(H 23-2 特定類似)

解説　顕熱と潜熱の合計を計算する問題である。

標準大気圧下で水を加熱していくと、25 ℃の水は 100 ℃になるまで液体のままで温度が上昇する。そのとき顕熱分の熱量 Q_1 を必要とする。さらに加熱を続けると、100 ℃の水は沸とうし始め、100 ℃のまますべての水が 100 ℃の水蒸気に変わる。このとき、蒸発（気化）に必要な潜熱分の熱量（蒸発潜熱）Q_2 が必要である。

設問における「沸点で蒸発」という記述は、水の標準沸点が 100 ℃であるので「100 ℃で蒸発」と読み替えることができる。

水の標準沸点は常識として記憶しておく。

したがって、設問の水に加えた熱量 Q は、顕熱 Q_1 と潜熱 Q_2 の合計（$Q_1 + Q_2$）である。

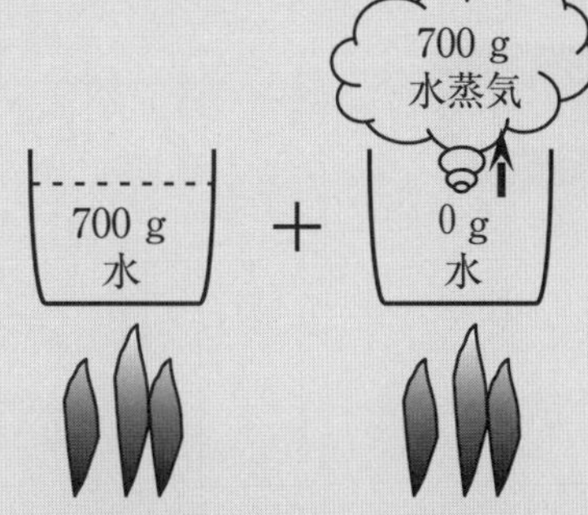

変化	温度上昇	蒸発
温度	25 ℃→ 100 ℃	100 ℃
熱の種類	顕熱 Q_1	蒸発潜熱 Q_2

(1) 顕熱 Q_1 の計算

設問で示されている数値から（単位を合わせて）

水の質量 $m = 700\ \mathrm{g} = 0.700\ \mathrm{kg}$

水の比熱 $c = 4.19\ \mathrm{kJ/(kg \cdot ℃)}$

水の温度差 $(t_2 - t_1) = (100 - 25)\ ℃ = 75\ ℃$

温度上昇による顕熱 Q_1 は、式（4.2 b）により

$$Q_1 = mc(t_2 - t_1) = 0.700\ \mathrm{kg} \times 4.19\ \mathrm{kJ/(kg \cdot ℃)} \times 75\ ℃$$

$$= 220\ \mathrm{kJ} = 0.220\ \mathrm{MJ}$$

(2) 蒸発潜熱 Q_2 の計算

蒸発熱 $L_V = 2260\ \mathrm{kJ/kg}$ が与えられているので、0.700 kg の水が蒸発するための潜熱 Q_2 は、式（4.3 a）、（4.3 b）のように質量と蒸発熱の積で求められる。

$$Q_2 = mL_V = 0.700\ \mathrm{kg} \times 2260\ \mathrm{kJ/kg} = 1582\ \mathrm{kJ} = 1.582\ \mathrm{MJ}$$

(3) 合計熱量

必要な熱量 Q は顕熱 Q_1 と潜熱 Q_2 の合計であるから

$$Q = Q_1 + Q_2 = (0.220 + 1.582)\ \mathrm{MJ} = 1.802\ \mathrm{MJ} \fallingdotseq 1.8\ \mathrm{MJ}$$

答　1.8 MJ

例題 4.10 工率（kW）と時間から熱量の計算

LP ガス消費量が 70 kW の給湯器を全負荷で 30 分間使用した。このとき、消費した熱量は何 MJ か。 （H 29 二販国家試験類似）

解説

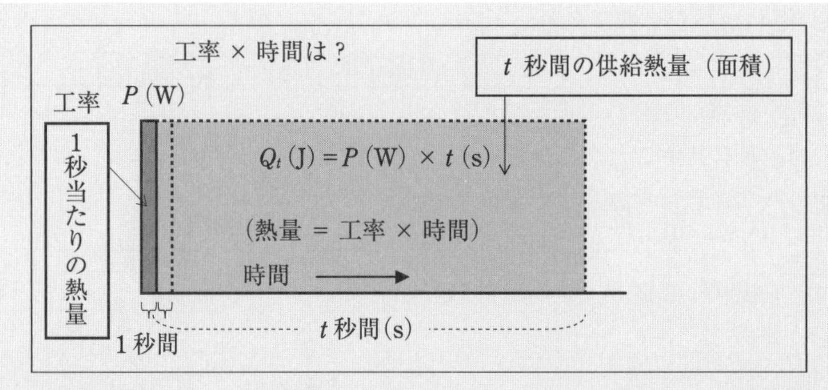

工率（仕事率）である W（ワット）、kW（キロワット）、MW（メガワット）などは 1 秒当たりの熱量（仕事量）を示すものであり、機械や燃焼器などの熱量（仕事量）の供給能力などを表すものである。

すなわち

1 W ＝ 1 J/s　　　（1 秒当たりの熱量 J）

1 kW ＝ 1 kJ/s　　（1 秒当たりの熱量 kJ）

1 MW ＝ 1 MJ/s　　（1 秒当たりの熱量 MJ）

したがって図のように、この工率に時間をかけると供給される熱量（仕事量）になる。

能力 70 kW の給湯器を全負荷（フル稼働）で使用するのであるから、工率 P は 70 kW ＝ 70 kJ/s である。給湯器を使用する時間 t は 30 分（30 min）であるので、秒（s）になおすと、1 min= 60 s であるから

$$t = 30\ \mathrm{min} \times 60\ \mathrm{s/min}\ (= 1800\ \mathrm{s})$$

消費した熱量 Q_t は式（4.4）のとおり

$$Q_t = Pt = 70\ \mathrm{kJ/s} \times 30\ \mathrm{min} \times 60\ \mathrm{s/min} = 126 \times 10^3\ \mathrm{kJ} = 126\ \mathrm{MJ}$$

このように、W や kW は秒単位の熱量（仕事量）であるので、分（min）、時間（h）を秒（s）になおすことを忘れないように注意する。

答　126 MJ

演習問題 4.5

次の記述のうち正しいものはどれか。

イ．単位質量の物質の温度を1℃（1K）上昇させるのに必要な熱量を比熱（比熱容量）といい、その単位にはkJ/（kg·℃）、kJ/（kg·K）などが用いられる。（H28設備士国家試験類似）

ロ．質量 m [kg]の物質の温度を ΔT [℃]上昇させるのに必要な熱量 Q [kJ]は、その物質の比熱を c [kJ/（kg·℃）]とすると

$$Q = mc\Delta T$$

で表すことができる。（R1-1二販検定類似）

ハ．液体が蒸発して気体になるときは、外部から熱を吸収する。（H30-3移動）

ニ．同じ気体の場合、単位質量の物質の温度を1Kだけ上げるのに必要な熱量は、気体の体積を一定にして加熱するときと、気体の圧力を一定にして加熱するときは同じ値となる。（R1-1特定）

ホ．水が蒸発するときの蒸発熱のように、状態変化（相変化）に伴って出入りする熱を総称して潜熱という。（H29一販国家試験類似）

演習問題 4.6

空気1kgを温度10℃から20℃まで上げるのに必要な熱量はいくらか。ただし、空気の比熱は1.00kJ/（kg·℃）とする。

演習問題 4.7

次の記述のうち正しいものはどれか。

イ．水の比熱を4.2kJ/（kg・℃）とすると、1kgの水の温度を10℃から20℃まで上昇させるのに必要な熱量は42kJである。（H25-4移動）

ロ．熱量72MJを1時間で消費するバーナの工率をkW（キロワット）で表すと20kWになる。（H27-1二販検定類似）

ハ．水の比熱を4.2kJ/（kg・℃）とすると、温度12℃、質量200kgの水の温度を42℃まで上昇させるのに必要な熱量は15MJである。（過去二販検定）

演習問題 4.8

水蒸気35kg（100℃、大気圧）をすべて凝縮させて35℃まで冷却するのに除去すべき熱量はおよそいくらか。ただし、水（液体）の比熱は4.19kJ/（kg·℃）、水の蒸発潜熱は2260kJ/kgとする。（H20-2特定）

演習問題 4.9

ガス消費量が53kWの給湯器を取り付けた。この給湯器を全負荷で20分間使用したとき、消費した熱量は何MJになるか。（過去二販国家試験）

4·3 燃焼および熱化学

燃焼および発熱量などに関しては、「二販」および「設備士」について全般的に出題されているが、他の資格については限定的な出題傾向にある。

(1) 燃焼、爆発

物質が酸素や塩素などの物質と反応(酸化反応)して、熱と光を発する現象を**燃焼**と呼んでいる。酸素や塩素などを**支燃性物質**(支燃性ガス)といい、一方、支燃性物質と反応して燃焼する物質を**可燃性物質**(可燃性ガス)という。

すなわち、メタン、エタン、プロパン、ブタンなどの炭化水素ならびにシアン化水素(HCN)、アンモニア(NH_3)などは可燃性物質である。

「化学反応式」の項で説明したとおり、燃焼は化学反応であるので、化学反応式(燃焼方程式)で原系と生成系を表すことができる。

なお、**爆発**は、ガスが激しく膨張して大きな音を伴う現象であり、燃焼の化学反応が急激に進行するときにも爆発現象(化学的爆発)になる。しかし、水蒸気爆発のように、反応を伴わない爆発(物理的爆発)もあるので「燃焼」が爆発のすべての条件ではない。

可燃性ガスと空気が混合すると、ある濃度範囲で点火によって爆発する。この爆発する可燃性ガスの濃度範囲を**爆発範囲**(**燃焼範囲**)といい、その上限、下限を**爆発限界**(**燃焼限界**)という。

単に爆発範囲というと、一般に常温、大気圧下の空気中で燃焼する範囲のことで、可燃性ガスの体積%(vol%)で表したものをいう。爆発限界のうち最低の濃度を**爆発下限界**、最高濃度を**爆発上限界**という。

特徴のあるいくつかの気体の爆発範囲(燃焼範囲)を表に示す。なお、プロパンおよびブタンについて、LPガス関係の資格では記憶しておくとよい。

(2) 理論酸素量、理論空気量

可燃性物質を燃焼させるとき、純酸素や空気中の酸素を十分に供給すると、燃焼反応によ

気体の爆発範囲(常温、大気圧、空気中)と特徴(例)

可燃性ガス	爆発範囲(vol%)		特徴
	下限界	上限界	
メタン	5.0	15.0	アルカンの中では広い範囲
水素	4.0	75	範囲が広い
一酸化炭素	12.5	74	
アセチレン	2.5	100	範囲が非常に広い。酸素なしでも爆発する(分解爆発)
酸化エチレン	3.0	100	
プロパン	2.1	9.5	下限界が低い
ブタン	1.8	8.4	
アンモニア	15	28	下限界が高い(燃えにくい)

り生成する物質は安定した酸化物になる。例えば、炭素と水素からなる炭化水素が燃焼する場合は、炭素(C)はすべて二酸化炭素(CO_2)に、水素はすべて水(H_2O)になる。このような燃焼を**完全燃焼**という。

例として、メタンの完全燃焼を取り上げると反応式は次のようになる。

$$CH_4 + 2O_2 = CO_2 + 2H_2O \quad \cdots\cdots ①$$

一方、酸素が不十分な状態で燃焼させると、生成する物質がCO_2やH_2Oになる前の物質(例えば一酸化炭素(CO)や水素(H_2))になるような燃焼になり、これを**不完全燃焼**といっている。

「化学反応式」の項での説明のとおり、式①の意味する可燃性ガス(CH_4)と支燃性ガス(O_2)は、「1 molのメタンが完全に燃焼するとき2 molの酸素が必要」という関係にある。

このように燃焼式上で理論的な燃焼に必要な酸素量のことを**理論酸素量**という。

式①の場合は、メタン1 molに対する理論酸素量は2 molということになる。もちろんモルばかりではなく、質量、体積で表すことも多い。

> **理論酸素量**
> 理論酸素量は化学反応式(燃焼方程式)で決まる

空気中の酸素濃度はおよそ21 vol %(= 21 mol %)であるので、理論酸素量に相当する酸素を含む空気量(これを**理論空気量**という)を計算することができる。すなわち

$$理論空気量 = 理論酸素量 \times \frac{1}{0.21} \quad \cdots\cdots (4.5)$$

である。

実際の燃焼器では、理論空気量より多い空気量を送り込んで完全に燃焼させる方法をとるが、理論空気量より多い分の空気量を**過剰空気量**と呼ぶことがある。

> **理論空気量と過剰空気量**
> 燃焼に供するすべての空気量
>
> | 理論空気量 | 過剰空気量 |
> |---|---|

よく出題されているプロパンとブタンの理論酸素量と理論空気量を計算してみる。

燃焼式はそれぞれ

$$C_3H_8 + 5O_2 = 3CO_2 + 4H_2O \quad \cdots\cdots ②$$

$$C_4H_{10} + 6.5O_2 = 4CO_2 + 5H_2O \quad \cdots\cdots ③$$

式②の反応式上、プロパン1 molに対して5 molの酸素が必要であるから

$$プロパン1\,mol の理論酸素量 = 5\,mol$$

$$プロパン1\,mol の理論空気量 = 5\,mol \times \frac{1}{0.21} = 23.8\,mol \fallingdotseq 24\,mol$$

同様にブタン1 molについて

$$ブタン1\,mol の理論酸素量 = 6.5\,mol$$

$$ブタン1\,mol の理論空気量 = 6.5\,mol \times \frac{1}{0.21} = 30.95\,mol \fallingdotseq 31\,mol$$

となる。

⑶ 発熱量および熱化学方程式

単位量（kg、m³、mol など）の可燃性物質（ガス）が燃焼するときに発生する熱量は**発熱量**（または**燃焼熱**）といわれる。プロパン、ブタンなど分子中に水素のある物質の燃焼では、**総発熱量**（または高発熱量）と**真発熱量**（または低発熱量）の 2 種類の発熱量がある。

総発熱量は燃焼前後の物質の温度を 25 ℃基準で測定したものであり、燃焼によって生成する水（H_2O）の凝縮熱（凝縮潜熱）を含む発熱量である。真発熱量はその凝縮熱を含まない発熱量であるので、総発熱量よりその分小さな値になる。設問で単に発熱量として与えられる場合には、通常はどちらの発熱量か特定する必要はなく、そのままの数値を使って計算を進める場合が多い。

燃焼反応を化学反応式で表し、その燃焼熱（反応熱）を表示した式は**熱化学方程式**と呼ばれる。

例えば、プロパン燃焼の熱化学方程式は

$$C_3H_8 + 5\,O_2 = 3\,CO_2 + 4\,H_2O + 2219\,\mathrm{kJ}$$

と書かれる。これは、プロパン 1 mol が燃焼してそれぞれの生成物ができ、2219 kJ の熱が発生する、ということを表している。したがって、このような式が与えられた場合は、要求に応じて単位モル当たりの値を単位質量、単位体積当たりの発熱量に換算して使用する。

⑷ 燃焼器の効率

燃焼器などで可燃性ガスなどの燃料が燃焼したときに発生する熱量は、すべてが有効に 100 ％利用されているわけではない。例えば、ふろがまで水の温度を上げるために燃料を燃やして発生した熱量と水側に伝わった熱量は異なり、その関係は

$$\text{発生した熱量} \times \eta = \text{水に伝わった熱量} \quad \cdots\cdots (4.6\,\mathrm{a})$$

または

$$\eta = \frac{\text{水に伝わった熱量}}{\text{発生した熱量}} \quad \cdots\cdots (4.6\,\mathrm{b})$$

であり、この η（イータ：ギリシャ文字）を燃焼器の**効率**（熱効率）という。

この効率 η の値が大きいほど熱は有効に利用される。

η の値は 1 を超えることはなく

$$0 \leqq \eta \leqq 1$$

の範囲である。

⑸ ダイリュートガスの混合比率と発熱量

LP ガスを蒸発器（気化器）などで気化させて、空気とある割合で希釈混合し（爆発範囲外の濃度で）、一定の発熱量と再液化しにくいガスを供給する方法を**ダイリュートガス供給**といい、そのガスを**ダイリュートガス**と呼んでいる。

発熱量 Q の LP ガス（生ガス）A m³ に空気 B m³ を混合して発熱量 q のダイリュートガスを得たとすると、空気の発熱量は 0 なので全体の発熱量は［発熱量 × 体積］であり、かつ、

希釈前後の全熱量は等しいという関係から

$$QA = q(A + B) \quad \cdots\cdots (4.7)$$

が成り立つ。

なお、ダイリュートガスの利用が減ってきていることから、その出題は減る傾向にある。

ダイリュートガスの関係

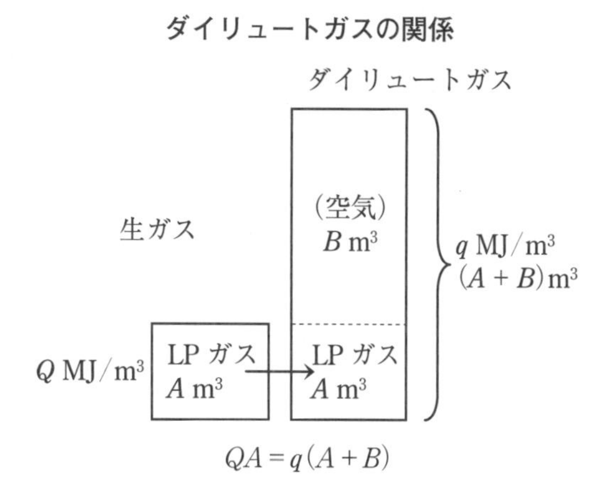

例題 4.11 理論空気量などの基礎的問題

次の記述のうち正しいものはどれか。

イ．標準状態において、1 m^3 のブタンを完全燃焼させるために必要な理論空気量はおよそ 24 m^3 である。 (H 24-3 特定類似)

ロ．標準状態において、プロパン 1 m^3 を完全燃焼するために必要な理論空気量はおよそ 24 m^3 である。 (H 23-2 移動類似)

ハ．プロパン 1 mol を完全燃焼させるために必要な酸素量は 5 mol であり、この酸素を供給するために必要な理論空気量はおよそ 24 mol である。 (H 30 設備士国家試験)

ニ．一般の LP ガス燃焼器で LP ガスを完全燃焼させる場合には、理論空気量に加え、過剰空気が必要である。 (R 1 二販国家試験類似)

解説 理論酸素量または理論空気量を求めるには、反応物や生成物の計算と同様に燃焼方程式（化学反応式）を書いて、物質量の関係を知ることが第一である。また、理論酸素量と理論空気量の違いは、式 (4.5) を含めてきちんと理解をしておく。

イ．（×）ブタンの燃焼方程式を書く。

$$C_4H_{10} + 6.5\,O_2 = 4\,CO_2 + 5\,H_2O$$

この式は、1 mol のブタンの燃焼には 6.5 mol の酸素が必要であることを示している。また、（理想）気体の場合は、混合ガスのところで説明したように、モル比は体積比に等しいから、各成分の体積の関係も同じ比で考えることができる。すなわち、1 体積のブタンに対し 6.5 体積の酸素が必要であるから、1 m^3 のブタンに対して 6.5 m^3 の酸素が理論酸素量になる。

式 (4.5) により、理論空気量は空気中の酸素含有率を 21 vol %として

$$ブタン1\,m^3の理論空気量 = 理論酸素量 \times \frac{1}{0.21} = 6.5\,m^3 \times \frac{1}{0.21}$$

$$= 30.95\,m^3 \fallingdotseq 31\,m^3$$

となる。

ロ. (○) プロパンの燃焼方程式を書く。

$$C_3H_8 + 5\,O_2 = 3\,CO_2 + 4\,H_2O$$

プロパン1 mol につき必要な酸素量（理論酸素量）は5 mol であるから、プロパン1 m^3 については5 m^3 の酸素量になることがわかる。

式 (4.5) より

$$理論空気量 = 5\,m^3 \times \frac{1}{0.21} = 23.8\,m^3 \fallingdotseq 24\,m^3$$

となる。

ハ. (○) ロの前段の説明のとおり、プロパン1 mol につき必要な酸素量（理論酸素量）は5 mol である。5 mol の酸素量を空気量（理論空気量）に換算すると、式(4.5)から

$$理論空気量 = 5\,mol \times \frac{1}{0.21} = 23.8\,mol \fallingdotseq 24\,mol$$

理想気体では、物質量（mol）と体積（m^3）は比例関係にあるので、ロの計算式と同じ形になる。

ニ. (○) 実際の燃焼器で燃料を燃焼させるときは、空気と燃料の混合状態が均一にならないなどの理由で、理論空気量に過剰空気を加え、酸素リッチの状態で完全燃焼させるようにしている。

答　ロ、ハ、ニ

例題 4.12　混合ガス1 mol 当たりの理論空気量（体積）を求める

プロパン 70 mol %、ブタン 30 mol %の混合ガス1 mol を完全燃焼するために必要な理論空気量は、標準状態（0 ℃、0.1013 MPa）のもとで何Lか。ただし、空気中の酸素含有量を 21 vol %とする。　（H 26 二販国家試験類似）

解説　各成分のモル% (モル分率) がわかっているから、混合ガス1 mol 中の各成分量に見合う理論酸素量 (L) を求め、その合計量を 0.21 で割ると理論空気量が計算できる (式 (4.5))。

各成分の燃焼式を書いて、混合ガス1 mol 当たりの各成分の理論酸素量を計算する。

$$C_3H_8 + 5\,O_2 = 3\,CO_2 + 4\,H_2O$$

$$C_4H_{10} + 6.5\,O_2 = 4\,CO_2 + 5\,H_2O$$

混合ガス1 mol中の各成分の物質量は

プロパン　1 mol × 0.70 = 0.70 mol

ブタン　1 mol × 0.30 = 0.30 mol

燃焼式からそれぞれの理論酸素量(L)は

プロパン　0.70 mol × 5(倍) × 22.4 L/mol = 78.4 L　(標準状態)

ブタン　0.30 mol × 6.5(倍) × 22.4 L/mol = 43.7 L　(標準状態)

混合ガス1 mol当たりの理論酸素量はこの合計であるから

理論酸素量 = (78.4 + 43.7) L = 122.1 L　(標準状態)

理論空気量は、式(4.5)のとおり

$$\text{理論空気量} = \frac{\text{理論酸素量}}{0.21} = \frac{122.1\ \mathrm{L}}{0.21} = 581\ \mathrm{L}\quad(\text{標準状態})$$

別解 純成分1 mol当たりの理論空気量にモル分率を乗じ、それを加算する。第3章で混合ガスの密度や平均分子量を求めたように、各成分の寄与分を加算する方法である。

$$\text{プロパン 1 mol 当たりの理論空気量} = \frac{5\ \mathrm{mol} \times 22.4\ \mathrm{L/mol}}{0.21} = 533.3\ \mathrm{L}\quad(\text{標準状態})$$

$$\text{ブタン 1 mol 当たりの理論空気量} = \frac{6.5\ \mathrm{mol} \times 22.4\ \mathrm{L/mol}}{0.21} = 693.3\ \mathrm{L}\quad(\text{標準状態})$$

混合ガス1 mol当たりの理論空気量は

$$\text{理論空気量} = (\underbrace{533.3 \times 0.70}_{\text{プロパンの寄与分}} + \underbrace{693.3 \times 0.30}_{\text{ブタンの寄与分}})\ \mathrm{L} = 581\ \mathrm{L}\quad(\text{標準状態})$$

答　581 L

例題 4.13 燃料の質量から理論酸素量の計算

プロパン2 kgを完全燃焼させるために必要な理論酸素量は標準状態(0℃、0.1013 MPa)でおよそ何m^3になるか。　(H 22 二販国家試験類似)

解説　プロパンは質量で与えられているので、これを物質量(モル数)になおして燃焼式から理論酸素量を求める。理論酸素量は体積を要求しているので、標準状態の(理想)気体のモル体積 $V_m = 22.4 \times 10^{-3}\ \mathrm{m^3/mol}$ を用いる。

式(2.2 a)のとおり、質量m、モル質量Mおよび物質量nの関係は

$$n = \frac{m}{M}$$

4章 化学反応、燃焼および熱

であるから、プロパン 2 kg の物質量 n_P は

$$n_P = \frac{2\,\mathrm{kg}}{44 \times 10^{-3}\,\mathrm{kg/mol}} = 45.45\,\mathrm{mol}$$

プロパンの燃焼方程式は

$$C_3H_8 + 5\,O_2 = 3\,CO_2 + 4\,H_2O$$

したがって、理論酸素量はプロパンの物質量の 5 倍であるから

理論酸素量 (mol) = 45.45 mol × 5 (倍) = 227.3 mol

物質量から標準状態の体積を求めるには、物質量にモル体積 ($V_m = 22.4 \times 10^{-3}\,\mathrm{m^3/mol}$) をかけるとよいので

理論酸素量 (m^3) = 227.3 mol × 22.4 × 10^{-3} m^3/mol = 5.1 m^3 (標準状態)

この計算過程を一気に計算する式を立てると次のようになる。

$$\text{理論酸素量} = \frac{2\,\mathrm{kg}}{44 \times 10^{-3}\,\mathrm{kg/mol}} \times 5\,(\text{倍}) \times 22.4 \times 10^{-3}\,\mathrm{m^3/mol} = 5.1\,\mathrm{m^3}$$

答　5.1 m^3

例題 4.14 体積で示された燃料ガスから理論酸素量を求める

標準状態でガス状のブタン 4.48 m^3 を完全燃焼させるために必要な酸素量 (O_2) はおよそ何 mol か。 (H 24-4 設備士検定類似)

解説

燃料が体積で示されており、理論酸素量を物質量 mol で要求している。

ブタンの燃焼方程式を書く。

$$C_4H_{10} + 6.5\,O_2 \rightarrow 4\,CO_2 + 5\,H_2O$$

この式は、ブタンの物質量の 6.5 倍の酸素が必要であることを表している。

したがって、ブタンの体積 (標準状態) からその物質量を算出し、その 6.5 倍が求める酸素量 (理論酸素量) となる。

ブタンの体積 (標準状態) $V_B = 4.48\,\mathrm{m^3}$、標準状態のモル体積 $V_m = 22.4 \times 10^{-3}\,\mathrm{m^3/mol}$ であるから

$$\text{ブタンの物質量}\ n_B = \frac{V_B}{V_m} = \frac{4.48\,\mathrm{m^3}}{22.4 \times 10^{-3}\,\mathrm{m^3/mol}} = 200\,\mathrm{mol}$$

したがって、理論酸素量としての物質量 n_{O_2} は

$$n_{O_2} = n_B \times 6.5\,(\text{倍}) = 200\,\mathrm{mol} \times 6.5 = 1300\,\mathrm{mol}$$

順を追って計算したが、一本の計算式で表し計算すると

$$n_{O_2} = n_B \times 6.5\,(\text{倍}) = \frac{V_B}{V_m} \times 6.5$$

$$= \frac{4.48\ \mathrm{m^3}}{22.4 \times 10^{-3}\ \mathrm{m^3/mol}} \times 6.5 = 1300\ \mathrm{mol}$$

なお、ブタンの体積の 6.5 倍の酸素体積を求め、物質量になおす考え方もある。

答 1300 mol

例題 4.15 LP ガスの消費量と発熱量から kW を計算する

LP ガスの発熱量を 50 MJ/kg とすると、燃焼器の LP ガス消費量 1 kg/h はおよそ何 kW か。

解説 時間当たりの LP ガスの消費量 (kg/h) に LP ガスの発熱量 (kJ/kg) をかけたものは、時間当たりの熱量であるので工率 (kW) で表すことができる。すなわち、1 秒 (s) 当たりの kJ になおすと kW になる。

1 kg/h を kg/s になおすには、1 h = 3600 s であるから

$$1\ \mathrm{kg/h} = \frac{1\ \mathrm{kg}}{3600\ \mathrm{s}} = \frac{1\ \mathrm{kg}}{3.6 \times 10^3\ \mathrm{s}} = \frac{1}{3.6} \times 10^{-3}\ \mathrm{kg/s} \quad \cdots\cdots ①$$

発熱量を kJ/kg になおす。1 MJ = 1000 kJ = 10^3 kJ であるから

$$50\ \mathrm{MJ/kg} = 50 \times 10^3\ \mathrm{kJ/kg} \quad \cdots\cdots ②$$

したがって、1 秒間で発生する熱量 (kW) は、①と②をかけたものであるから

$$\text{工率} = 50 \times 10^3\ \mathrm{kJ/kg} \times \frac{1}{3.6} \times 10^{-3}\ \mathrm{kg/s} = \frac{50}{3.6}\ (\mathrm{kJ/s}) = 13.9\ \mathrm{kJ/s}$$

$$\fallingdotseq 14\ \mathrm{kW}$$

LP ガスの質量当たりの発熱量は、プロパン、ブタンの組成にあまり関係なく 50 MJ/kg 程度であるので、この計算のように燃焼器の消費量 1 kg/h はおよそ 14 kW に相当する。この数値はよく使われるので、LP ガス関係の資格では記憶しておくか、または速やかに計算できるように訓練しておくとよい。

答 14 kW

例題 4.16 燃焼器の熱効率を用いたガスバーナ能力 (kW) の計算

温度 15 ℃の水が 200 L 入っている浴槽に LP ガスふろがまを取り付け、LP ガスを燃焼させて、30 分間で水温を 42 ℃に上げるためには、少なくとも何 kW の LP ガスバーナを準備すればよいか。ただし、水の比熱を 4.2 kJ/(kg·℃)、ふろがまの熱効率を

80 % とする。　　　　　　　　　　　　　　　　　　　　　　　(H 29-2 二販検定類似)

解説　図のように、水 200 L(= 200 kg)を温めるのに水が受け取った熱量 Q_1 と燃焼により発生した熱の 80 % の熱量 Q_2 が等しい($Q_1 = Q_2$)ことを理解する。この場合、熱効率は式(4.6 b)のように、発生した熱量のうち水を温めるのに有効に伝わる割合が 80 % であることを表している。

200 L の水が受け取った熱量　Q_1

等しい

LP ガスの燃焼で発生した熱量の 80 %の熱量　Q_2

水の質量を m、その比熱を c、水の温度差を Δt とすると、水が受け取った熱量 Q_1 は式(4.2 b)のように

$$Q_1 = mc\Delta t = 200\ \text{kg} \times 4.2\ \text{kJ/(kg·℃)} \times (42 - 15)\text{℃} = 22680\ \text{kJ} \cdots\cdots ①$$

バーナの熱供給能力を P、LP ガスの供給時間を t_b、熱効率を η として、発熱量のうち有効に伝わった熱量 Q_2 は、式(4.4)を応用して

$$Q_2 = Pt_b\eta \cdots\cdots ②$$

バーナの熱供給能力 P は kW とするので、時間 t_b の単位は秒(s)にして値を整理すると

P = 求める値(kW)

$t_b = 30\ \text{min} = 30\ \text{min} \times 60\ \text{s/min} = 1800\ \text{s}$

$\eta = 0.80$

となり、式②は

$$Q_2 = P \times 1800\ \text{s} \times 0.80$$

①=②から

$$P = \frac{22680\ \text{kJ}}{1800\ \text{s} \times 0.8} = 15.8\ \text{kJ/s} = 15.8\ \text{kW}$$

なお、単位を合わせて一気に式を書くと

$$mc\Delta t = Pt_b\eta$$

$$\therefore \quad P = \frac{mc\Delta t}{t_b\eta} = \frac{200\ \text{kg} \times 4.2\ \text{kJ/(kg·℃)} \times 27\ \text{℃}}{30\ \text{min} \times 60\ \text{s/min} \times 0.80} = 15.8\ \text{kJ/s}$$

答　15.8 kW

例題 4.17　モル発熱量を体積当たりの発熱量に換算する

標準状態の LP ガス 1 mol を完全燃焼させたときの総発熱量を 2464 kJ とすると、その LP ガス 1 m^3 を完全燃焼させたときの総発熱量は何 MJ か。　　　　(過去二販検定)

解説　(理想)気体の標準状態における 1 mol の体積(モル体積 V_m)が 22.4 L(= 22.4×10^{-3} m^3)であることを用いて、発熱量を mol 当たりから m^3 当たりに換算する。

1 m^3 を物質量 n に換算すると、ガス種に関係なく

$$n = \frac{体積}{モル体積} = \frac{1\ \mathrm{m^3}}{22.4 \times 10^{-3}\ \mathrm{m^3/mol}} = 44.64\ \mathrm{mol}$$

発生する熱量は物質量に比例するので、1 m^3 当たりの発熱量は 1 mol 当たりの発熱量の 44.64 倍(44.64 mol/m^3 をかけた値)である。

$$1\ \mathrm{m^3}\ 当たりの発熱量 = 2464\ \mathrm{kJ/mol} \times 44.64\ \mathrm{mol/m^3} = 110 \times 10^3\ \mathrm{kJ/m^3} = 110\ \mathrm{MJ/m^3}$$

燃焼する LP ガスは 1 m^3 であるので

$$発生する熱量 = 1\ \mathrm{m^3} \times 110\ \mathrm{MJ/m^3} = 110\ \mathrm{MJ}$$

別解 1　示されたモル総発熱量は、標準状態における LP ガス 22.4×10^{-3} m^3 の発熱量でもあるから

$$\frac{2464\ \mathrm{kJ}}{22.4 \times 10^{-3}\ \mathrm{m^3}} = 110 \times 10^3\ \mathrm{kJ/m^3} = 110\ \mathrm{MJ/m^3}$$

したがって 1 m^3 の発生熱量は 110 MJ である。

別解 2　標準状態における 1 mol の体積は 22.4×10^{-3} m^3 であるから、1 m^3 当たりの発熱量 Q との比をとると

$$22.4 \times 10^{-3}\ \mathrm{m^3} : 1\ \mathrm{m^3} = 2464\ \mathrm{kJ} : Q\ (\mathrm{kJ})$$

したがって

$$Q = 2464\ \mathrm{kJ} \times \frac{1\ \mathrm{m^3}}{22.4 \times 10^{-3}\ \mathrm{m^3}} = 110 \times 10^3\ \mathrm{kJ} = 110\ \mathrm{MJ}$$

答　110 MJ

例題 4.18　体積当たりの発熱量から質量ベースの発生熱量計算

標準状態のプロパン 1 m^3 を完全燃焼させたときの総発熱量を 99 MJ とすると、そのプロパン 10 kg を完全燃焼させたときの総発熱量はおよそいくらか。　(過去二販検定)

解説　体積当たりの発熱量が与えられているとき、質量で与えられる燃料の発生熱量を計算する問題である。質量から物質量を算出し、標準状態における体積になおし、与えられた発熱量をかけると発生熱量が得られる。

$$\text{プロパン 10 kg の物質量 } n = \frac{\text{質量}}{\text{モル質量}} = \frac{10\,\text{kg}}{44 \times 10^{-3}\,\text{kg/mol}}$$
$$= 0.2273 \times 10^{3}\,\text{mol}$$

標準状態におけるモル体積（$V_m = 22.4 \times 10^{-3}\,m^3/mol$）を用いて

$$\text{プロパン 10 kg の体積 } V = nV_m$$
$$= 0.2273 \times 10^{3}\,\text{mol} \times 22.4 \times 10^{-3}\,\text{m}^3/\text{mol}$$
$$= 5.09\,\text{m}^3$$

1 m^3 の発熱量は 99 MJ であるから求める発熱量（発生熱量）Q は

$$Q = 5.09\,\text{m}^3 \times 99\,\text{MJ/m}^3 = 504\,\text{MJ}$$

なお、式を立てて一気に計算するときは

$$Q = \frac{10\,\text{kg}}{44 \times 10^{-3}\,\text{kg/mol}} \times 22.4 \times 10^{-3}\,\text{m}^3/\text{mol} \times 99\,\text{MJ/m}^3 = 504\,\text{MJ}$$

別解 標準状態のプロパン 1 m^3 を質量に換算し、質量当たりの発熱量を計算する。

$$\text{プロパン 1 m}^3\text{ の質量} = \frac{1\,\text{m}^3}{22.4 \times 10^{-3}\,\text{m}^3/\text{mol}} \times 44 \times 10^{-3}\,\text{kg/mol}$$
$$= 1.964\,\text{kg}$$

この発熱量が 99 MJ であるので、1 kg 当たりの発熱量は

$$\frac{99\,\text{MJ}}{1.964\,\text{kg}} = 50.41\,\text{MJ/kg}$$

したがって、10 kg の燃焼により発生する熱量 Q は

$$Q = 10\,\text{kg} \times 50.41\,\text{MJ/kg} = 504.1\,\text{MJ} \fallingdotseq 504\,\text{MJ}$$

答　504 MJ

例題 4.19　混合ガスの発熱量の計算

プロパン 80 mol %、ブタン 20 mol% からなる混合ガス 2 mol を完全燃焼させると、その発熱量は何 MJ になるか。ただし、プロパンとブタンの 1 mol 当たりの発熱量は、それぞれ、2219 kJ および 2878 kJ とする。（R 1-1 設備士検定類似）

解説　各成分の 1 mol 当たりの発熱量が与えられているので、混合ガス 2 mol 中に含まれる各成分の物質量を求め、個々に発熱量を計算して合計する。

2 mol 中の各成分の物質量 n は

$$\text{プロパン}\quad n_P = 2\,\text{mol} \times 0.8 = 1.6\,\text{mol}$$

ブタン　　$n_B = 2\ \mathrm{mol} \times 0.2 = 0.4\ \mathrm{mol}$

各成分から発生する熱量 Q は

プロパン　　$Q_P = 1.6\ \mathrm{mol} \times 2219\ \mathrm{kJ/mol} = 3550\ \mathrm{kJ}$

ブタン　　$Q_B = 0.4\ \mathrm{mol} \times 2878\ \mathrm{kJ/mol} = 1151\ \mathrm{kJ}$

混合ガス 2 mol の燃焼により発生する熱量 Q_{mix} は

$$Q_{mix} = Q_P + Q_B = (3550 + 1151)\ \mathrm{kJ} = 4701\ \mathrm{kJ} \fallingdotseq 4.7\ \mathrm{MJ}$$

別解 混合ガス 1 mol 当たりの発熱量 q_{mix} を計算して、それに全物質量をかけて計算する。q_{mix} は各成分の発熱量に寄与分(モル分率)をかけて計算する。

$$q_{mix} = \underbrace{2219\ \mathrm{kJ/mol} \times 0.8}_{\text{プロパンの寄与分}} + \underbrace{2878\ \mathrm{kJ/mol} \times 0.2}_{\text{ブタンの寄与分}} = 2350.8\ \mathrm{kJ/mol}$$

混合ガス 2 mol が発生する熱量 Q_{mix} は

$$Q_{mix} = 2\ \mathrm{mol} \times q_{mix} = 2\ \mathrm{mol} \times 2350.8\ \mathrm{kJ/mol} = 4702\ \mathrm{kJ} \fallingdotseq 4.7\ \mathrm{MJ}$$

答　4.7 MJ

例題 4.20 爆発範囲の理解

次の記述のうち正しいものはどれか。

イ．常温、標準大気圧、空気中において、水素はアセチレンより爆発範囲（燃焼範囲）が狭い。　(R 1 一販国家試験類似)

ロ．常温、大気圧、空気中におけるブタンの爆発範囲はメタンのそれより広い。　(R 1 二販国家試験類似)

ハ．常温、大気圧下において、プロパン 5 vol%、空気 95 vol% の混合ガスは爆発範囲内にある。　(R 1 設備士国家試験)

ニ．常温、大気圧、空気中におけるプロパンの爆発下限界は 2.1 vol% である。　(R 1-1 特定類似)

解説　気体の爆発範囲(燃焼範囲)について理解を問う問題である。また、LP ガス関係の資格においては、プロパン、ブタンの上限界、下限界の数値は記憶するとよい。

イ．(○)アセチレン(C_2H_2)は爆発範囲の特に広いガスであり、下限界は低く(2.5 vol%)、かつ、酸素(支燃性ガス)がなくても爆発(分解爆発) する性質があるので上限界は 100 vol% である。水素(H_2)も爆発範囲(4.0～75 vol%)の広いガスで取扱いに注意が必要であるが、アセチレンほど爆発範囲は広くはない。

ロ．（×）メタン（CH_4）の爆発範囲（5.0〜15 vol%）に比べて同じアルカンの炭素数の多いブタン（C_4H_{10}）は爆発範囲が狭くなる（1.8〜8.4 vol%）。しかし、下限界は低くなるので注意が必要である。プロパンも同様である。

ハ．（○）記述のガスは、空気中のプロパン濃度が5 vol%であるので、爆発範囲（2.1〜9.5 vol%）内に入っている。

ニ．（○）ハの説明の爆発範囲のとおり、下限界は2.1 vol%である。

答　イ、ハ、ニ

例題 4.21 爆発範囲に関係する濃度計算

標準状態において、ガス状のプロパン1 kgが体積50 m^{3}の密閉された空間に空気と均一に混合しているときのプロパンの濃度は、プロパンの燃焼範囲内にあるかどうか判別せよ。

（H 20-1 二販検定類似）

解説　この例題のように「爆発範囲（燃焼範囲）内かどうか」を判定するには、そのガスの爆発範囲を知っていなければ答は出せない。LPガス関係の資格の場合は対象ガスが限られているので、少なくともプロパンとブタンの値は記憶しておくとよい。保安上重要な値であるからである。

すなわち、常温、大気圧下で空気との混合ガスの場合、プロパン、ブタンの爆発範囲（燃焼範囲）は次のとおりである。

プロパン　2.1〜9.5 vol %

ブタン　　1.8〜8.4 vol %

設問は、50 m^{3}中のプロパン1 kgの体積%（vol %）が2.1〜9.5 vol %の範囲内にあるかどうかを問うている。

プロパン1 kgの標準状態の体積 V は、molになおしてモル体積をかけると得られる。

$$V = \frac{1\,\mathrm{kg}}{44 \times 10^{-3}\,\mathrm{kg/mol}} \times 22.4 \times 10^{-3}\,\mathrm{m^3/mol} = 0.509\,\mathrm{m^3} \quad \cdots\cdots\cdots\cdots ①$$

全体の体積が50 m^{3}であるから、プロパンの濃度（vol %）は

$$\text{プロパンの濃度 (vol \%)} = \frac{\text{成分の体積}}{\text{全体の体積}} \times 100 = \frac{0.509\,\mathrm{m^3}}{50\,\mathrm{m^3}} \times 100 = 1.02\,\mathrm{vol\ \%}$$

この値は燃焼範囲（2.1〜9.5 vol %）の外である。

別解 上限界と下限界の濃度のとき、50 m³ 中のプロパンの質量を算出して 1 kg が燃焼範囲内かどうか比較する。

$$上限界の質量 = \frac{50\ \mathrm{m^3} \times 0.095}{22.4 \times 10^{-3}\ \mathrm{m^3/mol}} \times 44 \times 10^{-3}\ \mathrm{kg/mol} = 9.33\ \mathrm{kg}$$

$$下限界の質量 = \frac{50\ \mathrm{m^3} \times 0.021}{22.4 \times 10^{-3}\ \mathrm{m^3/mol}} \times 44 \times 10^{-3}\ \mathrm{kg/mol} = 2.06\ \mathrm{kg}$$

したがって、プロパン 1 kg は 2.06～9.33 kg の範囲外なので、燃焼範囲の外であることがわかる。

答　燃焼範囲外である

例題 4.22 ダイリュートガスの発熱量から希釈空気量の計算

標準状態において、発熱量が 120 MJ/m³ の LP ガス 3 m³ に空気を混合したところ、発熱量が 36 MJ/m³ の混合ガスとなった。このとき混合した空気は何 m³ か。

（過去特定）

解説 この種のガスの希釈に関係する問題は、希釈操作前後で等しいものを探し、それをイコール（=）で結んで式をつくり、それを解くとよい。この場合は、希釈前の全発熱量と希釈後の全発熱量が等しいことに着目する。

LP ガス 3 m³ を希釈した空気量を x m³ とすると、希釈後の混合ガス（ダイリュートガス）の体積 $V_D = 3 + x\ (\mathrm{m^3})$ である。単に体積当たりの発熱量に体積をかけたものが全発熱量であるから、希釈前後で次の等式が書ける。

$$\underbrace{120\ \mathrm{MJ/m^3} \times 3\ \mathrm{m^3}}_{希釈前} = \underbrace{36\ \mathrm{MJ/m^3} \times (3 + x)\ \mathrm{m^3}}_{希釈後}$$

したがって

$$(3 + x) = \frac{120\ \mathrm{MJ/m^3} \times 3\ \mathrm{m^3}}{36\ \mathrm{MJ/m^3}} = 10\ \mathrm{m^3}$$

$$\therefore\ x = (10 - 3)\ \mathrm{m^3} = 7\ \mathrm{m^3}$$

混合後	体積	混合前
36 MJ/m³	空気 x m³	
	LP ガス 3 m³	120 MJ/m³

別解 120 MJ/m³ が希釈により 36 MJ/m³ になったのであるから、もとの LP ガスが

$$\frac{120\ \mathrm{MJ/m^3}}{36\ \mathrm{MJ/m^3}} = \frac{10}{3}\ (倍)\ (= 3.333\ 倍)$$

に希釈されたことになる。すなわち、もとのガス1 m³ に対して $\frac{10}{3}$ m³ の混合ガスができたので、もとのガス1 m³ 当たりの希釈用の空気は $\frac{10}{3} - 1 = \frac{7}{3}$ m³ であることがわかる。

したがって、もとのLPガスが3 m³ であるので

$$希釈用の空気量 = \frac{7}{3}\ \mathrm{m^3/m^3} \times 3\ \mathrm{m^3} = 7\ \mathrm{m^3}$$

答 7 m³

演習問題 4.10

次の記述のうち正しいものはどれか。

イ．標準状態において、ガス状のブタン1 m³ を完全燃焼させるために必要な理論空気量はおよそ31 m³ である。　（H 29 設備士国家試験類似）

ロ．一般の燃焼器具でLPガスを完全に燃焼させるためには、理論空気量に加えてさらに過剰の空気を必要とする。　（H 24-1 特定類似）

ハ．標準状態において、プロパン1 m³ を完全燃焼させるために必要な理論空気量はおよそ12 m³ である。　（H 30-2 二販検定類似）

ニ．メタン1 mol が完全燃焼するための理論空気量はおよそ9.5 mol である。

演習問題 4.11

プロパン90 mol %、ブタン10 mol %の混合ガス2 mol を完全燃焼させたときに必要な理論空気量は何 mol か。空気中の酸素濃度は21 vol %とする。　（R 1-3 設備士検定類似）

演習問題 4.12

プロパン22 g、ブタン29 g の混合ガスを完全燃焼させるために必要な理論空気量は何 mol か。ただし、空気中の酸素の含有量は21 vol %とする。　（H 27-2 二販検定類似）

演習問題 4.13

プロパン60 mol %、ブタン40 mol %の混合ガス1 mol を完全燃焼させるのに必要な理論空気量は、標準大気圧（0.1013 MPa）、25 ℃のもとで何 L となるか。ただし、空気を理想気体とし、空気中の酸素含有量を21 vol %とする。　（H 25 二販国家試験類似）

演習問題 4.14

プロパン80 mol %、ブタン20 mol %の混合ガス2 m³ を完全燃焼させるために必要な空気量はおよそ何 m³ か。ただし、燃焼には理論空気量の40 %の過剰空気を必要とするもの

とする。

演習問題 4.15

LPガスの消費量が53 kWの給湯器を全負荷で30分使用した。このとき消費したLPガスは何kgになるか。LPガスの発熱量を50 MJ/kgとする。　(R 1 二販国家試験類似)

演習問題 4.16

水温12℃の水300 kgを浴槽に入れ、LPガスを燃料としたふろがまで加熱し42℃のお湯とした。ふろがまのLPガスの消費量を2.5 kg/h、ふろがまの熱効率を80 %、LPガスの発熱量を50 MJ/kg、水の比熱を4.2 kJ/(kg･℃)として加熱した時間は何分か。計算により求めよ。

演習問題 4.17

標準大気圧、20℃において、LPガス1 molを完全燃焼させたときの総発熱量は何MJか。標準大気圧、20℃におけるLPガス1 m^3を完全燃焼させたときの総発熱量を100 MJとし、計算により求めよ。ただし、このLPガスは、アボガドロの法則およびボイル-シャルルの法則に従うものとする。　(H 22-1 二販検定類似)

演習問題 4.18

プロパン7 kg、ブタン3 kgの混合ガスを完全燃焼させたときの発熱量は何MJか。ただし、完全燃焼時の発熱量をプロパン2219 kJ/mol、ブタン2878 kJ/molとする。

(H 27-1 二販検定類似)

演習問題 4.19

プロパン70 mol %、ブタン30 mol %からなる混合ガス2 molを完全燃焼させると、その発熱量は何kJになるか。ただし、プロパンおよびブタンの1 mol当たりの発熱量は、2219 kJおよび2878 kJとする。　(H 28-4 設備士検定類似)

演習問題 4.20

次の可燃性ガスについて、爆発下限界(常温、大気圧、空気中)が高いものから低いものへ順に並べよ。

イ．アセチレン　　ロ．アンモニア　　ハ．一酸化炭素　　ニ．水素

(R 1 一販検定類似)

演習問題 4.21

20℃、大気圧下において、ガス状のブタン2.3 kgが体積30 m^3の密閉された部屋に空気と均一に混合している。この混合気体の濃度は、ブタンの爆発範囲内にあるかどうか判別せ

よ。

演習問題 4.22

標準状態において、発熱量が 128 MJ/m^3 の LP ガス 1 m^3 に空気を混合したところ、発熱量が 40 MJ/m^3 の混合ガスができた。このとき混合した空気は何 m^3 か。（過去特定）

第5章

LPガス供給設備および消費設備関連の計算

本章の容器の設置本数の計算は、二販、設備士に出題されており、圧力損失および配管の寸法取りの計算は設備士によく出題されている。

配管の寸法取りを除いて、高圧ガス保安協会基準（KHKS）である「LPガス設備設置基準及び取扱要領（KHKS 0738（2019））」（以下「KHKS 0738」という）を基本に解説する。

5・1 容器の設置本数の計算 二設

(1) 最大ガス消費量

戸別住宅や集合住宅などの燃焼設備に自然気化方式によりLPガスを供給するとき、適正な容器本数を何本にするかということは、設備の設計上重要なことである。

容器などの貯蔵設備は、法令によって一般消費者等のLPガスの最大消費数量に適応する数量を供給しうるものであることが要求されているので、対象の燃焼設備群が消費するであろう最大のガス消費量(**最大ガス消費量**)を算出し、それに見合う供給側の能力を設計する必要がある。

最大ガス消費量の算定方法は次のように供給方式によって異なる。

(a) 戸別供給方式

この場合は、設置するすべての燃焼器具のガス消費量の合計値とする。すなわち

最大ガス消費量(戸別)＝すべての燃焼器具のガス消費量(kW)の合計 ……(5.1 a)

式で表すと、戸別住宅にあるA、B、C…の燃焼器具のガス消費量(kW)をそれぞれS_A、S_B、S_C…として、**最大ガス消費量(戸別)** Q_S(kW)は

$$Q_S = (S_A + S_B + S_C + \cdots)\ (\mathrm{kW}) \quad \cdots\cdots (5.1\ \mathrm{b})$$

となる。S_A、S_B、S_C…はカタログなどに表示されている値を用いるが、詳細がわからない場合はKHKS 0738にある参考値より算出する。

また、燃焼器具数が多く、自動切替装置が設置された2系列供給の場合は、同時使用率(70～100 %)を考慮できるとされている。

(b) 集団供給方式

年間の最大需要日における1戸当たり1日の**平均ガス消費量**(kW)を推定し、それに戸数別の**最大ガス消費率**を用いて求める。最大ガス消費率は、消費者戸数による同時使用率を考慮したもので、KHKS 0738にある次頁の図により求められるが、計算問題では数値が与えられることが多い。なお、4戸までの最大ガス消費率は100 %である。

最大ガス消費量(集団)	＝	消費者戸数	×	年間の最大需要日の1戸の1日当たりの平均ガス消費量(kW)	×	最大ガス消費率	……(5.2 a)

式で表すと、最大ガス消費量(集団)(kW)をQ_G、年間の最大需要日における1戸当たり1日の平均ガス消費量(kW)をq_A、最大ガス消費率をKおよび消費者戸数をC(戸)とすると

$$Q_G = C \times q_A \times K\ (\mathrm{kW}) \quad \cdots\cdots (5.2\ \mathrm{b})$$

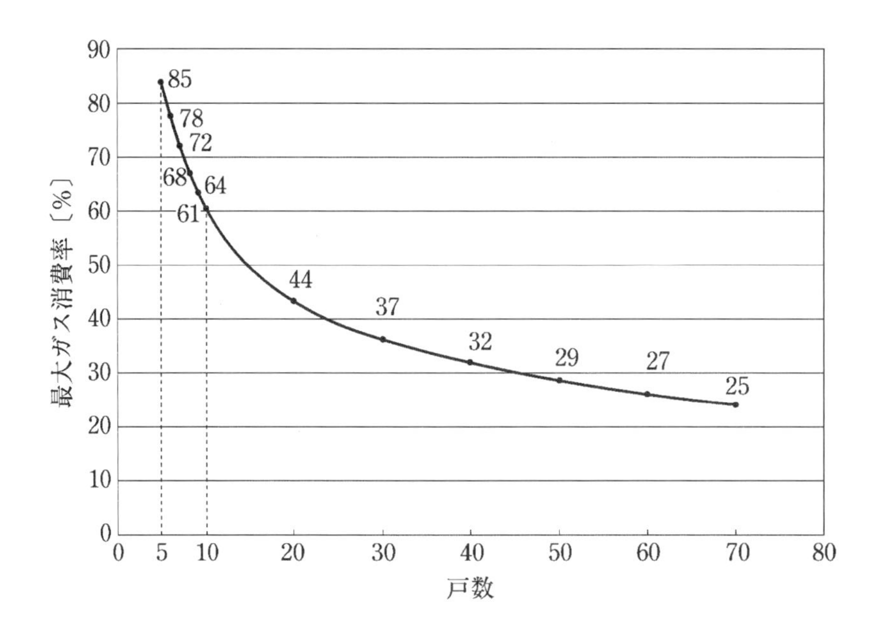

（注 1）戸数 4 戸までの「最大ガス消費率」は、100 %とする。
（注 2）計算で最大ガス消費率を求める場合は、次式による。

$K = 178 \times C^{-0.4628}$

K：最大ガス消費率

C：戸数

ピーク時における戸数に対する「最大ガス消費率」の変化
（KHKS 0738 より）

⒞ その他の供給方式

このほかに業務用供給方式があるが、対象の施設、態様によって異なるのでここでは省略する。

⑵ 容器の標準ガス発生能力

強制気化方式の場合には、容器の気化能力とは無関係に気化装置の能力でガス発生能力が決まるので、ここでは省略する。

容器による自然気化方式の場合の容器（1 本）のガス発生能力は、ガスの種類、容器の種類、気温などで異なるので、KHKS 0738 に示される値を参考にして求める。計算問題では、容器 1 本当たりの発生能力（kg/（h·本））が与えられることが多い。

⑶ 自然気化方式による容器の設置本数

最大ガス消費量（kW）、またはそれに適切な係数をかけたガス消費量（kW）が十分供給できる容器のガス発生能力を確保する。すなわち、消費側のガス消費量（kW）よりも大きい供給側の能力を確保できる本数を決めることになる。

(a) 戸別供給方式

容器のガス発生能力の合計がその一般消費者等の最大ガス消費量(戸別)以上になるよう、容器の種類および本数を決定する。

計算式は

$$\text{容器設置本数(本)} = \frac{\text{最大ガス消費量(戸別)(kW)}}{\text{容器の標準ガス発生能力(kg/(h・本))}\times 14} \quad \cdots\cdots (5.3) ※$$

この計算は割り算なので、設置本数は通常小数点のついた数がでてくるが、小数点以下は切り上げて、もとの数値より大きな整数(1、2、3…)をその本数とする。小数点以下を切り下げてはならない。

自動切替式調整器を使用する場合は、原則として、設置本数は予備側を考慮して計算値の2倍とする。

※

式(5.3)の中の「14」には単位が付されていないが、LPガス1 kg/hの発生量に相当する単位時間当たりの発熱量(kW)に相当する数値である。すなわち、14 kW/(kg/h)の意味と理解するとよい。

LPガスの発熱量はおよそ50 MJ/kgであるから、1 kg/hの熱量をkWになおすと

$$1\,\text{kg/h} \times 50 \times 10^3\,\text{kJ/kg} \times \frac{1}{3600\,\text{s/h}} = 13.9\,\text{kJ/s} \fallingdotseq 14\,\text{kW}$$

(b) 集団供給方式

原則として、2系列供給方式について、設置本数は予備側を考慮して計算値の2倍とする。

①小規模集団供給方式(2戸～10戸)

1系列の場合、最大ガス消費量(集団)の1.1倍以上になる本数を設置するのが原則である。1.1倍とする理由は、ガス消費量の増加などによるガス切れに対する安全率を考慮したものである。

$$\text{容器設置本数(本)} = \frac{\text{最大ガス消費量(集団)(kW)}\times 1.1}{\text{容器の標準ガス発生能力(kg/(h・本))}\times 14} \quad \cdots\cdots (5.4\,\text{a})$$

2系列の場合、最大ガス消費量(集団)の70 %の1.1倍以上になる本数を設置する。(「70 %または0.7」は集団供給方式における**平均ガス消費率**を表す。)

片側の本数の計算式は

$$\text{容器設置本数(片側:本)} = \frac{\text{最大ガス消費量(集団)(kW)}\times 0.7\times 1.1}{\text{容器の標準ガス発生能力(kg/(h・本))}\times 14} \quad \cdots\cdots (5.4\,\text{b})$$

小数点以下の切り上げについては戸別供給方式と同じである。また、計算結果を2倍(2系列分)することを忘れないこと。

②中規模集団供給方式（11戸～69戸）

原則として2系列供給方式を採用し、最大ガス消費量（集団）の70％の1.1倍以上になる本数を設置する（小数点以下の切り上げも含めて小規模集団2系列方式に同じ）。

$$容器設置本数（片側：本）=\frac{最大ガス消費量（集団）(kW)\times 0.7\times 1.1}{容器の標準ガス発生能力(kg/(h\cdot本))\times 14} \quad \cdots\cdots (5.4\,c)$$

(c) その他の方式

業務用集団供給方式および強制気化方式については、本書では省略する。

例題 5.1 戸別供給の最大ガス消費量（kW）および質量流量の計算

次の燃焼器を設置する戸別供給方式（家庭用）の住宅がある。この住宅に設置される燃焼器からLPガスの最大ガス消費量（kW）を求め、この消費量をLPガスの質量流量（kg/h）に換算せよ。

ただし、LPガスの発熱量を50 MJ/kgとする。

燃焼器の種類		設置台数	燃焼器のガス消費量
20号給湯器	給湯機能	1台	43.6 kW
	追い焚き機能		11.6 kW
グリル付テーブルコンロ		1台	8.4 kW
ガスファンヒータ		1台	3.5 kW

（過去二販検定）

解説 燃焼器の能力（ガス消費量）から、戸別供給方式における最大ガス消費量（kW）を求め、それをLPガスの質量流量に換算する。

戸別供給方式では、式（5.1 a）、（5.1 b）のとおり供給先にある燃焼器のガス消費量の合計が最大ガス消費量（戸別）Q_Sである。したがって

$$Q_S = (43.6 + 11.6 + 8.4 + 3.5)\,\mathrm{kW} = 67.1\,\mathrm{kW}$$

ここでLPガスの発熱量は50 MJ/kgとして与えられているので、1 kg/hが何kWになるかを計算する。1秒間（s）当たりの発生熱量を計算するとよいので

$$1\,\mathrm{kg/h} \times 50 \times 10^3\,\mathrm{kJ/kg} \times \frac{1}{3600\,\mathrm{s/h}} = 13.9\,\mathrm{kJ/s} \fallingdotseq 14\,\mathrm{kW}$$

したがって、1 kg/hが14 kWに相当するので、67.1 kWに相当する質量流量をQ（kg/h）とすると、次の比例式が成り立つ。

$$1\,\mathrm{kg/h} : Q\,\mathrm{kg/h} = 14\,\mathrm{kW} : 67.1\,\mathrm{kW}$$

このような比例式は、外項（がいこう）の積と内項（ないこう）の積が等しいことから（付録の比例式を参照）

$$1 \times 67.1 = Q \times 14$$

$$\therefore \quad Q = \frac{67.1}{14}\,(\mathrm{kg/h}) = 4.79\ \mathrm{kg/h} \fallingdotseq 4.8\ \mathrm{kg/h}$$

なお、「1 kg/h = 14 kW」を記憶していると計算は速い。

別解（質量流量について）

1時間当たりの質量流量を Q (kg/h) とすると、1秒間 (s) の熱量について次の方程式ができる。

$$Q\ (\mathrm{kg/h}) \times 50 \times 10^3\ \mathrm{kJ/kg} \times \frac{1}{3600\ \mathrm{s/h}} = 67.1\ \mathrm{kJ/s}$$

$$\therefore \quad Q = \frac{67.1\ \mathrm{kJ/s} \times 3600\ \mathrm{s/h}}{50 \times 10^3\ \mathrm{kJ/kg}} = 4.8\ \mathrm{kg/h}$$

答　67.1 kW、4.8 kg/h

例題 5.2　最大ガス消費率を求めて最大ガス消費量を計算する

戸数20戸の中規模集団供給において、年間の最大需要日における1戸当たり1日の平均ガス消費量を28.0 kWとしたとき、最大ガス消費量（集団）(Q_G) を次の図を用いて求めよ。

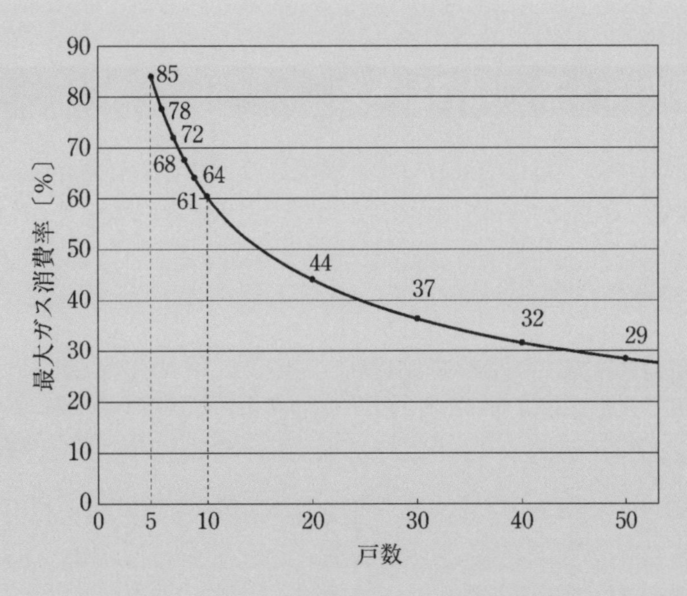

ピーク時における戸数に対する「最大ガス消費率」

解説　図を用いて最大ガス消費率を求め、式(5.2 a)、(5.2 b)から最大ガス消費量(集団)(Q_G)を計算する。

戸数20戸における最大ガス消費率は、図の要領で44 %の値を読みとる。

最大ガス消費量(集団)Q_Gは、式(5.2 a)を簡略表現した次の式のとおりである。

最大ガス消費量(集団)Q_G ＝戸数×平均ガス消費量×最大ガス消費率 ……………………… ①

ここで

戸数＝20戸

平均ガス消費量＝28.0 kW

最大ガス消費率＝44 %

＝0.44

式①に代入すると

Q_G ＝20戸×28.0 kW/戸×0.44＝246.4 kW

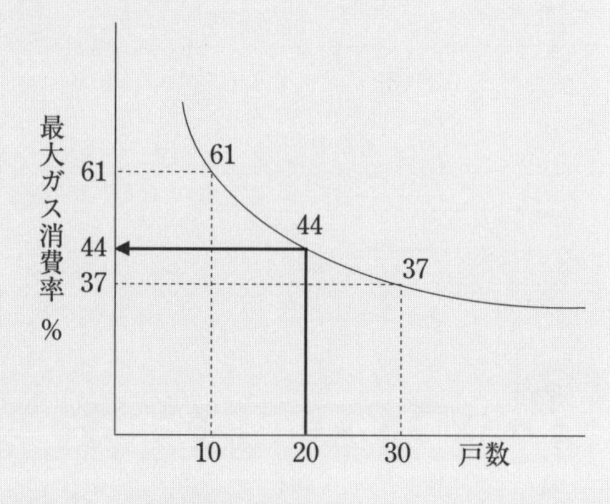

答　246.4 kW

例題 5.3　戸別供給1系列の容器本数

自然気化方式による戸建住宅において、燃焼器の合計ガス消費量を59.7 kW、容器の標準ガス発生能力を4.4 kg/(h･本)とした場合、予備容器を接続しない場合の標準設置本数は何本か。ただし、LPガス1 kg/hは14 kWとする。　　(過去二販検定)

解説　戸別供給方式の最大ガス消費量(戸別)は、その住宅にあるすべての燃焼器のガス消費量の合計であるので、設問にある「燃焼器の合計消費量59.7 kW」がそれに相当する。

すなわち

最大ガス消費量(戸別)＝59.7 kW

容器の標準ガス発生能力＝4.4 kg/(h･本)

1 kg/hは14 kWなので式(5.3)がそのまま適用できる。数値を代入して容器設置本数を求める。

$$容器設置本数(本)=\frac{最大ガス消費量(戸別)(\mathrm{kW})}{容器の標準ガス発生能力(\mathrm{kg/(h\cdot 本)})\times 14}$$

$$= \frac{59.7\,\mathrm{kW}}{4.4\,\mathrm{kg/(h\cdot 本)} \times 14}$$

$$= 0.97\,本 \quad \rightarrow \quad (切り上げて)\,1\,本$$

このように、計算値の小数点以下は必ず切り上げて整数とする。

題意は1系列における本数を求めているので、これが答となる。

自動切替式調整器を用いるような場合には、2系列になるので2倍することになる。

答　1本

例題 5.4 戸別供給2系列の容器本数

戸別供給方式に関し、自動切替式一体型調整器を用いた自然気化方式による供給設備において、最大ガス消費量を65.4 kW、50 kg型容器の標準ガス発生能力を2.4 kg/(h· 本)として計算した場合、50 kg型容器の標準容器設置本数は予備側の容器を含めて何本となるか。

(H 23-2 二販検定類似)

解説　戸別供給方式で最大ガス消費量が与えられているので、式(5.3)に当てはめると計算できる。

$$容器設置本数\,(本) = \frac{最大ガス消費量\,(戸別)\,(\mathrm{kW})}{容器の標準ガス発生能力\,(\mathrm{kg/(h\cdot 本)}) \times 14} \quad \cdots\cdots ①$$

ここで

最大ガス消費量(戸別) = 65.4 kW

容器の標準ガス発生能力 = 2.4 kg/(h·本)

(LP ガス 1 kg/h = 14 kW：これは設問の中で与えられていないが、計算式に添って計算する。)

したがって、式①は

$$容器設置本数\,(本) = \frac{65.4\,\mathrm{kW}}{2.4\,\mathrm{kg/(h\cdot 本)} \times 14} = 1.95\,(本) \rightarrow (切り上げて)\,2\,本$$

2系列(予備側)あるので2倍して

全容器設置本数 = 2本 × 2 = 4本

答　4本

例題 5.5 最大ガス消費量を求めて戸別供給容器本数を計算する

下記の条件で、戸別供給方式の家庭用 LP ガス設備を計画する場合、標準容器設置本数は何本になるか計算により求めよ。

（条件）

① LP ガスの発熱量　50 MJ/kg

② 自然気化方式で 50 kg 型容器を使用する。

③ 50 kg 型容器の標準ガス発生能力　3.2 kg/(h・本)

④ 自動切替式調整器を使用し、同本数の 2 系列とする。

⑤ 設置する燃焼器の種類

燃焼器の種類		燃焼器のガス消費量
24 号給湯器	給湯機能	52.3 kW
	追い焚き機能	11.6 kW
グリル付テーブルコンロ		8.4 kW
ガス炊飯器		2.3 kW
ガスファンヒータ		3.5 kW

（過去二販検定）

解説　最大ガス消費量は与えられていないので計算により求める。

戸別供給方式の場合は、設置するすべての燃焼器のガス消費量（kW）の合計値が最大ガス消費量（戸別）(Q_S) となる。

したがって

$$Q_S = (52.3 + 11.6 + 8.4 + 2.3 + 3.5)\,\text{kW} = 78.1\,\text{kW}$$

LP ガスの発熱量が 50 MJ/kg として与えられているので、LP ガス 1 kg/h に相当する kW を念のため計算すると

$$\frac{50 \times 10^3\,\text{kJ/kg} \times 1\,\text{kg/h}}{3600\,\text{s/h}} = 13.9\,\text{kJ/s} \fallingdotseq 14\,\text{kW}$$

したがって、式(5.3)は、そのまま使えることが確かめられた。

容器の標準ガス発生能力は 3.2 kg/(h・本) であるから、これらを式(5.3)に代入すると

$$1\text{系列の容器設置本数} = \frac{78.1\,\text{kW}}{3.2\,\text{kg/(h・本)} \times 14}$$
$$= 1.74\,\text{本} \rightarrow (\text{切り上げて})\,2\,\text{本}$$

2 系列では　2 本 × 2 = 4 本

答　4 本

例題 5.6 集団供給方式の容器設置本数—1

次の条件で集団供給方式の設備にLPガスを供給する場合、容器の標準設置本数を求めよ。

（設置条件）

① 消費者戸数を40戸とする。

② 1戸・1日当たりの平均ガス消費量を18.7 kWとする。

③ 最大ガス消費率を32％とする。

④ 平均ガス消費率を0.7とする。

⑤ 最大ガス消費量の安全率を1.1倍とする。

⑥ 自然気化方式を採用し、50 kg型容器を同本数で2系列に設置する。

⑦ 自動切替式調整器を設置する。

⑧ 50 kg型容器の標準ガス発生能力を2.2 kg/(h・本)とする。

（H 29-2 二販検定類似）

解説

消費者集団40戸の中規模集団供給方式に関係する問題である。

最大ガス消費量は次の式(5.2 a)により計算する。

$$\text{最大ガス消費量(集団)} = \text{戸数} \times \left[\begin{array}{l}\text{最大需要日の1戸の}\\ \text{平均ガス消費量(kW)}\end{array}\right] \times \text{最大ガス消費率} \quad \cdots\cdots ①$$

容器の設置本数は、式(5.4 c)を用いて

$$\text{容器設置本数(片側：本)} = \frac{\text{最大ガス消費量(集団)(kW)} \times 0.7 \times 1.1}{\text{容器の標準ガス発生能力(kg/(h・本))} \times 14} \quad \cdots\cdots ②$$

(1) 最大ガス消費量(kW)

題意により、次の値を式①に代入する。

消費者集団戸数　＝40戸

1戸当たりの1日の平均ガス消費量＝18.7 kW

ピーク時の最大ガス消費率　＝0.32

∴　最大ガス消費量(集団) = 40戸× 18.7 kW/戸× 0.32 = 239.4 kW

(2) 容器の設置本数

次の値を式②に代入して計算する。

平均ガス消費率 = 0.7

容器の標準ガス発生能力 = 2.2 kg/(h・本)

全容器の発生能力 = 最大ガス消費量の 1.1 倍

$$\therefore \quad 容器設置本数(片側：本)\ \frac{239.4\ \mathrm{kW} \times 0.7 \times 1.1}{2.2\ \mathrm{kg/(h\cdot 本)} \times 14}$$

$$= 5.99 \rightarrow (切り上げて)\ 6 本$$

2 系列であるから

容器設置本数(両側：本) = 6 本 × 2 = 12 本

答　12 本

例題 5.7 集団供給方式の容器設置本数—2

LP ガスの自然気化方式による集団供給設備を下記の条件により設計する場合、必要となる 50 kg 型容器の最少の設置本数は何本になるか。

(設計条件)

① 消費者戸数　20 戸
② 1 戸当たり 1 日の平均ガス消費量　23.3 kW
③ ピーク時の最大ガス消費率　44 %
④ 平均ガス消費率　0.7
⑤ 50 kg 型容器の 1 本当たりの標準ガス発生能力(蒸発量)　2.4 kg/h
⑥ 全容器の発生能力は最大ガス消費量の 1.1 倍とする。
⑦ 自動切替式調整器を使用する 2 系列方式とし、各系列の本数は同本数とする。
⑧ LP ガスの消費量 1 kg/h は 14 kW とする。　(H 30 設備士国家試験類似)

解説　前例題と同様の手順で解くことができるが、ここでは式(5.2 a)と(5.4 c)を 1 本の式にまとめて計算する。

式(5.4 c)の最大ガス消費量(集団)の項に直接式(5.2 a)を代入すると

$$容器設置本数(片側：本) = \frac{(戸数 \times 平均ガス消費量 \times 最大ガス消費率) \times 0.7 \times 1.1}{容器の標準ガス発生能力 \times 14} \quad \cdots\cdots ①$$

設問の数値をそのまま式①に代入すると

$$容器設置本数(片側：本) = \frac{(20 戸 \times 23.3\mathrm{kW}/戸 \times 0.44) \times 0.7 \times 1.1}{2.4\ \mathrm{kg/(h\cdot 本)} \times 14} = 4.7 本 \rightarrow 5 本$$

2 系列であるので

容器設置本数(両側：本)＝5本×2＝10本

答 10本

演習問題 5.1

戸別供給方式において、次表に示す燃焼器が設置されている。この消費者宅の最大ガス消費量(kW)を求めよ。

燃焼器具		設置台数	燃焼器のガス消費量(kW)
グリル付テーブルコンロ		1台	9.7
ガスエアコン		1台	6.4
ふろがま	主機能	1台	17.9
	追い焚き機能		9.8

演習問題 5.2

次の条件で集団供給方式により集合住宅にLPガスを供給する場合、最大ガス消費量Q_G(kW)はおよそいくらになるか。添付図を用いて計算せよ。

①消費者戸数　50戸　　　②1戸・1日当たりの平均ガス消費量　18.7 kW

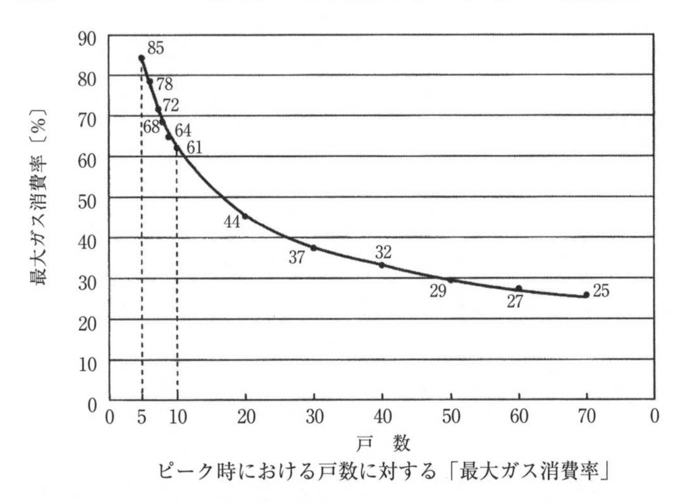

ピーク時における戸数に対する「最大ガス消費率」

(30-2二販検定類似)

演習問題 5.3

戸別供給方式において、住宅の燃焼器の合計ガス消費量が56.2 kW、容器の標準ガス発生能力を3.2 kg/(h·本)とすると、予備容器を接続しない場合の標準設置本数は何本になるか。ただし、LPガス1 kg/hは14 kWとする。

演習問題 5.4

自然気化による戸別供給方式において、最大ガス消費量（戸別）が 77.0 kW、50 kg 容器の標準ガス発生能力を 3.20 kg/（h･本）とすると、自動切替式調整器を用いて予備容器も接続する場合、標準容器設置本数は何本になるか。

演習問題 5.5

LP ガスの自然気化方式による小規模集団供給設備を下記の条件により設計する場合、必要となる 50 kg 型容器の最少の設置本数は何本になるか。

（設計条件）

① 消費者戸数　8 戸

② 1 戸当たり 1 日の平均ガス消費量　28 kW

③ ピーク時の最大ガス消費率　68 %

④ 平均ガス消費率　0.7

⑤ 50 kg 型容器の 1 本当たりの標準ガス発生能力（蒸発量）　3.6 kg/（h･本）

⑥ 全容器の発生能力は最大ガス消費量の 1.1 倍とする。

⑦ 自動切替式調整器を使用する 2 系列供給方式とし、各系列の容器数は同じものとする。

⑧ LP ガスの消費量 1 kg/h は 14 kW とする。　（H 29 設備士国家試験類似）

演習問題 5.6

次の条件で集団供給方式の設備に LP ガスを供給する場合、50 kg 型容器の標準設置本数を求めよ。

（条件）

① 消費者戸数　30 戸

② 1 戸当たりの 1 日の平均ガス消費量　23.3 kW

③ 自然気化方式を採用し、50 kg 型容器を同本数で 2 系列に設置

④ 調整器は自動切替式調整器を設置

⑤ 50 kg 型容器の標準ガス発生能力　2.2 kg/（h･本）（外気温 0 ℃、ピーク時間　4 時間）

⑥ 平均ガス消費率を 0.7 とする。

⑦ 最大ガス消費量の安全率を 1.1 とする。

⑧ 最大ガス消費率は図のとおりとする。

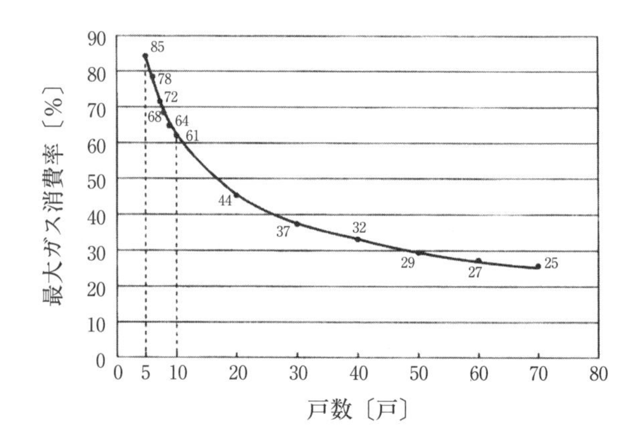

（R 1-1 二販検定類似）

演習問題 5.7

LP ガスの自然気化方式による集団供給設備を下記の条件により設計する場合、必要とする 50 kg 型容器の最少の設置本数は何本になるか。計算により求めよ。

（設計条件）

① 消費者戸数	50 戸
② 1 戸当たり 1 日の平均ガス消費量	32.0 kW
③ ピーク時の最大ガス消費率	29 %
④ 平均ガス消費率	0.7
⑤ 50 kg 型容器の 1 本当たりの標準ガス発生能力（蒸発量）	2.5 kg/h

⑥ 全容器の発生能力は最大ガス消費量の 1.1 倍とする。

⑦ 自動切替式調整器を使用する 2 系列供給方式とし、各系列の容器本数は同本数とする。

⑧ LP ガスの消費量 1 kg/h は 14 kW とする。

（H 23 設備士国家試験類似）

5･2 低圧配管の圧力損失の計算 設

調整器以降の LP ガス低圧配管の長さ、管径などを決定する際、その配管系の圧力損失（圧損）の値は重要である。

すなわち、調整器出口圧力（調整圧力）の下限値は 2.3 kPa（自動切替式一体型では 2.55 kPa）と決められているが、一方、燃焼器入口の圧力は 2.0 kPa 以上（上限は 3.3 kPa）の値が必要であるので、許容できる圧力損失が 0.3 kPa（自動切替式一体型では 0.55 kPa）の制限がある。

この圧力損失計算について、早見表を使った問題が「設備士」によく出題されている。

(1) 圧力損失の発生する箇所

一般に、LP ガスの低圧配管における圧力損失（圧力変化）は次のようなところで発生する。

① 管径、管長および流速などに関係して直管部全体

② 流れの抵抗になるバルブ、エルボ、ティー、ガス栓などの配管材料

③ ガスメータ

④ 重力に関係する立上がり（圧損増加）、立下がり（圧損減少）による影響

(2) 計算式を用いた直管部の圧損の計算

LP ガス低圧配管における直管部の体積流量と圧力損失などは、次の式（5.5 a）で関係づけられる（KHKS 0738）。

$$Q = K\sqrt{\frac{D^5 H}{9.8\,SL}} \quad \cdots\cdots (5.5\,\mathrm{a})$$

ここで　Q　：　ガスの流量（m^3/h）（最大ガス消費量）

D　：　管の内径（cm）

H　：　圧力損失（Pa）

S　：　ガス比重（空気＝1）

L　：　管の長さ（m）

K　：　定数

（実験により多数の提案値があるが、配管寸法が小さいときは米花氏の値がよく使われる。

$$K = \frac{0.837}{\sqrt{1 + \frac{4.35}{D}}}$$

）

この式を圧力損失（H）を求める形に変えると

$$H = \frac{9.8\,Q^2\,SL}{K^2\,D^5} \quad \cdots\cdots (5.5\,\mathrm{b})$$

これらの式を用いる計算はあまり出題されてはいないが、各数値が与えられれば計算ができることを理解しておく。

(3) 早見表を用いる直管部の圧損の計算

式（5.5 a）において、ガス比重 $S = 1.49$（15℃）および K ＝米花氏の定数を用いて、流量、管径、管長、圧損の関係を表にしたものが KHKS 0738 に掲載されており、これを用いた計算問題が出題されている（次頁の寸法早見表を参照）。

これは、管径（呼び径）とガス消費量（kW）から定まる表中の位置関係から、管長に相当する位置に記載の圧損を読みとる簡便な方法で、現場での応用性の高い圧損の計算方法である。

この表を用いて圧損を求める場合、特に注意することは

①「配管の長さ」には、バルブ、エルボなどの抵抗を管の長さに相当する「相当長さ」に換算して直管部の合計値に加え、その合計値が等しいか、または大きい表中の数値を選択する。

②ガス消費量（kW）は、予定された値と等しいか、または大きい表中の数値を選択する。

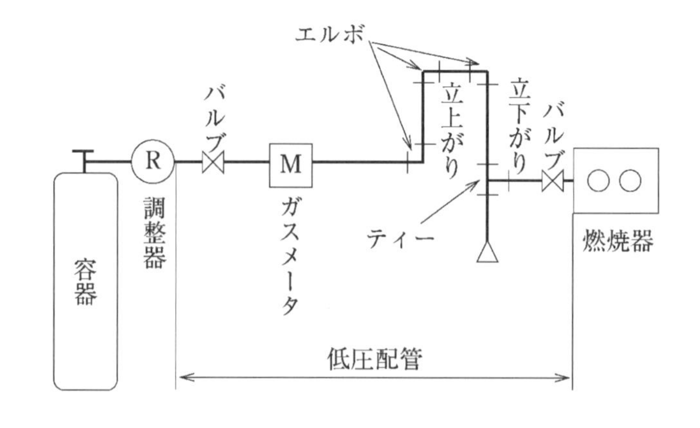

LP ガス低圧配管の例

LP ガス低圧配管の寸法早見表

配管の長さ〔m〕	配管中の圧力損失〔Pa〕																					
3	3.0	5.0	8.0	10.0	13.0	15.0	18.0	20.0	23.0	25.0	30.0	35.0	40.0	45.0	50.0	60.0	70.0	80.0	100.0	120.0	140.0	160.0
4	4.0	6.7	10.7	13.3	17.3	20.0	24.0	26.7	30.7	33.3	40.0	46.7	53.3	60.0	66.7	80.0	93.3	106.7	133.3	160.0	186.7	213.3
5	5.0	8.3	13.3	16.7	21.7	25.0	30.0	33.3	38.3	41.7	50.0	58.3	66.7	75.0	83.3	100.0	116.7	133.3	166.7	200.0	233.3	266.7
6	6.0	10.0	16.0	20.0	26.0	30.0	36.0	40.0	46.0	50.0	60.0	70.0	80.0	90.0	100.0	120.0	140.0	160.0	200.0	240.0	280.0	
7	7.0	11.7	18.7	23.3	30.3	35.0	42.0	46.7	53.7	58.3	70.0	81.7	93.3	105.0	116.7	140.0	163.3	186.7	233.3	280.0		
8	8.0	13.3	21.3	26.7	34.7	40.0	48.0	53.3	61.3	66.7	80.0	93.3	106.7	120.0	133.3	160.0	186.7	213.3	266.7			
9	9.0	15.0	24.0	30.0	39.0	45.0	54.0	60.0	69.0	75.0	90.0	105.0	120.0	135.0	150.0	180.0	210.0	240.0	300.0			
10	10.0	16.7	26.7	33.3	43.3	50.0	60.0	66.7	76.7	83.3	100.0	116.7	133.3	150.0	166.7	200.0	233.3	266.7				
12.5	12.5	20.8	33.3	41.7	54.2	62.5	75.0	83.3	95.8	104.2	125.0	145.8	166.7	187.5	208.3	250.0	291.7					
15	15.0	25.0	40.0	50.0	65.0	75.0	90.0	100.0	115.0	125.0	150.0	175.0	200.0	225.0	250.0	300.0						
17.5	17.5	29.2	46.7	58.3	75.8	87.5	105.0	116.7	134.2	145.8	175.0	204.2	233.3	262.5	291.7							
20	20.0	33.3	53.3	66.7	86.7	100.0	120.0	133.3	153.3	166.7	200.0	233.3	266.7	300.0								
22.5	22.5	37.5	60.0	75.0	97.5	112.5	135.0	150.0	172.5	187.5	225.0	262.5	300.0									
25	25.0	41.7	66.7	83.3	108.3	125.0	150.0	166.7	191.7	208.3	250.0	291.7										
27.5	27.5	45.8	73.3	91.7	119.2	137.5	165.0	183.3	210.8	229.2	275.0											
30	30.0	50.0	80.0	100.0	130.0	150.0	180.0	200.0	230.0	250.0	300.0											
呼び径 A(B)	ガス消費量〔kW〕																					
15(½)	10.1	13.0	16.4	18.4	20.9	22.5	24.6	26.0	27.9	29.0	31.8	34.4	36.7	39.0	41.1	45.0	48.6	52.0	58.1	63.6	68.7	73.5
20(¾)	23.2	30.0	38.0	42.4	48.4	52.0	56.9	60.0	64.4	67.1	73.5	79.4	84.9	90.0	94.9	104.0	112.3	120.0	134.2	147.0	158.8	169.8
25(1)	46.4	59.9	75.8	84.7	96.6	103.8	113.7	119.8	128.5	134.0	146.8	158.5	169.5	179.7	189.5	207.5	224.2	239.7	267.9	293.5	317.0	338.9
32(1¼)	95.2	122.8	155.4	173.7	198.1	212.8	233.1	245.7	263.5	274.7	300.9	325.0	347.5	368.5	388.5	425.6	459.7	491.4	549.4	601.8	650.0	694.9
40(1½)	145.3	187.5	237.2	265.2	302.4	324.8	355.8	375.0	402.2	419.3	459.3	496.1	530.4	562.6	593.0	649.6	701.6	750.1	838.6	918.6	992.2	1060.8

（KHK S 0738
「LP ガス設備設置基準及び取扱要領」より）

早見表にはいくつかの形があるが、ここでは、ガス消費量(kW)のものを使用するので、使い方は例題で習熟しておく。

なお、この関係の試験問題には、一般にこの早見表が添付されるが、本書の例題および演習問題には省略して添付していない。計算には本節に掲載している早見表を利用する。

例題 5.8 水平配管のみの圧力損失

LPガスの低圧配管において、呼び径20Aの配管を流れるLPガスの消費量が69.0kW、配管の長さが18mとした場合、配管中の圧力損失は何Paとなるか。「配管寸法早見表」を用いて求めよ。ただし、配管は水平な直管とし、継手、バルブなどの圧力損失はないものとする。 (H26設備士国家試験類似)

解説 「配管寸法早見表」中、題意から呼び径とガス消費量の位置を決め、配管の長さの位置との交点の圧力損失を読みとる。

20Aの水平な配管に69.0kWのLPガスが流れるのであるから、表の呼び径20Aの欄を右に見ていくと、ガス消費量が69.0kWに近い数値として67.1(kW)と73.5(kW)がある。圧力損失について安全側となる69.0(kW)より大きな73.5(kW)を選択する。次に、その上方の欄について、配管の長さ18mに近い17.5mと20mを認識する。圧力損失について安全側となる18mより大きな20mを採用する。

20Aの73.5kWと配管の長さ20mの交点の数値200.0(Pa)を読みとる。これが水平配管の圧力損失の数値となる。

LPガス低圧配管の寸法早見表

配管の長さ(m)	配管中の圧力損失(Pa)			
17.5	134.2	145.8	175.0	204.2
20	153.3	166.7	200.0	233.3
22.5	172.5	187.5	225.0	262.5
呼び径 A(B)	**ガス消費量(kW)**			
20 (3/4)	64.4	67.1	73.5	79.4

18mより大きい数値

69.0kWより大きな数値

答 200.0Pa

例題 5.9

燃焼器 1 個の低圧配管の圧力損失

次の条件で設計した下図の LP ガス低圧配管に LP ガスを全負荷で流した場合、A－B 間の圧力損失は何 Pa になるか。「配管寸法早見表」を用いて答えよ。

（条件）

① A－B 間は同一呼び径（20 A）の管と継手を使用する。
② マイコンメータの圧力損失は 150 Pa とする。
③ 配管の立上がり、立下がりによる圧力変動は、1 m 当たり 10 Pa とする。
④ 継手などによる圧力損失に相当する長さは次のとおりとする。
　(1) バルブ　　1 個あたり　　2.5 m
　(2) エルボ　　1 個当たり　　0.5 m
⑤ 給湯器の最大ガス消費量は 64.8 kW とする。

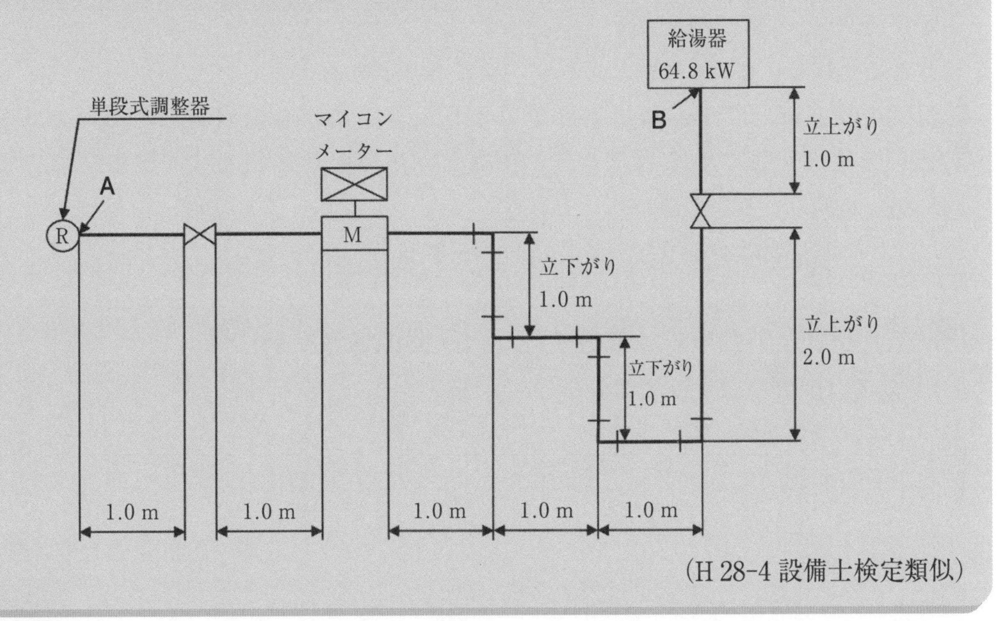

（H 28-4 設備士検定類似）

解説　典型的な LP ガス低圧配管の圧力損失（圧損）の計算例である。

配管の長さの計算にバルブなどの「相当管長さ」を加えること、および立上がり立下がりによる圧力変動（圧損の増減）が含まれている。

(1) 配管の長さの計算

図から単純に配管の長さを加え合わせると

(1＋1＋1＋1＋1＋1＋1＋2＋1)m＝10 m ………………………………… ①

設問でバルブや継手の「相当管長さ」（等価延長）を掲げているのは、バルブやエルボを配管に入れ込むと、それらがもつ抵抗が圧力損失になるので、計算上その 1 個の圧力損失に見合う配管の長さの相当分として指定している。すなわち、バルブ1個の圧力損失は20 Aの配管2.5 mの長さに相当するという意味である。

図から、バルブ2個、エルボ5個であるから、圧力損失に相当する管の長さは

2個× 2.5 m/ 個+ 5個× 0.5 m/ 個= 7.5 m ……………………………… ②

したがって、配管としての合計の長さは　①+②であるから

配管の長さ=(10 + 7.5)m = 17.5 m

(2) 配管の長さによる圧力損失 Δp_1

配管の長さ(m)	配管中の圧力損失(Pa)	
15	115.0	125.0
17.5	134.2	145.8
呼び径　A(B)	ガス消費量(kW)	
20 (3/4)	64.4	67.1

呼び径20 A、ガス消費量64.8 kWおよび配管の長さ17.5 mとして、「配管寸法早見表」を用いて表のように圧力損失Δp_1を求める。

呼び径20 Aの欄でガス消費量64.8 kWに直近でそれよりも大きな値である67.1 kWを選択し採用する。

配管の長さは、17.5 mに直近でそれより大きな値が必要であるが、表では丁度17.5 mがあるのでこれを選択し、この欄とガス消費量67.1 kWの欄の交点にある145.8 Paを読みとる。すなわち

配管等による圧力損失Δp_1 = 145.8 Pa

(3) 立上がり立下がりによる圧力変動(圧損の増減) Δp_2

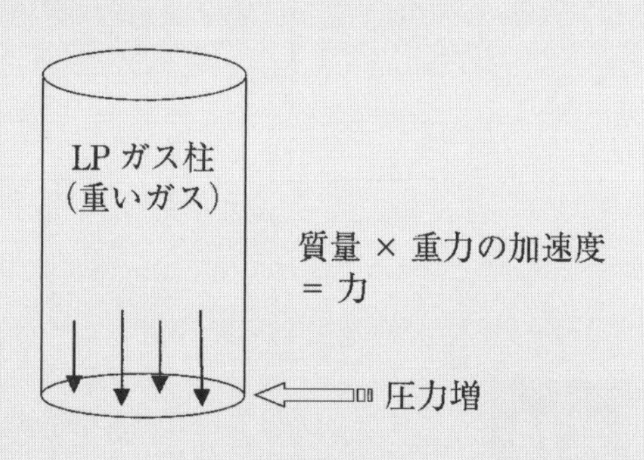

LPガスは配管の立下がりがあると、下部においては図のようにLPガス柱の重さによって圧力が増加する。すなわち、圧損はマイナスとなる。また、立上がりがあると、逆に圧力が下がり圧損は増加することになる。

設問中にある1 m当たり10 Paという意味はこれに該当する。

すなわち、1 m立上がれば圧損は10 Pa、逆に1 m立下がれば圧損は−10 Paである。

設問の図をみると、2 m下がって3 m上がっているので、差し引きは1 mの立上がりである。1 m当たり10 Paの圧力損失であるので

立上がりによる圧力損失Δp_2 = 1 m × 10 Pa/m = 10 Pa

なお、立下がりの場合はマイナスの値になることに注意する。

(4) マイコンメータの圧力損失 Δp_3

題意により、Δp_3 = 150 Pa

(5) A － B 間の圧力損失（合計）Δp

すべての圧力損失Δpはこれらの合計値であるから

$$\Delta p = \Delta p_1 + \Delta p_2 + \Delta p_3 = (145.8 + 10 + 150)\,\text{Pa} = 305.8\,\text{Pa}$$

答 305.8 Pa

例題 5.10 配管系の途中で流量が変化するときの圧力損失

下図のような LP ガス低圧配管に LP ガスを全負荷で流した場合、A － C 間の圧力損失は何 Pa になるか。「配管寸法早見表」を用いて答えよ。

（条件）

① A－C 間は同一呼び径（20 A）の配管と継手を使用する。

② マイコンメータの圧力損失は 150 Pa とする。

③ 配管の立上がり、立下がりによる圧力変動は 1 m 当たり 10 Pa とする。

④ 継手等による圧力損失に相当する管の長さは次のとおりとする。

(1) バルブ	1 個当たり	2.5 m
(2) エルボ	1 個当たり	0.5 m
(3) ティー（直線方向）	1 個当たり	0.0 m
(4) ティー（直角方向）	1 個当たり	0.5 m

⑤ 給湯器の最大ガス消費量は 32.0 kW とする。

⑥ コンロの最大ガス消費量は 10.4 kW とする。

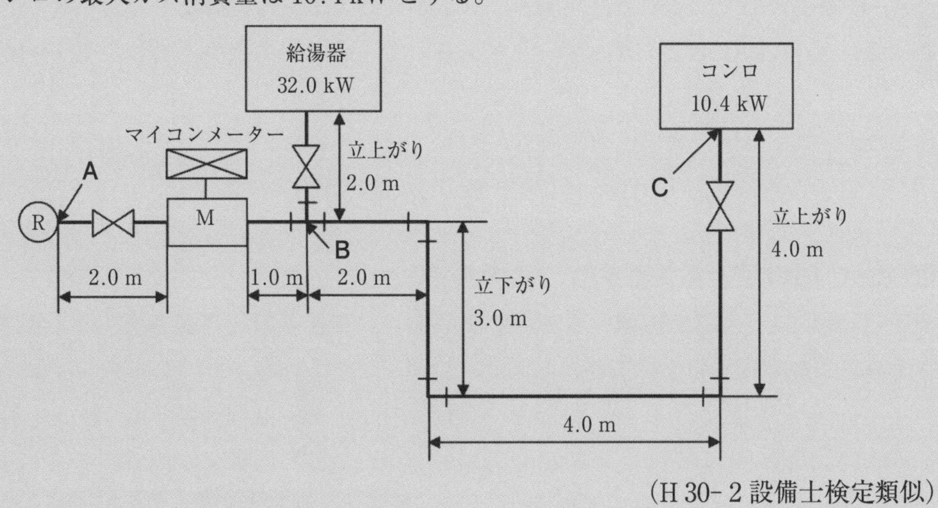

（H 30- 2 設備士検定類似）

解説　複数の燃焼器が配管系統に順次設置されている場合には、系内のガス量(kW)は分岐する部分で変化するので、同じ流量の部分ごとに圧損を計算する。最後にそれらを加算する。また、求められているラインの外に配管が分岐しているときは、その配管の圧損計算は対象外(無関係)であることに注意する。

設問はA－C間の圧力損失を求めているので、分岐するB点から給湯器までのラインを計算する必要はない。A－B間とB－C間の流量が異なることに注意して、この2つの部分に分けて計算する。

(1) A－B間の圧力損失Δp_{AB}

この部分にはバルブ1個があり(マイコンメータは別に計算する)、配管は直線(水平)である。相当長さを加えた配管の長さL_1は(小数点以下の0は省略)

$$L_1 = (2 + 1)\,\mathrm{m} + 1\,個 \times 2.5\,\mathrm{m}/個 = 5.5\,\mathrm{m}$$

この部分のガス消費量(kW)は、給湯器とコンロの合計量であるから

$$ガス消費量(\mathrm{kW}) = (32.0 + 10.4)\,\mathrm{kW} = 42.4\,\mathrm{kW}$$

早見表をみると、呼び径の20Aの欄にはガス消費量が丁度42.4 kWがあるのでこれを採用し、配管の長さ$L_1 = 5.5\,\mathrm{m}$の直近で大きな値6 mを採用すると右表のとおりとなる。すなわち、配管の長さによる圧力損失Δp_1は

配管の長さ(m)	配管中の圧力損失(Pa)	
5	13.3	16.7
6	16.0	20.0
呼び径　A(B)	ガス消費量(kW)	
20 (3/4)	38.0	42.4

$$\Delta p_1 = 20.0\,\mathrm{Pa}$$

A－B間は水平であるので、立上がり立下がりによる圧力変動はない。

次に、A－B間にはマイコンメータがあるので、その圧力損失Δp_2は、題意のとおり

$$\Delta p_2 = 150\,\mathrm{Pa}$$

したがって、A－B間の圧力損失Δp_{AB}は

$$\Delta p_{AB} = \Delta p_1 + \Delta p_2 = (20.0 + 150)\,\mathrm{Pa} = 170.0\,\mathrm{Pa}$$

(2) B－C間の圧力損失Δp_{BC}

B－C間にはバルブが1個、エルボが3個あるので、その相当長さを加えた配管の長さL_2は(小数点以下の0は省略)

$$L_2 = (2 + 3 + 4 + 4)\,\mathrm{m} + (1\,個 \times 2.5\,\mathrm{m}/個 + 3\,個 \times 0.5\,\mathrm{m}/個) = 17.0\,\mathrm{m}$$

ガス消費量＝10.4 kW(コンロのみ)であるので、(1)と同様に、配管の長さによる圧力損失Δp_3を早見表を用いて求める。ここでは、ガス消費量は10.4 kWの直近で大きな値として23.2 kWを用い、配管の長さは17.0 mの直近で大きな値17.5 mを

配管の長さ(m)	配管中の圧力損失(Pa)	
15	15.0	25.0
17.5	17.5	29.2
呼び径　A(B)	ガス消費量(kW)	
20 (3/4)	23.2	30.0

採用する。

$$\Delta p_3 = 17.5\ \mathrm{Pa}$$

次に、B－C 間で配管は 3 m 下がって 4 m 立上がっているので、差し引き 1 m の立上がりであるから、その圧力損失 Δp_4 は

$$\Delta p_4 = 1\ \mathrm{m} \times 10\ \mathrm{Pa/m} = 10\ \mathrm{Pa}$$

したがって、B－C 間のすべての圧力損失 Δp_{BC} は

$$\Delta p_{BC} = \Delta p_3 + \Delta p_4 = (17.5 + 10)\ \mathrm{Pa} = 27.5\ \mathrm{Pa}$$

(3) 圧力損失の合計 Δp

A－C 間のすべての圧力損失 Δp は

$$\Delta p = \Delta p_{AB} + \Delta p_{BC} = (170.0 + 27.5)\ \mathrm{Pa} = 197.5\ \mathrm{Pa}$$

答　197.5 Pa

例題 5.11　圧力損失の上限値に見合う最大のガス消費量（kW）の計算

下図のような LP ガス低圧配管の A 点から B 点までの圧力損失を 290 Pa 以内とする場合、給湯器の最大のガス消費量は何 kW になるか。「配管寸法早見表」を用いて答えよ。

〔条件〕

① A－B 間は同一呼び径（20 A）の配管と継手を使用する。

② マイコンメータの圧力損失は 150 Pa とする。

③ 配管の立上がり立下がりによる圧力変動は 1 m 当たり 10 Pa とする。

④ 継手などによる圧力損失に相当する管の長さは、次のとおりとする。

(1) バルブ　1 個当たり　　2.5 m

(2) エルボ　1 個当たり　　0.5 m

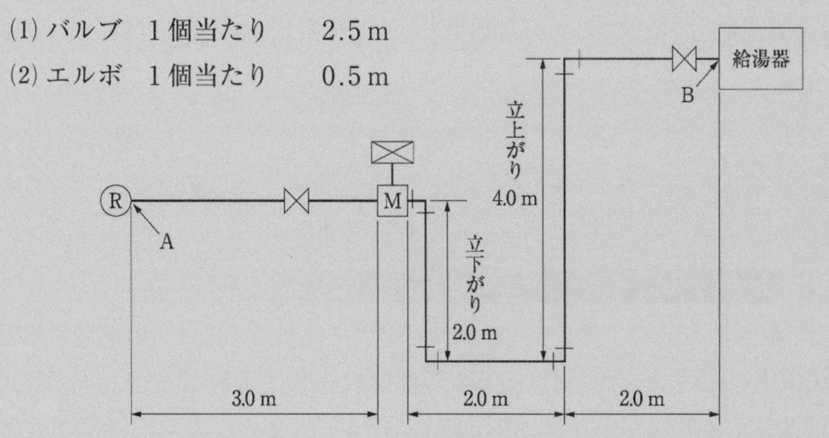

（H 24-4 設備士検定類似）

解説 A－B 間の圧力損失に上限があり、その範囲内で流すことのできる最大のガス消費量 (kW) を「配管寸法早見表」(早見表) から読みとる問題である。

A－B 間の圧力損失の要因を分解すると、次の 3 つになる。

① 配管および継手によるもの　Δp_1

② 配管の立上がりによるもの　Δp_2

③ マイコンメータによるもの　Δp_3

(1) Δp_1 (配管、継手による圧損) の上限値の計算

題意から Δp_1、Δp_2、Δp_3 の合計が 290 Pa 以内であるから、次の不等式が書ける。

$$\Delta p_1 + \Delta p_2 + \Delta p_3 \leqq 290\ (\mathrm{Pa}) \quad \cdots\cdots ①$$

Δp_2 は容易に計算でき、Δp_3 は与えられているから、Δp_1 の上限値は式①から次のように計算できる。

$$\Delta p_2 = (4 - 2)\ \mathrm{m} \times 10\ \mathrm{Pa/m} = 20\ \mathrm{Pa}$$ (立上がり：圧損は増加)

$$\Delta p_3 = 150\ \mathrm{Pa}$$

$$\therefore \quad \Delta p_1 \leqq (290 - \Delta p_2 - \Delta p_3)\ \mathrm{Pa} = (290 - 20 - 150)\ \mathrm{Pa} = 120\ \mathrm{Pa}$$

すなわち、Δp_1 の上限が 120 Pa であることが得られた。

(2) 最大のガス消費量 (kW) を早見表から求める

この配管系の長さ (L) はバルブ、エルボの相当長さを加えて

$$L = (3 + 2 + 2 + 4 + 2 + 2 \times 2.5 + 4 \times 0.5)\ \mathrm{m} = 20\ \mathrm{m}$$

早見表の配管の長さが 20 m の行のうち、圧損が 120 Pa (またはそれ以下の最大値) の位置に着目し、その位置から呼び径 20 A のガス消費量を読めばよい (右表参照)。

配管の長さ (m)	配管中の圧力損失 (Pa)	
20	100.0	120.0
呼び径　A (B)	ガス消費量 (kW)	
20 (3/4)	52.0	56.9

早見表には、丁度 120 Pa があり、その下の呼び径 20 A の行に 56.9 kW として最大のガス消費量が決まる。すなわち、この配管を流すことのできる最大のガス消費量は 56.9 kW である。

答　56.9 kW

演習問題 5.8

LP ガスの低圧配管において、呼び径 32 A の配管中を流れる LP ガスの消費量が 336 kW の場合、配管中の圧力損失が 180 Pa 以内となる配管の長さは何 m までか。「配管寸法早見表」を用いて求めよ。配管は水平直管とし、継手、バルブなどの圧力損失は考慮しないものとする。

(H 29 設備士国家試験類似)

演習問題 5.9

LPガス低圧配管の呼び径20 A、長さ18 mの配管に圧力損失を120 Pa以内でLPガスを供給したい場合、使用することができる燃焼機器の最大合計ガス消費量(kW)はいくらか。「配管寸法早見表」を用いて求めよ。ただし、配管は水平な直管とし、継手、バルブなどの圧力損失は考慮しないものとする。
(H 27 設備士国家試験類似)

演習問題 5.10

図のようなLPガス配管にLPガスを全負荷で流した場合、A－C間の圧力損失は何Paか。「配管寸法早見表」を用いて計算せよ。

(条件)

① A－B－C間は同一呼び径(20 A)の管と継手を使用する。

② マイコンメーターの圧力損失は150 Paとする。

③ 配管の立上がり立下がりによる圧力変動は1 m当たり10 Paとする。

④ 継手などによる圧力損失に相当する管の長さは、次のとおりとする。

(1) バルブ　1個当たり	2.5 m
(2) エルボ　1個当たり	0.5 m
(3) ティー(直線方向)　1個当たり	0.0 m
(4) ティー(直角方向)　1個当たり	0.5 m

⑤ コンロの最大ガス消費量は10.3 kWとする。

⑥ 給湯器の最大ガス消費量は34.8 kWとする。

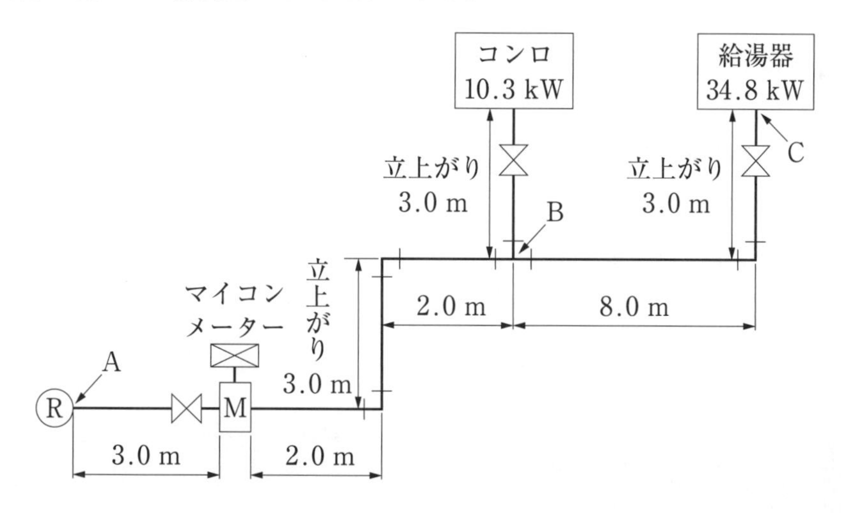

(H 27-1 設備士検定類似)

演習問題 5.11

下図のようなLPガス低圧配管で下記条件によりLPガスを全負荷で流した場合、A－B間の圧力損失を300 Pa以下にするには、A－B間の配管の長さは最大何mになるか。「配管寸法早見表」を用いて答えよ。

（条件）

① A－B 間は同一呼び径（20 A）の管と継手を使用する。

② マイコンメータの圧力損失は 150 Pa とする。

③ 配管の立上がりによる圧力変動は 1 m 当たり 10 Pa とする。

④ 継手等による圧力損失に相当する管の長さは次のとおりとする。

⑴ エルボ　　1 個当たり　　　　　0.5 m

⑵ バルブ　　1 個当たり　　　　　2.5 m

⑤ 給湯器の最大ガス消費量は 56.9 kW とする。

⑥ A 点における供給圧力は 2.80 kPa とする。

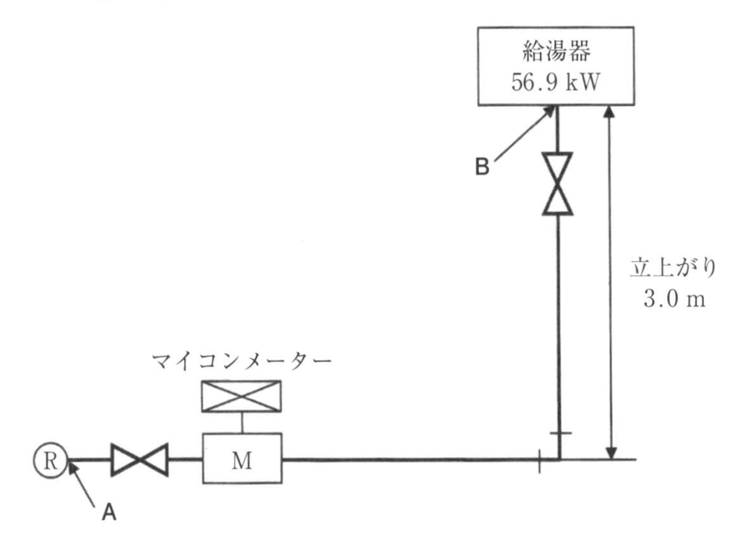

（R 1-3 設備士検定類似）

演習問題 5.12

LP ガス低圧配管の長さ 15 m、ガス消費量 50 kW である場合、配管中の圧力損失を 80 Pa 以下にするための配管の最小呼び径はいくらになるか。「配管寸法早見表」を用いて計算せよ。ただし、配管は水平な直管とし、継手、バルブなどの圧力損失は考慮しないものとする。

（H 25 設備士国家試験類似）

5·3 鋼管の寸法取り 設

ねじ接続による鋼管の LP ガス配管工事において、継手の寸法、ねじ込みしろを考慮して、設計のとおり管の寸法を割り出すことは、配管実務上重要なことである。

エルボやティーなどの継手には規格があって、設問では一般にその値が示されるので、必要な直管の長さはその数値の加減計算によって算出する。

(1) エルボおよびティー

エルボは曲管の継手であり、ティーはＴ字形の３方の継手である。

計算をする上で、継手の規格は次のように読むとよい。

(a) 継手の外径 D

継手の呼称寸法（呼び径など）で決まる数値である。また、図のように管の（継手の）中心線を基準にした外側の最も遠い継手外壁の位置（外面）は、$\dfrac{D}{2}$ のところにあることに注意する。

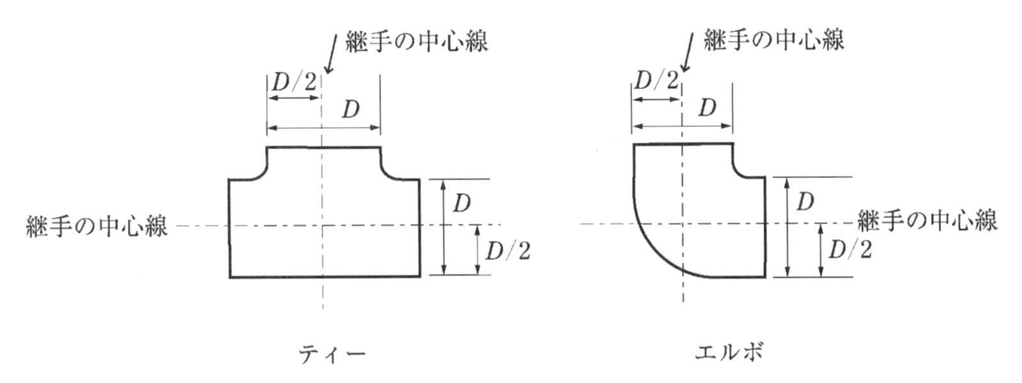

(b) 継手の中心から端面までの距離 A

図のように中心線から端面（切り口）までの距離であり、呼称寸法で決まった値である。外半径の数値とは異なる位置を示していることに注意する。

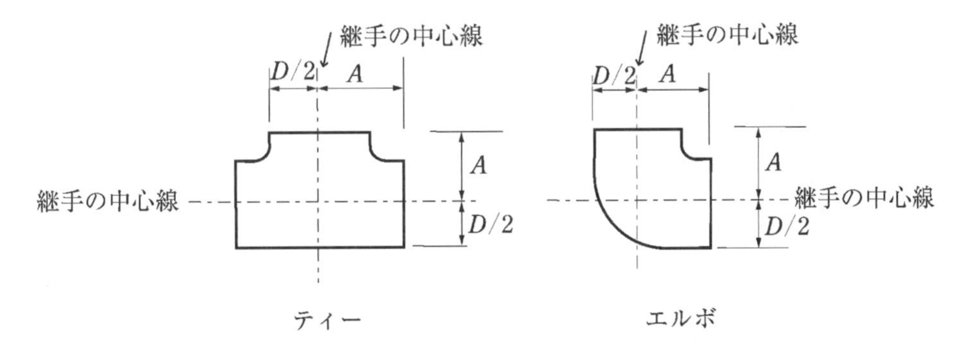

(c) ねじ込みしろ S

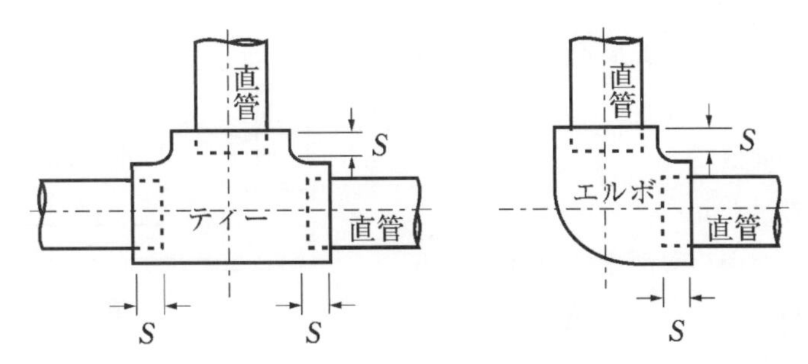

図のように継手に管をねじ込むときのねじ込む長さを表す基準になる数値である。このねじ込みしろ S は管と継手が２重になる長さの部分であるので、継手と直管を単純に加算した長さより、実際はこの部分の長さだけ減少することに注意する。

(2) 寸法取りの計算

(a) 継手が1個のときの例

最も簡単な例として図の配管系の長さ L、G を計算してみる。

20 A (3/4 B) の継手の接合を考え

エルボの外径　D = 36 mm

エルボのねじ込みしろ　S = 12 mm

継手の中心から端面までの距離　A = 32 mm

直管の長さ　l = 300 mm

エルボの中心線から直管末端までの距離　L

エルボの外径外側（外面）から直管末端までの距離　G

として計算する。

l = 300 mm
D = 36 mm
S = 12 mm
A = 32 mm
直管

L の長さは図から、管の長さ l と継手の端面までの長さ A を加えたものよりねじ込みしろ S の分だけ短いものであることがわかる。これを式にすると次のようになる。

$$L = l + A - S$$

この式にそれぞれの値を入れると

$$L = 300 + 32 - 12 = 320\,(\mathrm{mm})$$

となる。

また、エルボの外側から直管の末端までの距離 G は、L の値にエルボの外径の 1/2 を加えた値であるから

$$G = \frac{D}{2} + L = \frac{D}{2} + (l + A - S)$$

この式に各値を代入すると

$$G = \frac{36}{2} + 300 + 32 - 12 = 338\,(\mathrm{mm})$$

L、G と D、l、A、S の関係を図上で理解できるようにしておく。

(b) 継手が2個のときの例

次に右図のように継手が2個ある配管系の寸法について考える。

ここで各記号は同様に

D　：継手の外径 (mm)

A　：継手の中心から端面までの距離 (mm)

S　：継手のねじ込みしろ (mm)

l　：直管の長さ (mm)

L　：両端の継手（管）の中心線間の距離 (mm)

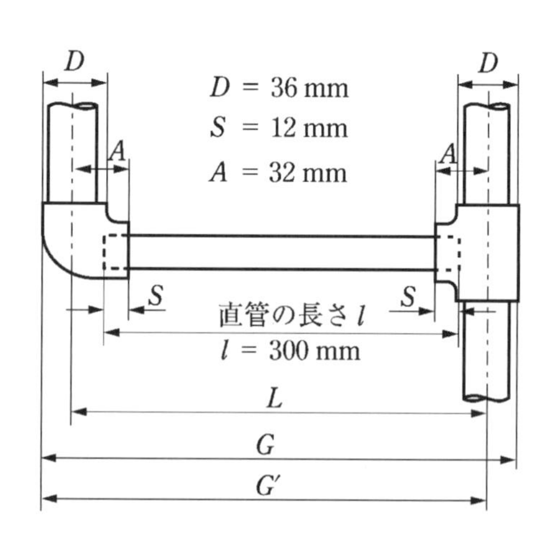

G　：両端の継手の外面間の距離（mm）

G'　：片側の継手の中心線から他方の継手の外面間の距離（mm）

とする。

この場合、両端の継手の中心線間の距離 L は継手が2個あるので、直管の長さ l に継手の中心から端面までの距離 A の2倍（2個分）を加えたものから、ねじ込みしろ S の2個分を差し引くと得られることがわかる。式にすると

$$L = l + 2 \times A - 2 \times S = l + 2(A - S) \quad \cdots\cdots (5.6\,\mathrm{a})$$

逆に L の値が既知であるとき、直管の長さ l の値は、式（5.6 a）を変形して

$$l = L - 2(A - S) \quad \cdots\cdots (5.6\,\mathrm{b})$$

となる。

20 A の配管の場合、$l = 300$ mm のときの L の値は、$A = 32$ mm、$S = 12$ mm であるから、式（5.6 a）を用いて

$$L = 300 + 2 \times (32 - 12) = 340\,(\mathrm{mm})$$

と計算できる。

次に両端の継手の外面間距離 G は、L より両端の継手について外径のそれぞれ1/2分が外側にあるから

$$G = L + \frac{D}{2} + \frac{D}{2} = L + D = l + 2(A - S) + D \quad \cdots\cdots (5.6\,\mathrm{c})$$

変形して l を G を使って表すと

$$l = G - 2(A - S) - D \quad \cdots\cdots (5.6\,\mathrm{d})$$

20 A の場合は、$D = 36$ mm であるから

$$G = L + D = 340 + 36 = 376\,\mathrm{mm}$$

または　$G = l + 2(A - S) + D = 300 + 2 \times (32 - 12) + 36 = 376\,(\mathrm{mm})$

となる。

設問によっては単純に G の形ではなく、片側は継手の外面、一方は管の中心線の位置間の G' で与えられることがあるが、G' は L に対して $\frac{D}{2}$ だけ外に長いので

$$G' = L + \frac{D}{2} = l + 2(A - S) + \frac{D}{2} \quad \cdots\cdots (5.6\,\mathrm{e})$$

の関係になる。したがって

$$l = G' - 2(A - S) - \frac{D}{2} \quad \cdots\cdots (5.6\,\mathrm{f})$$

のように変化するので、これらの式が図を見てすぐ書けるように訓練するとよい。

(c) 継手が3個のときの例

次に図のように直管が複数あり、継手が3個以上あるような配管系について、今までの式を応用して考える。

式（5.6 a）～式（5.6 f）を用いて、L_1、l_1 の関係および L_2、l_2 の関係などから個々に計算することができる。

すなわち、式(5.6 a)から

$$L_1 = l_1 + 2(A - S) \quad \cdots\cdots ①$$

$$L_2 = l_2 + 2(A - S) \quad \cdots\cdots ②$$

$$L = L_1 + L_2 \quad \cdots\cdots ③$$

から

$$L = L_1 + L_2 = l_1 + 2(A - S) + l_2 + 2(A - S) = l_1 + l_2 + 4(A - S) \cdots ④$$

となる。

Gとの関係は、両端の継手の各$\frac{D}{2}$の部分がLより長いので、式(5.6 c)と同様に

$$G = L + D$$

であり、G'との関係も式(5.6 e)と同様に

$$G' = L + \frac{D}{2}$$

であることがわかる。

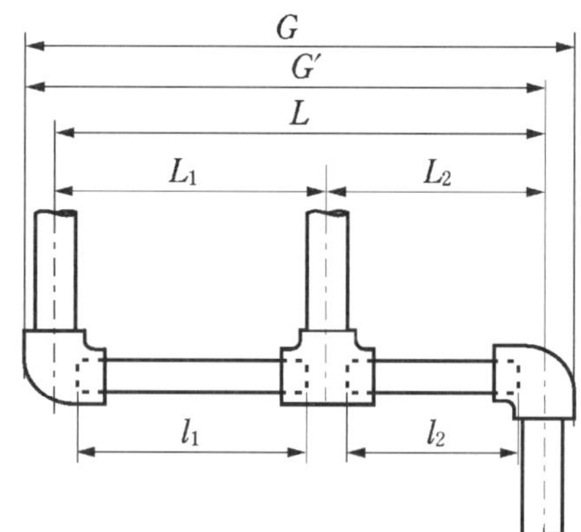

このように、個々に計算することによってL、G、G'などを計算することができる。

また、AおよびSの値が同じである継手がたくさんある配管系で、一括して計算する場合は、次の式になる。

$$\left.\begin{aligned} L &= (\text{直管の長さの合計}) \\ &\quad + (\text{長さに関係する継手のねじ込み部分の数}) \times (A - S) \\ G &= L + D \\ G' &= L + \frac{D}{2} \end{aligned}\right\} \cdots\cdots (5.6\,g)$$

となる。

ここで注意するのは、右図のようなLを求める場合、寸法に関係しないⓐ、ⓑのようなねじ込み部分は数に含めず除外することである。

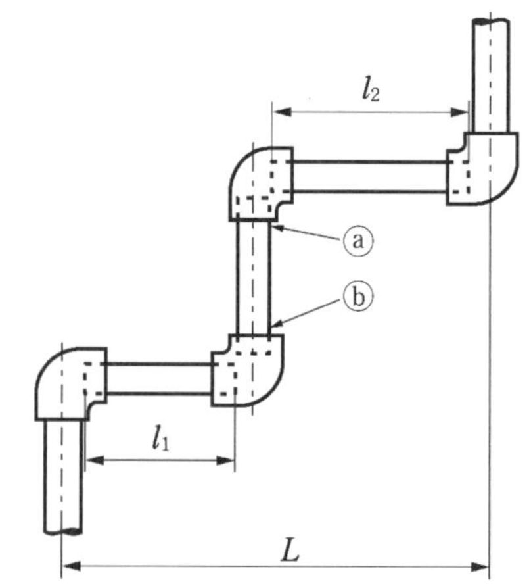

前の図の配管系にこの式を当てはめると

直管の長さの合計$= l_1 + l_2$

継手ねじ込みの数$= 4$

であるので、式(5.6 g)は

$$L = l_1 + l_2 + 4(A - S)$$

となり、個別に計算した式④と同じ形になる。

なお、式(5.6 g)は、D、A、Sの値が同じ配管系で成り立つが、これらの値が異なる系では成り立たない。

例題 5.12 中心線間の長さから直管の長さを求める

図のようなLPガスの低圧配管工事を行った。鋼管および継手は20 Aであるとき、切管Xの長さlはいくらか。ただし、エルボの寸法は下表のとおりとする。

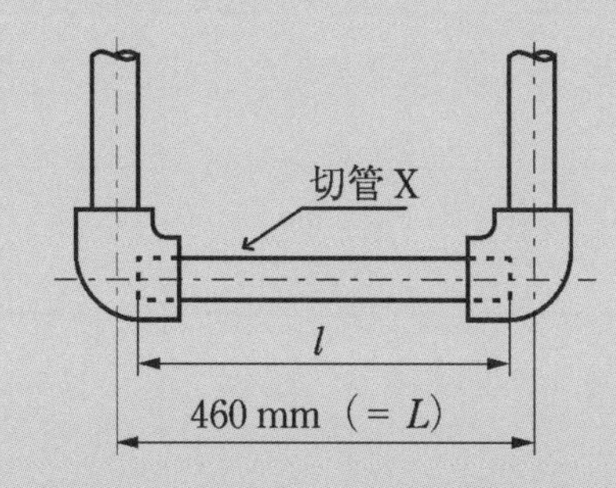

呼び径 (A)	鋼管の外径 (mm)	エルボの外径 (mm)	有効ねじ部の長さ（最小） (mm)	ねじ込みしろ (mm)	継手の中心から端面までの距離 (mm)
20	27.2	36	17	12	32

解説

最も基本になる管の寸法取りの問題である。

両端の継手の中心線間の距離L = 460 mmが与えられ、呼び径20 Aのねじ込みしろS = 12 mm、継手の中心から端面までの距離A = 32 mmが表から読みとれると、切管Xの長さlが計算できる。

継手にねじ込む箇所は2箇所であるので、式(5.6 a)がそのまま使用できる。

すなわち

$$L = l + 2(A - S)$$

これを変形して、l = の形の式(5.6 b)になおすと

$$l = L - 2(A - S)$$
$$= 460 - 2 \times (32 - 12) = 460 - 40 = 420\,(\mathrm{mm})$$

この場合は、中心線間の距離が明示されているので、エルボの外径D = 36 mmは使用する必要がない。

答 420 mm

例題 5.13 直管の長さから継手の外面と中心線間の距離を求める

図のような 25 A の LP ガス低圧配管工事を行う場合において、切管 X の長さを 600 mm とすれば、継手の外面と中心線間の距離 G' はおよそ何 mm か。ただし、配管および継手は同一呼び径のものを使用し、寸法は表のとおりとする。

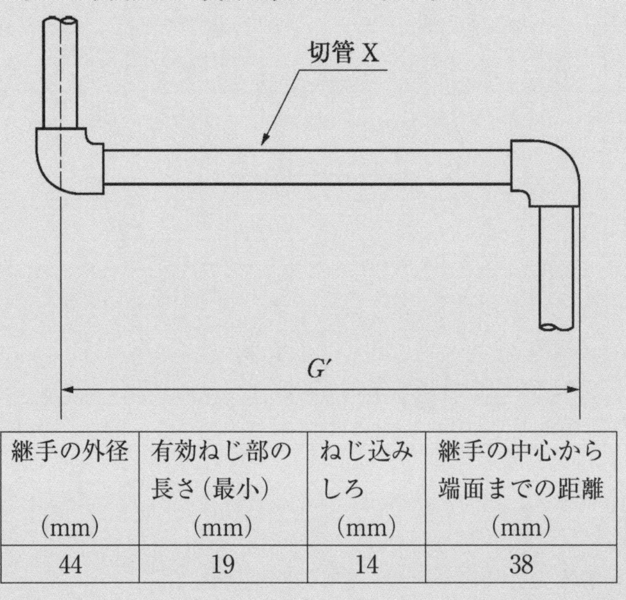

継手の外径 (mm)	有効ねじ部の長さ（最小） (mm)	ねじ込みしろ (mm)	継手の中心から端面までの距離 (mm)
44	19	14	38

（H 24-1 設備士検定類似）

解説 切管の長さ l、エルボ間の中心線距離を L、エルボの外径を D とし、さらに、ねじ込みしろを S、継手の中心から端面までの距離を A で表すと、式 (5.6 e) のとおり

$$G' = L + \frac{D}{2} = l + 2(A - S) + \frac{D}{2} \quad \cdots\cdots ①$$

ここで

$l = 600$ mm

$A = 38$ mm

$S = 14$ mm

$D = 44$ mm

式①にこれらを代入して

$$G' = 600 + 2 \times (38 - 14) + \frac{44}{2}$$

$$= 670 \text{ (mm)}$$

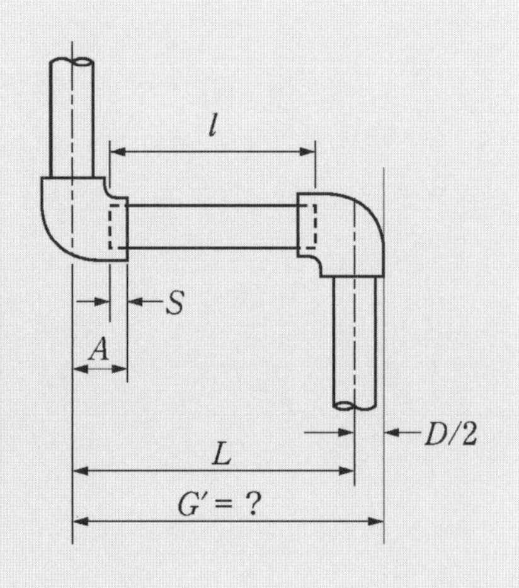

答 670 mm

例題
5.14 中心線間の直管 2 本の合計長さを求める

図のような呼び径 25 A の LP ガス低圧配管工事を行う場合において、直管（切管）X と直管（切管）Y の合計の長さを何 mm とすればよいか。継手などの寸法は下表のとおりとする。

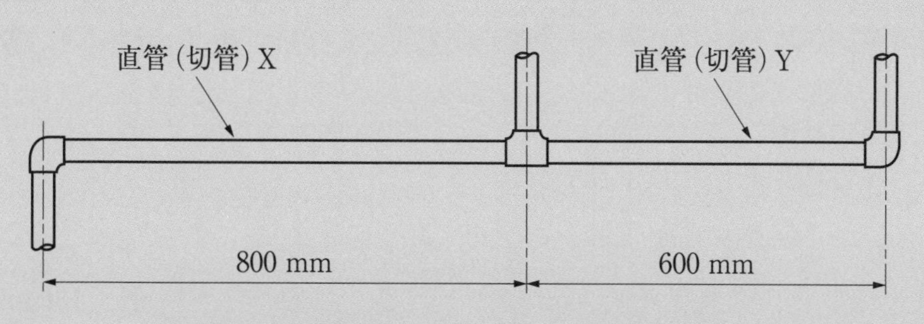

継手の外径（mm）	有効ねじ部の長さ（最小）（mm）	ねじ込みしろ（mm）	継手の中心から端面までの距離（mm）
44	19	14	38

（H 26 設備士国家試験類似）

解説　直管（切管）（以下単に「切管」）X と切管 Y の長さを個々に計算して合計する。

(1) 切管 X の長さ l_X

切管 X の両端の継手中心線間の距離を L_X とし、それと l_X の関係は、式(5.6 a)が適用できる。すなわち、ねじ込みしろを S、継手の中心から端面までの距離を A として

$$L_X = l_X + 2(A - S)$$

$$\therefore \quad l_X = L_X - 2(A - S) \quad \cdots\cdots ①$$

ここで、図と表から数値を読み取り

$$L_X = 800\ \text{mm}$$

$$A = 38\ \text{mm}$$

$$S = 14\ \text{mm}$$

式①にこれらを代入して

$$l_X = 800 - 2 \times (38 - 14) = 752\ (\text{mm})$$

(2) 切管 Y の長さ l_Y

同様に

$$l_Y = L_Y - 2(A - S) \quad \cdots\cdots ②$$

図と表から数値を読みとり、式②に代入して

$$l_Y = 600 - 2 \times (38 - 14) = 552\,(\text{mm})$$

(3) 合計の長さ

$$l_X + l_Y = (752 + 552)\,\text{mm} = 1304\,\text{mm}$$

別解 配管系の長さに関係する継手のねじ込み部分は4箇所であり、すべて同じ呼び径のものが使用されているので、式(5.6 g)を用いて一気に計算することができる。

中心線間の全長を L として

$$L = l_X + l_Y + 4(A - S)$$

$$\therefore\ l_X + l_Y = L - 4(A - S) = (800 + 600) - 4 \times (38 - 14) = 1304\,(\text{mm})$$

答　1304 mm

例題 5.15 継手の外面間および外面と中心線間の直管2本の合計長さの計算

図のようなLPガス低圧配管工事を行う場合、切管Xと切管Yの合計の長さはおよそ何mmか。ただし、配管および継手は25 Aの同一呼び径のものを使用し、継手の寸法は表のとおりとする。

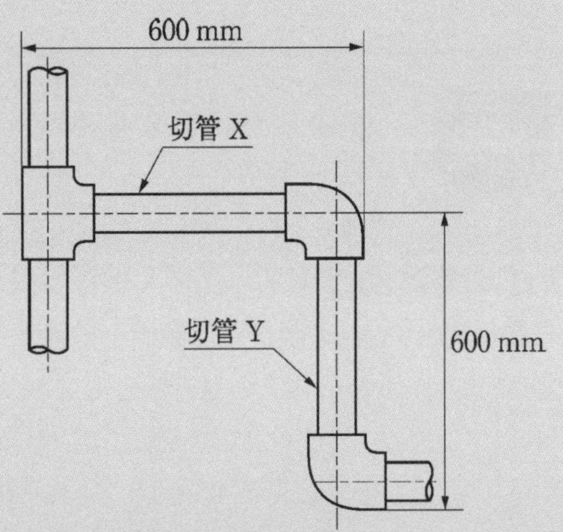

継手の外径 (mm)	有効ねじ部の長さ(最小) (mm)	ねじ込みしろ (mm)	継手の中心から端面までの距離 (mm)
44	19	14	38

(H 24-4 設備士検定類似)

解説　切管XとYのそれぞれについて、継手間の距離が与えられているので、個別に計算して合計する。Xについては継手の外面間、Yについては外面と中心線間の距離になっている。

(1) 切管Xの長さl_X

継手間の距離は外面間の距離G_Xが既知であるので、継手の中心から端面までの距離をA、ねじ込みしろをS、継手中心間の距離をL_Xとして、式(5.6 c)から

$$G_X = L_X + D = l_X + 2(A - S) + D$$

$$\therefore\ l_X = G_X - 2(A - S) - D \quad \cdots\cdots ①$$

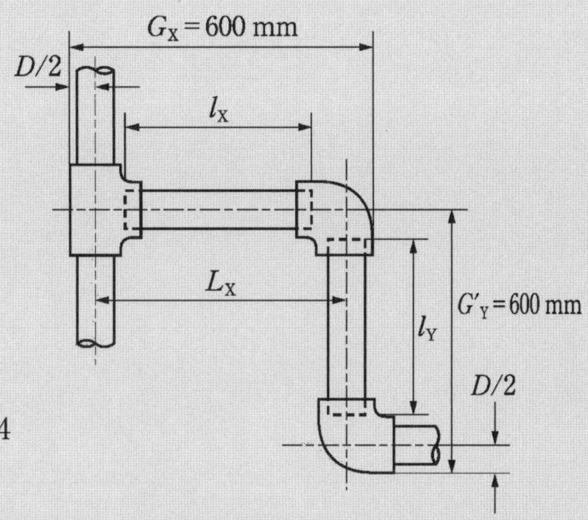

$G_X = 600$ mm
$D/2$
l_X
L_X
$G'_Y = 600$ mm
l_Y
$D/2$

ここで

$G_X = 600$ mm

$D = 44$ mm

$A = 38$ mm

$S = 14$ mm

式①に代入して

$$l_X = 600 - 2 \times (38 - 14) - 44 = 508\ (\mathrm{mm})$$

(2) 切管Yの長さl_Y

継手間の距離は中心線と外面間の距離G'_Yが既知であるので、式(5.6 e)から同様に

$$G'_Y = l_Y + 2(A - S) + \frac{D}{2}$$

したがって

$$l_Y = G'_Y - 2(A - S) - \frac{D}{2} = 600 - 2 \times (38 - 14) - \frac{44}{2} = 530\ (\mathrm{mm})$$

(3) 合　計

$$l_X + l_Y = (508 + 530)\ \mathrm{mm} = 1038\ \mathrm{mm}$$

答　1038 mm

例題 5.16 既知の直管の長さから他の直管寸法を求める

図のような呼び径25 AのLPガス低圧配管工事を行う場合において、直管（切管）Xの長さ（l_X）を300 mmにすると、直管（切管）Yの長さ（l_Y）は何mmとすればよいか。下表を用いて求めよ。

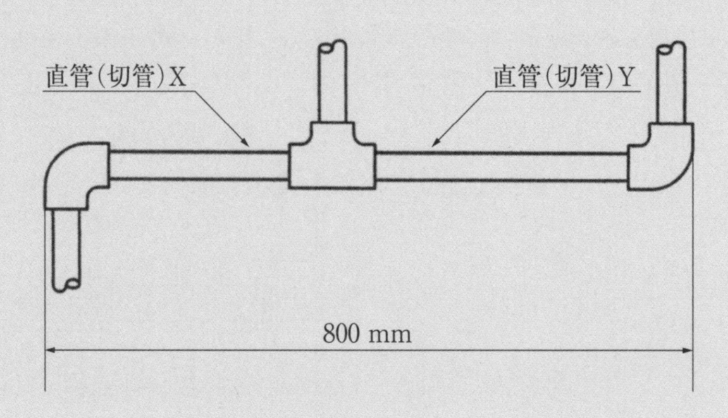

継手の外径 (mm)	有効ねじ部の長さ（最小）(mm)	ねじ込みしろ (mm)	継手の中心から端面までの距離 (mm)
44	19	14	38

（H 30 設備士国家試験類似）

解説

直管（切管）（以下単に「切管」）Xの継手の外面と中心線間の距離 G'_X と切管Xの長さ l_X の関係から G'_X を求め、切管Yの継手の外面と中心線間の距離 G'_Y と継手外面間の全長 G との次の関係を用いて G'_Y が決まるので、切管Yの長さ l_Y を計算することができる。

$$G'_Y = G - G'_X \quad \cdots\cdots ①$$

(1) G'_X

継手の中心から端面までの距離を A、ねじ込みしろを S、継手の外径を D として、式（5.6 e）より

$$G'_X = l_X + 2(A - S) + \frac{D}{2} \quad \cdots\cdots ②$$

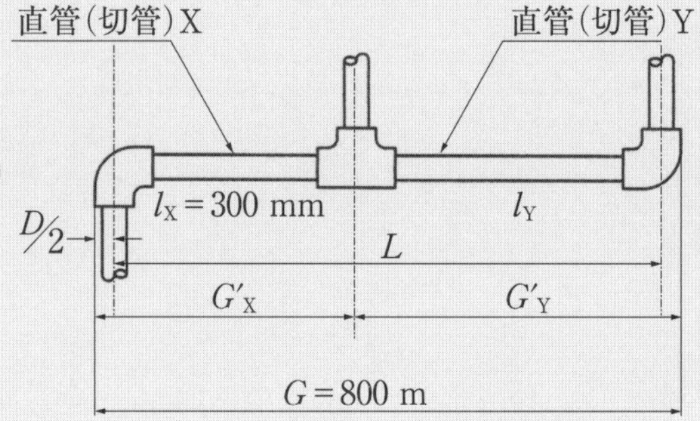

ここで

l_X = 300 mm、D = 44 mm、
A = 38 mm、S = 14 mm

を式②に代入して

$$G'_X = 300 + 2 \times (38 - 14) + \frac{44}{2} = 370\,(\mathrm{mm})$$

(2) l_Y

式①に $G'_X = 370$ mm、$G = 800$ mm を代入すると

$$G'_Y = G - G'_X = (800 - 370)\,\mathrm{mm} = 430\,\mathrm{mm}$$

G'_Y と l_Y の関係は、式②と同様に

$$G'_Y = l_Y + 2(A - S) + \frac{D}{2}$$

$$\therefore \quad l_Y = G'_Y - 2(A - S) - \frac{D}{2} = 430 - 2 \times (38 - 14) - \frac{44}{2} = 360\,(\mathrm{mm})$$

別解 配管系はすべて 25 A であるので、式(5.6 g)から一気に計算する。

継手のねじ込み部分の数は 4 個であるから

$$G = L + D = (l_X + l_Y) + 4(A - S) + D$$

$$\therefore \quad l_Y = G - l_X - 4(A - S) - D$$

$$= 800 - 300 - 4 \times (38 - 14) - 44 = 360\,(\mathrm{mm})$$

答　360 mm

例題 5.17 複数の直管の長さから配管系の寸法を求める

下図のように、エルボの外周と壁面を密着させた配管をしたとき、左壁面からティーの中心までの距離(G')はいくらになるか。ただし、すべての配管、継手の呼び径は20 Aとし、下表を用いて計算せよ。

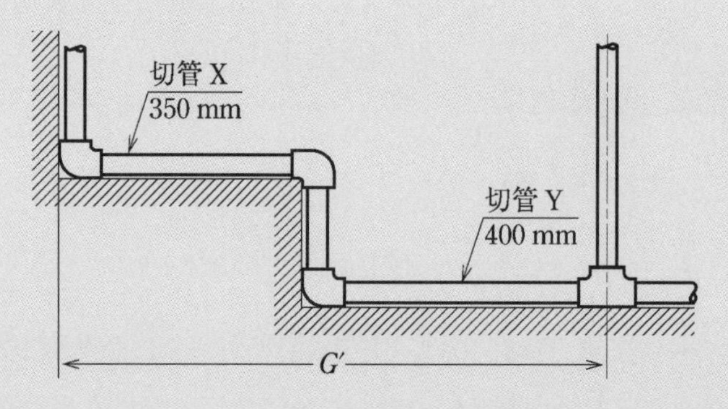

呼び径 (A)	鋼管の外径 (mm)	エルボ等の外径 (mm)	ねじ山数 25.4 mm につき	有効ねじ部の長さ(最小) (mm)	ねじ込みしろ (mm)	継手の中心から端面までの距離 (mm)
20	27.2	36	14	17	12	32

(過去設備士国家試験)

解説 図のように、切管X、Yの長さl_X、l_Yが決まっているので、継手の中心線間の距離L_X、L_Yは計算できる。

すなわち、求める配管系の長さG'は

$$G' = L_X + L_Y + \frac{D}{2}$$

であることが理解できる。

(1) L_X

式(5.6 a)により

$$L_X = l_X + 2(A - S)$$

………………………………………… ①

ここで

l_X = 350 mm

A = 32 mm

S = 12 mm

式①に代入して

$$L_X = 350 + 2 \times (32 - 12)$$

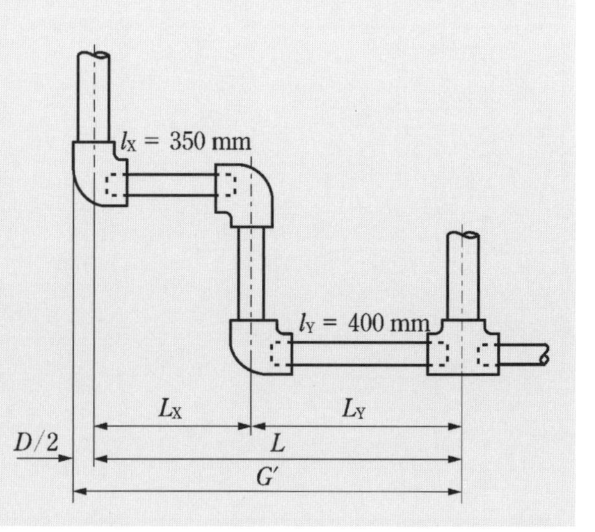

$= 390\,(\text{mm})$

(2) L_Y

同様に

$$L_Y = l_Y + 2(A - S) \quad \cdots\cdots\cdots\cdots \text{②}$$

$$l_Y = 400\text{ mm} \qquad A = 32\text{ mm} \qquad S = 12\text{ mm}$$

式②に代入して

$$L_Y = 400 + 2 \times (32 - 12) = 440\,(\text{mm})$$

(3) 求める長さ G'

継手の外径 $D = 36$ mm であるから、求める長さ G' は

$$G' = L_X + L_Y + \frac{D}{2} = 390 + 440 + \frac{36}{2} = 848\,(\text{mm})$$

別解 式 (5.6 g) を適用する。

長さに関係する継手のねじ込み部の数＝4 箇所

エルボの外径 $D = 36$ mm

であるから

$$G' = L + \frac{D}{2} = (l_X + l_Y) + 4(A - S) + \frac{D}{2}$$

$$= (350 + 400) + 4 \times (32 - 12) + \frac{36}{2} = 848\,(\text{mm})$$

答 848 mm

演習問題 5.13

図のような 20 A の配管を行ったとき、切管 X の長さ l_X を計算により求めよ。継手の寸法は表のとおりとする。

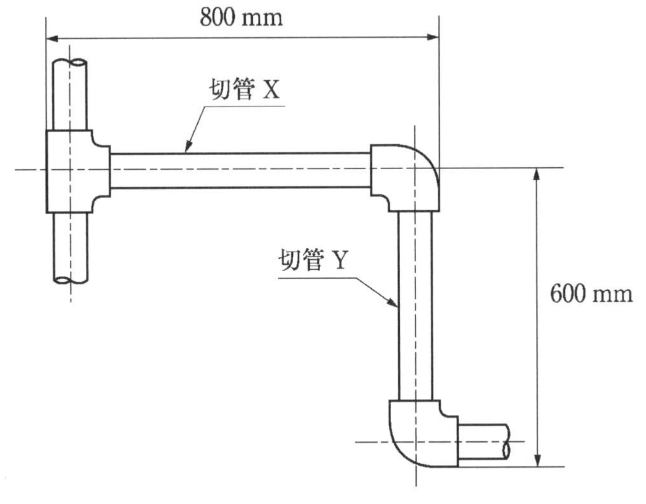

継手の外径 (mm)	有効ねじ部の長さ (最小) (mm)	ねじ込みしろ (mm)	継手の中心から端面までの距離 (mm)
36	17	12	32

(H 23-3 設備士検定類似)

演習問題 5.14

下図のような 25 A の LP ガス低圧配管工事を行う場合において、切管 X の長さは何 mm になるか。配管および継手は同一呼び径のものを使用し、寸法は下表のとおりとする。

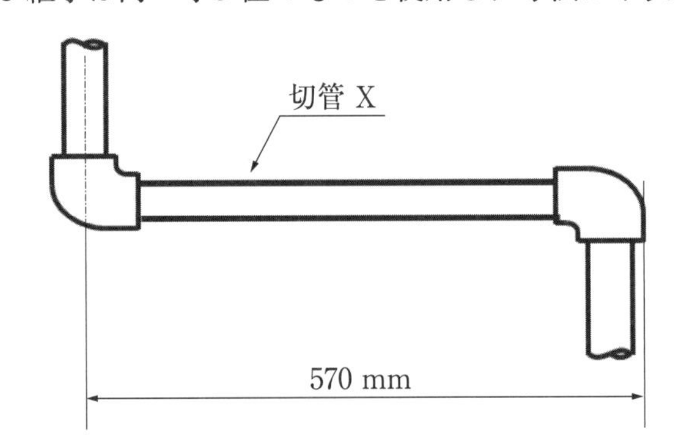

呼び径 (A)	継手の外径 (mm)	有効ねじ部の長さ (最小) (mm)	ねじ込みしろ (mm)	継手の中心から端面までの距離 (mm)
25	44	19	14	38

(H 30-2 設備士検定類似)

演習問題 5.15

下図のような 25 A の LP ガス低圧配管工事を行う場合において、切管 X と切管 Y の長さの合計は何 mm になるか。継手の寸法は下表のとおりとする。

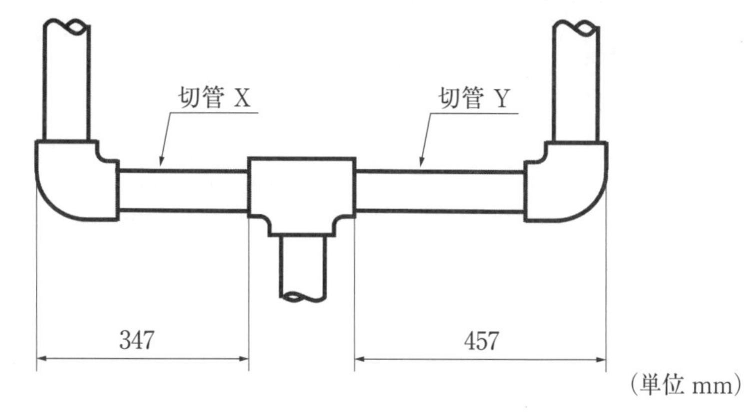

(単位 mm)

呼び径 (A)	継手の外径 (mm)	有効ねじ部の長さ(最小) (mm)	ねじ込みしろ (mm)	継手の中心から端面までの距離 (mm)
25	44	19	14	38

(H 29-4 設備士検定類似)

演習問題 5.16

下図のような 25 A の LP ガス低圧配管工事を行う場合において、切管 X と切管 Y の長さの合計は何 mm か。継手などの寸法は下表のとおりとする。

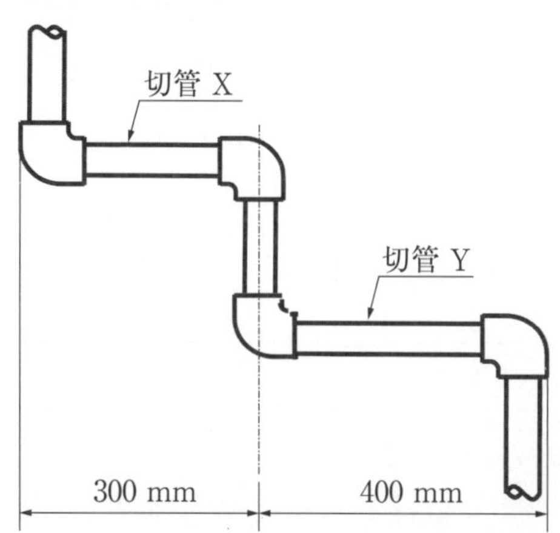

呼び径 (A)	継手の外径 (mm)	有効ねじ部の長さ(最小) (mm)	ねじ込みしろ (mm)	継手の中心から端面までの距離 (mm)
25	44	19	14	38

(H 28-2 設備士検定類似)

演習問題 5.17

図のような20AのLPガス低圧配管工事を行う場合において、切管Xの長さを300mmとすれば、切管Yの長さは何mmにすればよいか。継手の寸法は表のとおりとする。

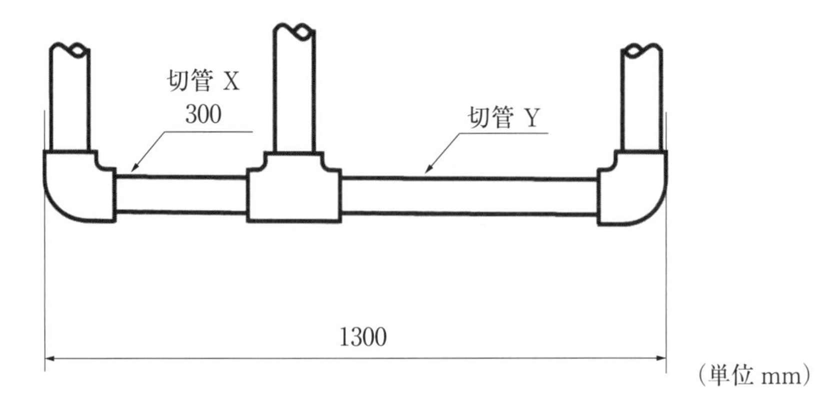

（単位 mm）

呼び径 (A)	継手の外径 (mm)	有効ねじ部の長さ（最小） (mm)	ねじ込みしろ (mm)	継手の中心から端面までの距離 (mm)
20	36	17	12	32

（R1-3 設備士検定類似）

演習問題 5.18

下図のような15Aの配管で、長さ250mmの切管Xと長さ350mmの切管Yを用いて配管する場合、A−B間の距離（L）はいくらになるか。下表を用いて計算せよ。

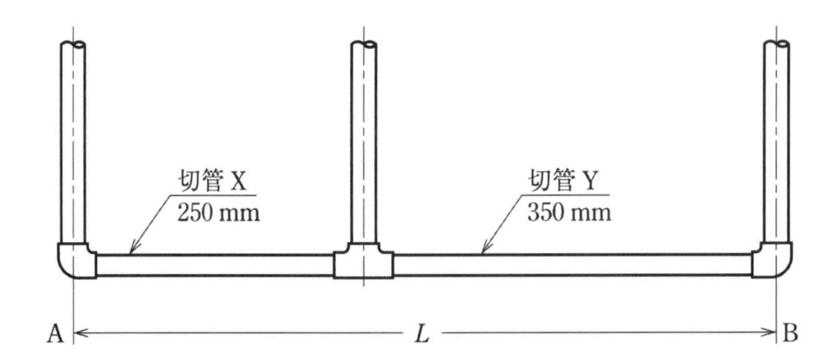

呼び径 (B)	鋼管の外径 (mm)	エルボ等の外径 (mm)	ねじ山数 25.4mmにつき	有効ねじ部の長さ（最小） (mm)	ねじ込みしろ (mm)	継手の中心から端面までの距離 (mm)
1/2	21.7	30	14	15	11	27
3/4	27.2	36	14	17	12	32
1	34.0	44	11	19	14	38

（過去設備士国家試験）

演習問題の解答

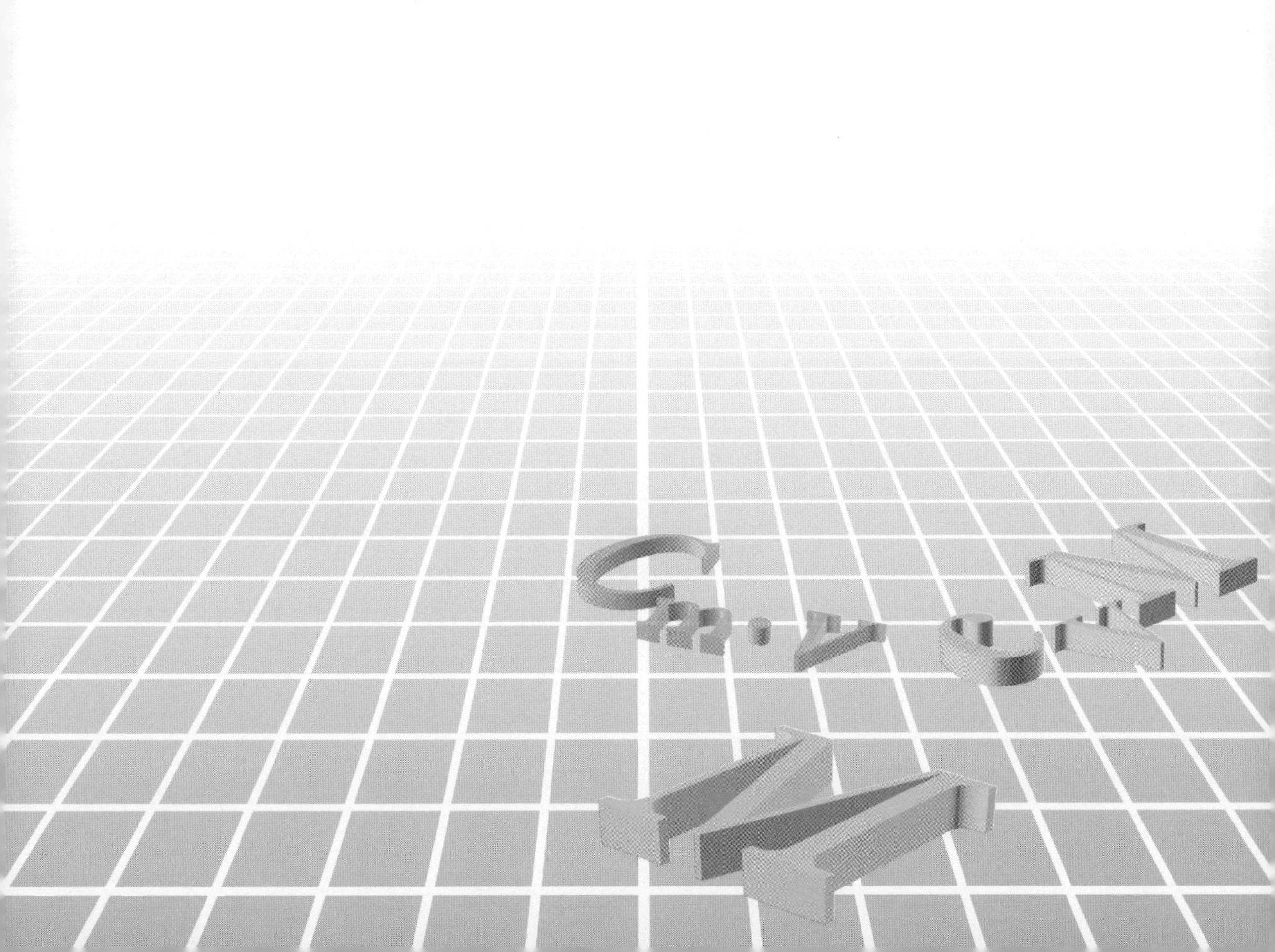

第1章の演習問題の解答

《演習問題 1.1》

接頭語間の関係から判断する。

イ．(×)1 M= 1000 k であるから

$$0.2\,\text{MPa} = 0.2 \times 1000(\text{kPa}) = 200\,\text{kPa}$$

ロ．(×)同様に M と k の関係を用いて、kPa で比較すると

$$5.0\,\text{MPa} = 5.0 \times 1000(\text{kPa}) = 5000\,\text{kPa} > 5.0\,\text{kPa}$$

ハ．(×) G(ギガ) は 10^9 (10 億) である。

$$8000\,\text{MPa} = 8000 \times 10^6\,\text{Pa} = 8 \times 10^3 \times 10^6\,\text{Pa} = 8 \times 10^9\,\text{Pa} = 8\,\text{GPa}$$

ニ．(×)500 Pa = 0.5 kPa = 0.0005 MPa

または

$$500\,\text{Pa} = \frac{500}{10^6}(\text{MPa}) = 5 \times 10^{-4}\,\text{MPa} = 0.0005\,\text{MPa}$$

ホ．(×)$\text{M} = 1000000 \rightarrow \text{Pa} = \dfrac{1}{1000000}\,\text{MPa}$

$$1000\,\text{Pa} = \frac{1000}{1000000}(\text{MPa}) = 0.001\,\text{MPa}\,(= 1\,\text{kPa})$$

へ．(○)10 MPa = 10 × 1000 (kPa) = 10000 kPa　　(答　へ)

《演習問題 1.2》

イ．$\text{kPa} = 10^3\,\text{Pa} \rightarrow \text{Pa} = \dfrac{1}{10^3}\,\text{kPa}$　であるから

$$5 \times 10^3\,\text{Pa} = 5 \times 10^3 \times \frac{1}{10^3}(\text{kPa}) = 5\,\text{kPa}$$

ロ．$\text{MPa} = 10^6\,\text{Pa} \rightarrow \text{Pa} = \dfrac{1}{10^6}\,\text{MPa}$　であるから

$$1.0 \times 10^5\,\text{Pa} = 1.0 \times 10^5 \times \frac{1}{10^6}(\text{MPa}) = 0.10\,\text{MPa}$$

ハ．$\text{GPa} = 10^9\,\text{Pa} \rightarrow \text{Pa} = \dfrac{1}{10^9}\,\text{GPa}$　であるから

$$250 \times 10^8\,\text{Pa} = 250 \times 10^8 \times \frac{1}{10^9}(\text{GPa}) = 25.0\,\text{GPa}$$

ニ．$\text{MPa} = 10^3\,\text{kPa} \rightarrow \text{kPa} = \dfrac{1}{10^3}\,\text{MPa}$　であるから

$$0.1013 \times 10^3\,\text{kPa} = 0.1013 \times 10^3 \times \frac{1}{10^3}(\text{MPa}) = 0.1013\,\text{MPa}$$

(答　イ　5 kPa、ロ　0.10 MPa、ハ　25.0 GPa、ニ　0.1013 MPa)

《演習問題 1.3》

イ．(○)圧力の単位は Pa であり、題意のとおり $1\,m^2$ 当たり 1 N の力がかかるときの圧力が 1 Pa である。

ロ．(○)熱や仕事の単位は J であり、1 J は題意のとおりである。

ハ．(×)物質量の単位(SI 基本単位)はモル(mol)である。kg は質量の基本単位である。単位の説明に掲げた表(5 個の基本単位)は記憶しておく。

ニ．(×)仕事率、工率、動力などの単位には W が用いられる。1 秒間(s)に 1 J のエネルギーを供給する仕事率が 1 W である。1 分間に 1 J のエネルギー供給のときは

$$仕事率 = \frac{1\,J}{60\,s} = 0.017\,W(=17\,mW)$$

(答　イ、ロ)

《演習問題 1.4》

イ．(×)式(1.1 a)のセルシウス温度 t と絶対温度 T の関係から

$$T = t + 273 = (0 + 273)(K) = 273\,K$$

絶対温度に負の値はない。

ロ．(○)同様に

$$T = t + 273 = (25 + 273)(K) = 298\,K$$

ハ．(×)同様に

$$T = t + 273 = (150 + 273)(K) = 423\,K$$

ニ．(○)題意のとおりである。セルシウス温度は、標準大気圧下の純水の氷点を 0、沸点を 100 として、その間を 100 等分した尺度(℃)である。

(答　ロ、ニ)

《演習問題 1.5》

イ．(○)熱学的に導かれる最低の温度 − 273.15 ℃(絶対零度)を基準として、セルシウス温度と同じ目盛刻みの温度尺度が絶対温度(熱力学温度)である。

ロ．(×)式(1.1 a)を変形すると

$$t = T - 273$$

であり、設問の式と異なる。

ハ．(○)式(1.1 a)を変形して

$$t = T - 273 = (100 - 273)(℃) = -173\,℃$$

ニ．(○)同様に

$$t = T - 273 = (250 - 273)(℃) = -23\,℃$$

(答　イ、ハ、ニ)

《演習問題 1.6》

イ．(×)ゲージ圧力は大気圧を零(0 Pa)としたものである。真空で 0 Pa なのは絶対圧力である。

ロ．(○)式(1.4 a)の説明のとおりである。

ハ．（×）式(1.4 a)からゲージ圧力を求める形にすると

ゲージ圧力 = 絶対圧力 − 大気圧

である。

ニ．（○）標準大気圧はおよそ 101300 Pa ≒ 100000 Pa = 10^5 Pa である。

（答　ロ、ニ）

《演習問題 1.7》

イ．（○）ゲージ圧力で大気圧は 0 Pa (0 kPa) であるから、50 kPa (ゲージ圧力) ＞大気圧である。

ロ．（×）両方の値はゲージ圧力であるから、接頭語が正しいかを検討するとよい。

1000 kPa (ゲージ圧力) = 1 MPa (ゲージ圧力) ≠ 0.1 MPa (ゲージ圧力)

ハ．（×）最初の 0 Pa (ゲージ圧力) を絶対圧力になおして比較する。

0 Pa (ゲージ圧力) = 大気圧 ≒ 101.3 kPa (絶対圧力)

∴　0 Pa (絶対圧力) ＜ 0.1 kPa (絶対圧力) ＜ 0 Pa (ゲージ圧力)

（答　イ）

《演習問題 1.8》

イ．（×）$1\ \mathrm{cm}^2 = 10^{-4}\ \mathrm{m}^2$ であるから、力を F、面積を A、圧力を p として、式(1.3)は

$$p = \frac{F}{A} = \frac{1\ \mathrm{N}}{10^{-4}\ \mathrm{m}^2} = 1 \times 10^4\ \mathrm{Pa} = 10 \times 10^3\ \mathrm{Pa} = 10\ \mathrm{kPa}\ (\text{絶対圧力})$$

ロ．（×）力を N、面積を m^2 で表すと

$1\ \mathrm{kgf} = 1\ \mathrm{kg} \times 9.8\ \mathrm{m/s^2} = 9.8\ \mathrm{N}$

$1\ \mathrm{cm}^2 = 10^{-4}\ \mathrm{m}^2$

$$\therefore\ \text{圧力}\ p = \frac{9.8\ \mathrm{N}}{1\ \mathrm{cm}^2} = 9.8\ \mathrm{N/cm^2} = \frac{9.8\ \mathrm{N}}{10^{-4}\ \mathrm{m}^2} = 98 \times 10^3\ \mathrm{Pa} = 98\ \mathrm{kPa}$$

したがって、98 kPa は正しいが、98 $\mathrm{N/cm^2}$ は誤りである。

ハ．（○）N を SI 基本単位で表すと、$\mathrm{N} = \mathrm{kg \cdot m/s^2}$ であるから

$\mathrm{Pa} = \mathrm{N/m^2} = \mathrm{kg \cdot m \cdot s^{-2} \cdot m^{-2}} = \mathrm{kg \cdot m^{-1} \cdot s^{-2}} = \mathrm{kg/(m \cdot s^2)}$

力＝質量×加速度　の定義から誘導できるように訓練しておくとよい。

ニ．（×）$1\ \mathrm{J} = 1\ \mathrm{N \cdot m} = 1\ (\mathrm{kg \cdot m/s^2}) \times \mathrm{m} = 1\ \mathrm{kg \cdot m^2/s^2}$

ホ．（○）1 kg の物体に $1\ \mathrm{m/s^2}$ の加速度を与える力が 1 N であるから

$1\ \mathrm{N} = 1\ \mathrm{kg} \times 1\ \mathrm{m/s^2} = 1\ \mathrm{kg \cdot m/s^2}$

（答　ハ、ホ）

第2章の演習問題の解答

《演習問題 2.1》

イ．（○）プロパンの分子式は記述のとおりC_3H_8であり、これは炭素3原子と水素8原子からなる分子であることを意味する。

ロ．（×）物質の固有の性質を示す最小の基本粒子は分子である。例えば、アンモニア(NH_3)の分子は窒素原子1個と水素原子3個から成り立っており、アンモニアガスはこの分子の集合体である。

ハ．（×）水(H_2O)やプロパン(C_3H_8)は、2種類の原子（元素）からできている物質であるので化合物である。水蒸気とプロパンが混合している気体などが混合物の例である。

ニ．（○）塩素分子は塩素原子2個から成っているので単体である。分子式はCl_2である。

ホ．（○）異性体の説明のとおりである。

ヘ．（○）炭素間の結合が単結合であるプロパン、ブタンなどはアルカン（パラフィン系炭化水素）と呼ばれる。なお、エチレン、プロピレン、ブテンなど二重結合をもつものは、アルケン（オレフィン系炭化水素）といわれる。

（答　イ、ニ、ホ、ヘ）

《演習問題 2.2》

イ．（×）記述の分子式はプロピレンであり、プロパンはC_3H_8である。

ロ．（○）題意のとおりである。この他、単体のガスであるH_2、N_2、Cl_2など類似のものを記憶しておく。

ハ．（○）題意のとおりである。同様に、CO_2、SO_2など類似のものも記憶する。

ニ．（×）記述の分子式はプロパンであり、ブタンはC_4H_{10}である。　（答　ロ、ハ）

《演習問題 2.3》

イ．（○）アンモニアの分子式である。

ロ．（×）シアン化水素の分子式はHCNであり、シアン化合物には－CNが分子中にあるのが特徴である。HClは塩化水素である。

ハ．（×）エチレンの分子式はC_2H_4である。二重結合をもったオレフィン系炭化水素に分類される。C_2H_6はパラフィン系炭化水素のエタンである。

ニ．（×）水素の分子式はH_2である。H_2Sは硫化水素であり、Sは硫黄の元素記号である。

ホ．（×）プロピレンの分子式はC_3H_6でありオレフィン系炭化水素である。CH_4はメタンである。

（答　イ）

《演習問題 2.4》

(5) が正解である。　　　　　　　　　　　　　　　　　　　　　(答　(5))

《演習問題 2.5》

イ．(×) 炭素の原子量は 12 であり正しいが、元素記号は C であり、H (水素) ではない。

ロ．(×) 酸素の元素記号は O であり正しいが、原子量は 16 である。酸素の分子量の 32 と間違わないこと。

ハ．(○) 窒素の元素記号および原子量は正しい。

ニ．(○) 硫黄 (いおう) の元素記号および原子量は正しい。　　　　(答　ハ、ニ)

《演習問題 2.6》

原子量の基本を問う問題である。　　(答　イ　炭素、ロ　12、ハ　原子量、ニ　16)

《演習問題 2.7》

イ．(○) プロパン (C_3H_8) と二酸化炭素 (CO_2) の分子量は

C_3H_8：　$12 \times 3 + 1 \times 8 = 44$

CO_2：　$12 \times 1 + 16 \times 2 = 44$

ロ．(×) エチレンの分子式は C_2H_4 であるので、その分子量は

$12 \times 2 + 1 \times 4 = 24 + 4 = 28$

分子式はきちんと記憶しておく。C_2H_2 はアセチレンの分子式である。

ハ．(×) メタン (CH_4) とアンモニア (NH_3) の分子量は

CH_4：　$12 \times 1 + 1 \times 4 = 16$

NH_3：　$14 \times 1 + 1 \times 3 = 17$

$\therefore$　$CH_4 < NH_3$

ニ．(○) ブタンの分子量は 58、プロパンの分子量は 44 であるから

$$\frac{\text{ブタンの分子量}}{\text{プロパンの分子量}} = \frac{58}{44} = 1.32 \fallingdotseq 1.3\text{(倍)}$$

(答　イ、ニ)

《演習問題 2.8》

イ．(○) アンモニア (NH_3) の分子量 $= 14 \times 1 + 1 \times 3 = 17$

分子量に g をつけて、アンモニア 1 mol の質量は 17 g である。

ロ．(○) プロパン (分子量 = 44) とブタン (分子量 = 58) は分子量が異なるので 1 mol の質量も異なる。

ハ．(○) 水 H_2O の分子量は 18 なので、その 1 mol は 18 g である。

ニ．(×) 一酸化炭素 (CO) の分子量 $= 12 + 16 = 28$

したがって、1 mol の質量は 28 g である。1 kmol は 1 mol の 1000 倍であるから

CO 1 kmol= $28\text{ g} \times 1000 = 28\text{ kg}$

なお、二酸化炭素CO_2の1 kmolの質量は44 kgである。

別解 質量m、物質量nの関係は、COのモル質量M = 28 g/mol = 28 kg/kmolであるから、式（2.2 b）を用いて

$$m = nM = 1\ \text{kmol} \times 28\ \text{kg/kmol} = 28\ \text{kg}$$

（答　イ、ロ、ハ）

《演習問題 2.9》

イ．（×）エチレンC_2H_4の分子量は28であるので、そのモル質量M = 28 g/molである。

式(2.2 b)より、質量mは

$$m = nM = 15\ \text{mol} \times 28\ \text{g/mol} = 420\ \text{g}$$

ロ．（○）プロピレンC_3H_6の分子量は42であるので、そのモル質量M = 42 g/molである。式(2.2 b)より、質量mは

$$m = nM = 0.5\ \text{mol} \times 42\ \text{g/mol} = 21\ \text{g}$$

ハ．（○）塩化水素HClの分子量= 1 × 1 + 35.5 × 1 = 36.5

したがって

モル質量$M = 36.5\ \text{g/mol} = 36.5 \times 10^{-3}\ \text{kg/mol}$

式(2.2 a)より、物質量nは

$$n = \frac{m}{M} = \frac{365\ \text{kg}}{36.5 \times 10^{-3}\ \text{kg/mol}} = 10 \times 10^3\ \text{mol} = 10\ \text{kmol}$$

ニ．（×）シアン化水素HCNの分子量= 1 × 1 + 12 × 1 + 14 × 1 = 27であるので、モル質量Mは

$$M = 27\ \text{g/mol}$$

式(2.2 a)より、物質量nは

$$n = \frac{m}{M} = \frac{540\ \text{g}}{27\ \text{g/mol}} = 20\ \text{mol}$$

（答　ロ、ハ）

第3章の演習問題の解答

《演習問題 3.1》

イ．(○)題意のとおりである。この法則で気体は、同じ温度、圧力で同体積中の分子数(=物質量)は等しい。これは気体の種類によらない。

ロ．(×)アボガドロの法則では、ガス種に関係なく 1 mol の標準状態での体積は 22.4 L である。

ハ．(×)1 mol の分子数は決まっている(6.02×10^{23} 個)。温度によって体積が変化しても、その中にある分子の数が変化することはない。

ニ．(○)アボガドロの法則では、イの理由により、同じ温度、圧力条件での 1 mol の体積は、ガス種に関係なく等しい。この場合は標準状態であるので、1 mol の気体はすべて 22.4 L の体積を占める。

(答　イ、ニ)

《演習問題 3.2》

イ．(×)酸素の分子量は与えられていないが、常識として分子式と原子量から分子量 = 32 を計算できる(または記憶しておく)ことが必要である。したがって、モル質量 $M = 32 \times 10^{-3}$ kg/mol である。式(2.2 a)から、酸素 100 kg の物質量 n は、質量を m として

$$n = \frac{m}{M} = \frac{100\ \mathrm{kg}}{32 \times 10^{-3}\ \mathrm{kg/mol}} = 3.125 \times 10^3\ \mathrm{mol}\,(=3125\mathrm{mol})$$

標準状態における体積 V は、モル体積を V_m($= 22.4 \times 10^{-3}\ \mathrm{m^3/mol}$)として

$$V = nV_\mathrm{m} = 3.125 \times 10^3\ \mathrm{mol} \times 22.4 \times 10^{-3}\ \mathrm{m^3/mol} = 70\ \mathrm{m^3}$$

なお、式を立てて一気に計算すると

$$V = nV_\mathrm{m} = \frac{m}{M} \cdot V_\mathrm{m} = \frac{100\ \mathrm{kg}}{32 \times 10^{-3}\ \mathrm{kg/mol}} \times 22.4 \times 10^{-3}\ \mathrm{m^3/mol} = 70\ \mathrm{m^3}$$

ロ．(×)標準状態の体積 V から物質量 n が計算でき、質量 m との関係からモル質量 M が得られるので、分子量を求めることができる。

標準状態のモル体積を V_m ($= 22.4 \times 10^{-3}\ \mathrm{m^3/mol}$) として、式(3.1 a)から

$$n = \frac{V}{V_\mathrm{m}} = \frac{5.1\ \mathrm{m^3}}{22.4 \times 10^{-3}\ \mathrm{m^3/mol}} = 0.228 \times 10^3\ \mathrm{mol}\,(=228\ \mathrm{mol})$$

n、m、M の関係は式(2.2 a)を変形し、値を代入すると

$$M = \frac{m}{n} = \frac{10\ \mathrm{kg}}{0.228 \times 10^3\ \mathrm{mol}} = 43.9 \times 10^{-3}\ \mathrm{kg/mol} = 43.9\ \mathrm{g/mol}$$

したがって、分子量はおよそ 44 である。

なお、イと同様に式を立てて一気に計算すると

$$M=\frac{m}{n}=m\cdot\frac{V_m}{V}=10\ \mathrm{kg}\times\frac{22.4\times10^{-3}\ \mathrm{m^3/mol}}{5.1\ \mathrm{m^3}}=43.9\times10^{-3}\ \mathrm{kg/mol}$$

ハ．（○）イの後段と同様に一気に計算すると、水素の分子量を2として

$$V=nV_m=\frac{m}{M}\cdot V_m=\frac{1.0\ \mathrm{kg}}{2\times10^{-3}\ \mathrm{kg/mol}}\times22.4\times10^{-3}\ \mathrm{m^3/mol}=11.2\ \mathrm{m^3}$$

ニ．（×）22.4の数値の意味を正確に理解しておく。標準状態における1 molの気体の体積が22.4 Lである。

例えば、0.5 kg（約1 L）の液体プロパンが蒸発して標準状態の気体になったときの体積Vは、質量をm、モル質量をM、モル体積をV_mとして

$$V=\frac{m}{M}\times V_m=\frac{0.5\ \mathrm{kg}}{44\times10^{-3}\ \mathrm{kg/mol}}\times22.4\times10^{-3}\ \mathrm{m^3/mol}=0.255\ \mathrm{m^3}=255\ \mathrm{L}$$

すなわち、プロパンの場合は250倍位の値になる。

物質によって気化による体積変化の倍率は異なる。 （答　ハ）

《演習問題 3.3》

イ．（×）酸素のモル質量Mは、$M=32\times10^{-3}\ \mathrm{kg/mol}$である。質量を$m$、体積を$V$、モル体積を$V_m$として

$$物質量\ n=\frac{V}{V_m}=\frac{90\ \mathrm{m^3}}{22.4\times10^{-3}\ \mathrm{m^3/mol}}=4.02\times10^3\ \mathrm{mol}\ (=4020\ \mathrm{mol})$$

$$質量\ m=nM=4.02\times10^3\ \mathrm{mol}\times32\times10^{-3}\ \mathrm{kg/mol}=128.6\ \mathrm{kg}$$

ロ．（○）酸素のモル質量$M=32\times10^{-3}\ \mathrm{kg/mol}$

$$物質量\ n=\frac{V}{V_m}=\frac{7.0\ \mathrm{m^3}}{22.4\times10^{-3}\ \mathrm{m^3/mol}}=0.313\times10^3\ \mathrm{mol}\ (=313\ \mathrm{mol})$$

$$質量\ m=nM=0.313\times10^3\ \mathrm{mol}\times32\times10^{-3}\ \mathrm{kg/mol}=10.0\ \mathrm{kg}$$

ハ．（×）アンモニアのモル質量$M=17\times10^{-3}\ \mathrm{kg/mol}$

式(3.2)を用いて直接質量mを計算する。

$$m=nM=\frac{VM}{V_m}=\frac{5\ \mathrm{m^3}\times17\times10^{-3}\ \mathrm{kg/mol}}{22.4\times10^{-3}\ \mathrm{m^3/mol}}=3.79\ \mathrm{kg}\fallingdotseq3.8\ \mathrm{kg}$$

ニ．（×）二酸化炭素CO_2のモル質量$M=44\times10^{-3}\ \mathrm{kg/mol}$

式(3.2)を用いて直接質量mを計算する。

$$m=\frac{VM}{V_m}=\frac{15\ \mathrm{m^3}\times44\times10^{-3}\ \mathrm{kg/mol}}{22.4\times10^{-3}\ \mathrm{m^3/mol}}=29.5\ \mathrm{kg}$$

（答　ロ）

《演習問題 3.4》

イ．（○）「ボイル-シャルルの法則」の説明のとおりである。

ロ．（○）ボイル-シャルルの法則の式であり正しい。

ハ．（○）「シャルルの法則」の説明のとおりである。

ニ．（×）ボイルの法則、およびボイル-シャルルの法則で取り扱う圧力は絶対圧力であり、ゲージ圧力ではない。さらに、ボイルの法則の式は、絶対圧力をp、体積をVとして

$pV =$ 一定

である。　　　　　　　　　　　　　　　　　　　　　　　　　　　　（答　イ、ロ、ハ）

《演習問題 3.5》

圧力を p、体積を V、温度を T とし、変化前の状態を 1、変化後は 2 の添字で表す。ボイル-シャルル則の式 (3.5 b) から

$$\frac{p_1 V_1}{T_1} = \frac{p_2 V_2}{T_2}$$

体積（内容積）V は変化しないので消去され、p_2 を求める形にすると

$$p_2 = \frac{T_2}{T_1} \cdot p_1 \quad \cdots\cdots ①$$

ここで、変化前後の値は

変化前	変化後
$p_1 = 7.0$ MPa（絶対圧力）	$p_2 =$ 求める圧力
$T_1 = 18$ ℃ $= 291$ K	$T_2 = 45$ ℃ $= 318$ K

式①に代入して

$$p_2 = \frac{T_2}{T_1} \cdot p_1 = \frac{318\ \mathrm{K}}{291\ \mathrm{K}} \times 7.0\ \mathrm{MPa} = 7.6\ \mathrm{MPa}\ (\text{絶対圧力})$$

（答　**7.6 MPa（絶対圧力）**）

《演習問題 3.6》

ボイル-シャルルの法則を適用する。

圧力を p、温度を T、体積を V で表し、最初の状態を 1、充てん後の状態を 2 で表す。この場合、充てん後の体積 V_2 は容器の内容積を示している。

式 (3.5 b) より

$$\frac{p_1 V_1}{T_1} = \frac{p_2 V_2}{T_2}$$

V_2 を求める形にして

$$V_2 = \frac{p_1}{p_2} \cdot \frac{T_2}{T_1} \cdot V_1 \quad \cdots\cdots ①$$

ここで、状態変化前後の値は

変化前	変化後
$p_1 = 0.1013$ MPa	$p_2 = 14.8$ MPa
$V_1 = 2.6\ \mathrm{m}^3$	$V_2 =$ 求める体積
$T_1 = 273$ K	$T_2 = (35 + 273)$ K $= 308$ K

式①に代入して

$$V_2 = \frac{0.1013\ \mathrm{MPa}}{14.8\ \mathrm{MPa}} \times \frac{308\ \mathrm{K}}{273\ \mathrm{K}} \times 2.6\ \mathrm{m}^3 = 0.0201\ \mathrm{m}^3 = 20.1\ \mathrm{L}$$

$2.6\ \mathrm{m}^3$（標準状態）の物質量を求め、状態方程式から充てん後の体積 V_2 を計算する方法も

ある。

（答　**20.1 L**）

《演習問題 3.7》

最初の状態を 1、温度が 16 ℃に上昇した状態を 2 の添字で表し、ボイル-シャルルの法則を適用すると

$$\frac{p_1V_1}{T_1}=\frac{p_2V_2}{T_2} \quad \cdots\cdots ①$$

体積は配管の内容積（45 L）なので変化はない。すなわち、$V_1 = V_2$ であるから、V は式①から消去される（$V_1 = V_2 = 45$ L を用いても結果は同じ）。

式①を変形して

$$p_2 = p_1 \times \frac{T_2}{T_1} \quad \cdots\cdots ②$$

ここで

p_1 = 8.4 kPa（ゲージ圧力）= (8.4 + 101.3) kPa = 109.7 kPa（絶対圧力）

T_1 = 10 ℃ = 283 K

T_2 = 16 ℃ = 289 K

式②にこれらの値を代入して

$$p_2 = 109.7\ \text{kPa} \times \frac{289\ \text{K}}{283\ \text{K}} = 112.0\ \text{kPa（絶対圧力）}$$

ゲージ圧力 p_2' になおして

p_2' = (112.0 − 101.3) kPa = 10.7 kPa（ゲージ圧力）

（答　**10.7 kPa（ゲージ圧力）**）

《演習問題 3.8》

変化前の配管内の状態を 1、変化後の状態を 2 の添字で表すと、ボイル-シャルルの法則は

$$\frac{p_1V_1}{T_1}=\frac{p_2V_2}{T_2} \quad \cdots\cdots ①$$

配管の内容積は変化しないので $V_1 = V_2$ である。したがって、式①は

$$\frac{p_1}{T_1}=\frac{p_2}{T_2}$$

となり、これを T_2 =の形になおすと

$$T_2 = \frac{p_2}{p_1}\cdot T_1 \quad \cdots\cdots ②$$

ここで、

変化前	変化後
p_1 = 9.0 kPa（ゲージ圧力）	p_2 = 8.7 kPa（ゲージ圧力）
= 110.3 kPa（絶対圧力）	= 110.0 kPa（絶対圧力）

$T_1 = 25.0℃ = 298\,\mathrm{K}$　　　　　T_2 = 求める温度

式②に値を代入して

$$T_2 = \frac{p_2}{p_1} \cdot T_1 = \frac{110.0\,\mathrm{kPa}}{110.3\,\mathrm{kPa}} \times 298\,\mathrm{K} = 297.2\,\mathrm{K}$$

セルシウス温度 t_2 になおして

$t_2 = (T_2 - 273) = (297.2 - 273)(℃) = 24.2℃$　　　　**（答　24.2℃）**

《演習問題 3.9》

最初の状態の気体を標準状態に換算し、その体積から $3.0\,\mathrm{m}^3$ を引いた残りの気体の変化を考える。

(1) 標準状態における消費後の気体の体積 V'_0

最初の状態（状態 1）の圧力 (p)、温度 (T)、体積 (V) は添字 1 で表すと

$p_1 = 11.9\,\mathrm{MPa}$（ゲージ圧力）≒ $12.0\,\mathrm{MPa}$（絶対圧力）

$T_1 = 27℃ = 300\,\mathrm{K}$

$V_1 = 47\,\mathrm{L} = 47 \times 10^{-3}\,\mathrm{m}^3$

ボイル-シャルルの法則を用いて V_1 を標準状態（状態 0）の体積 V_0 になおす。状態 0 の添字を 0 として

$$\frac{p_1 V_1}{T_1} = \frac{p_0 V_0}{T_0} \quad \cdots\cdots ①$$

$$\therefore \quad V_0 = \frac{p_1}{p_0} \cdot \frac{T_0}{T_1} \cdot V_1 = \frac{12.0\,\mathrm{MPa}}{0.1013\,\mathrm{MPa}} \times \frac{273\,\mathrm{K}}{300\,\mathrm{K}} \times 47 \times 10^{-3}\,\mathrm{m}^3 = 5.07\,\mathrm{m}^3$$

このうち $3\,\mathrm{m}^3$ は消費されたので、残っている気体の標準状態の体積 V'_0 は

$V'_0 = (5.07 - 3.0)\,\mathrm{m}^3 = 2.07\,\mathrm{m}^3$

(2) V'_0 が体積 47 L、温度 17℃に変化したときの圧力 p_2 の計算

最終の状態（状態 2、添字 2）と V'_0、p_0、T_0 の関係は、同様に

$$\frac{p_0 V'_0}{T_0} = \frac{p_2 V_2}{T_2}$$

ここで、$V_2 = 47 \times 10^{-3}\,\mathrm{m}^3$、$T_2 = 17℃ = 290\,\mathrm{K}$ であるから

$$p_2 = \frac{T_2}{T_0} \cdot \frac{V'_0}{V_2} \cdot p_0 = \frac{290\,\mathrm{K}}{273\,\mathrm{K}} \times \frac{2.07\,\mathrm{m}^3}{47 \times 10^{-3}\,\mathrm{m}^3} \times 0.1013\,\mathrm{MPa}$$

$= 4.74\,\mathrm{MPa}$（絶対圧力）

ゲージ圧力 p_2' になおして

$p_2' = (4.74 - 0.101)\,\mathrm{MPa}$ ≒ $4.6\,\mathrm{MPa}$（ゲージ圧力）

（答　4.6 MPa（ゲージ圧力））

なお、後述の理想気体の状態方程式を用いて物質量を計算し、消費した物質量との差から圧力を計算することもできる。

《演習問題 3.10》

後節で説明する理想気体の状態方程式を用いて物質量（モル数）の変化から求める方法もあるが、ここではボイル-シャルルの法則を使って計算する。

充てんしたときの状態（変化前）を1として、それを標準状態になおした体積を $V_{1,0}$ のように表す。また、標準状態の圧力、温度をそれぞれ p_0、T_0 で表し、3週間後の状態（変化後）を2として、標準状態になおした体積を $V_{2,0}$ のように表して計算を進める。

求める漏れた体積 V_L は

$$V_L = V_{1,0} - V_{2,0} \quad \cdots\cdots ①$$

である。

状態1の体積 V_1 を標準状態の体積 $V_{1,0}$ になおすと

$$V_{1,0} = \frac{p_1}{p_0} \cdot \frac{T_0}{T_1} \cdot V_1 = \frac{10.0\,\text{MPa}}{0.1013\,\text{MPa}} \times \frac{273\,\text{K}}{288\,\text{K}} \times 47\,\text{L} = 4398\,\text{L}$$

同様に、状態2の体積 V_2 を標準状態の体積 $V_{2,0}$ になおすと

$$V_{2,0} = \frac{p_2}{p_0} \cdot \frac{T_0}{T_2} \cdot V_2 = \frac{8.4\,\text{MPa}}{0.1013\,\text{MPa}} \times \frac{273\,\text{K}}{296\,\text{K}} \times 47\,\text{L} = 3595\,\text{L}$$

したがって、式①から漏れた体積 V_L は

$$V_L = V_{1,0} - V_{2,0} = 4398\,\text{L} - 3595\,\text{L} = 803\,\text{L} \fallingdotseq 800\,\text{L}$$

（答　800 L）

《演習問題 3.11》

圧力 p、体積 V、温度 T、質量 m およびモル質量 M の関係は、式（3.6 c）のとおり

$$pV = \frac{m}{M} RT$$

圧力 p を求める形にして

$$p = \frac{m}{M} \cdot \frac{RT}{V} \quad \cdots\cdots ①$$

ここで、各数値の単位を統一して整理する。アルゴンは単原子分子であることに注意して

$V = 43\,\text{L} = 43 \times 10^{-3}\,\text{m}^3$

$T = 273\,\text{K}$

$m = 4.0\,\text{kg}$

$M = 40 \times 10^{-3}\,\text{kg/mol}$

$R = 8.31\,\text{Pa}\cdot\text{m}^3/(\text{mol}\cdot\text{K})$

式①に代入して

$$p = \frac{4.0\,\text{kg}}{40 \times 10^{-3}\,\text{kg/mol}} \times \frac{8.31\,\text{Pa}\cdot\text{m}^3/(\text{mol}\cdot\text{K}) \times 273\,\text{K}}{43 \times 10^{-3}\,\text{m}^3}$$

$$= 5.28 \times 10^6\,\text{Pa} \fallingdotseq 5.3\,\text{MPa}$$

別解 ボイル-シャルルの法則およびアボガドロの法則を用いて解く。

$$\text{アルゴンの物質量}\ n = \frac{4.0\,\text{kg}}{40 \times 10^{-3}\,\text{kg/mol}} = 100\,\text{mol}$$

標準状態を0の添字で表すと、ボイル-シャルルの法則から

$$\frac{pV}{T} = \frac{p_0 V_0}{T_0}$$

$$\therefore \quad p = \frac{V_0}{V} \cdot \frac{T}{T_0} \cdot p_0 \quad \cdots\cdots ②$$

$$V_0 = nV_m = 100\,\text{mol} \times 22.4\,\text{L/mol} = 2240\,\text{L}$$

であるから、式②は

$$p = \frac{2240\,\text{L}}{43\,\text{L}} \times \frac{273\,\text{K}}{273\,\text{K}} \times 0.1013\,\text{MPa} = 5.28\,\text{MPa} \fallingdotseq 5.3\,\text{MPa}$$

（答　5.3 MPa）

《演習問題 3.12》

容器内の残留プロパンの質量 m は計算で求められ、温度 T、体積（容器の内容積）V、およびモル質量 M が既知である。圧力 p とそれらの関係は式（3.6 c）から

$$pV = \frac{m}{M}RT$$

$$\therefore \quad p = \frac{m}{M} \cdot \frac{RT}{V} \quad \cdots\cdots ①$$

ここで

$$V = 47\,\text{L} = 47 \times 10^{-3}\,\text{m}^3$$

$$T = 27\,℃ = 300\,\text{K}$$

$$m = (20.0 - 19.5)\,\text{kg} = 0.5\,\text{kg}$$

$$M = 44\,\text{g/mol} = 44 \times 10^{-3}\,\text{kg/mol}$$（プロパンの分子量＝44）

これらを式①に代入して

$$p = \frac{0.5\,\text{kg}}{44 \times 10^{-3}\,\text{kg/mol}} \times \frac{8.31\,\text{Pa}\cdot\text{m}^3/(\text{mol}\cdot\text{K}) \times 300\,\text{K}}{47 \times 10^{-3}\,\text{m}^3}$$

$$= 0.603 \times 10^6\,\text{Pa} = 0.603\,\text{MPa}$$（絶対圧力）

ゲージ圧力 p' になおして

$$p' = (0.603 - 0.101)\,\text{MPa} = 0.502\,\text{MPa} \fallingdotseq 0.50\,\text{MPa}$$（ゲージ圧力）

（答　0.50 MPa（ゲージ圧力））

なお、残留プロパンの物質量から標準状態の体積を求め、ボイル-シャルルの法則を用いて残圧 p を計算することもできる。

《演習問題 3.13》

圧力を p、体積を V、温度を T、物質量を n とすると、理想気体の状態方程式（式(3.6 b)）は

$$pV = nRT$$

nを求める形にして

$$n = \frac{pV}{RT} \quad \cdots\cdots ①$$

ここで

$p = 19.5\,\text{MPa} = 19.5 \times 10^6\,\text{Pa}$　　　$V = 25\,\text{L} = 25 \times 10^{-3}\,\text{m}^3$

$T = 20\,℃ = 293\,\text{K}$

式①に代入して

$$n = \frac{pV}{RT} = \frac{19.5 \times 10^6\,\text{Pa} \times 25 \times 10^{-3}\,\text{m}^3}{8.31\,\text{Pa}\cdot\text{m}^3/(\text{mol}\cdot\text{K}) \times 293\,\text{K}} = 0.200 \times 10^3\,\text{mol} = 200\,\text{mol}$$

別解 ボイル-シャルル則とアボガドロ則を用いて計算する。

標準状態を0の添字で表し、充てん状態を添字なしで表す。充てん状態の体積Vを標準状態の体積V_0になおすと、式(3.5 b)を変形して

$$V_0 = \frac{p}{p_0} \cdot \frac{T_0}{T} \cdot V = \frac{19.5\,\text{MPa}}{0.1013\,\text{MPa}} \times \frac{273\,\text{K}}{293\,\text{K}} \times 25\,\text{L} = 4484\,\text{L} \quad (\text{標準状態})$$

標準状態における1 molは22.4 Lの体積を占める(モル体積$V_m = 22.4\,\text{L/mol}$)から、式(3.1 a)より

$$n = \frac{V}{V_m} = \frac{4484\,\text{L}}{22.4\,\text{L/mol}} = 200\,\text{mol}$$

(答　200 mol)

《演習問題 3.14》

最初の充てん時の物質量をn_0、追加充てんしたときの全物質量をnとすると、求める追加充てんの物質量n'はその差であるので、アボガドロの法則から標準状態の体積を計算できる。体積V、温度Tは不変であるから、圧力をそれぞれp_0、pとして、状態方程式から

$$n_0 = \frac{p_0 V}{RT} \quad \cdots\cdots ①$$

$$n = \frac{pV}{RT} \quad \cdots\cdots ②$$

②−①より

$$n' = n - n_0 = \frac{V}{RT}(p - p_0) \quad \cdots\cdots ③$$

ここで

$p = (5.2 + 0.10)\,\text{MPa} = 5.30 \times 10^6\,\text{Pa}$

$p_0 = (0.50 + 0.10)\,\text{MPa} = 0.60 \times 10^6\,\text{Pa}$

$V = 118\,\text{L} = 118 \times 10^{-3}\,\text{m}^3$

$T = 27\,℃ = 300\,\text{K}$

$R = 8.31\,\text{Pa}\cdot\text{m}^3/(\text{mol}\cdot\text{K})$

これらを式③に代入して

$$n' = \frac{118 \times 10^{-3}\,\mathrm{m^3}}{8.31\,\mathrm{Pa \cdot m^3/(mol \cdot K)} \times 300\,\mathrm{K}} \times (5.30 - 0.60) \times 10^6\,\mathrm{Pa} = 222.5\,\mathrm{mol}$$

標準状態の体積は、モル体積 V_m をかけて

$$\text{追加充てん気体の体積} = n'V_m = 222.5\,\mathrm{mol} \times 22.4\,\mathrm{L/mol} = 4984\,\mathrm{L} \fallingdotseq 4980\,\mathrm{L}$$

なお、式①、②で n_0 および n を個々に計算する方法もある。 **(答　4980 L)**

《演習問題 3.15》

式 (3.6 c) の質量基準の状態方程式を用いてモル質量 M を求め、分子量に当てはめる。圧力を p、体積を V、温度を T、質量を m として

$$pV = \frac{m}{M} RT$$

$$\therefore \quad M = \frac{mRT}{pV} \quad \cdots\cdots ①$$

ここで、
$m = 12.9\,\mathrm{kg}$
$V = 5.0\,\mathrm{m^3}$
$p = 0.1013 \times 10^6\,\mathrm{Pa}$
$T = 273\,\mathrm{K}$

式①に代入して

$$M = \frac{12.9\,\mathrm{kg} \times 8.31\,\mathrm{Pa \cdot m^3/(mol \cdot K)} \times 273\,\mathrm{K}}{0.1013 \times 10^6\,\mathrm{Pa} \times 5\,\mathrm{m^3}}$$

$$= 57.8 \times 10^{-3}\,\mathrm{kg/mol} = 57.8\,\mathrm{g/mol}$$

すなわち、分子量 (整数値) は 58 である。

別解 標準状態の体積から物質量 n を計算し、式 (2.2 a) を変形した式

$$M = \frac{m}{n} \quad \cdots\cdots ②$$

から M を計算する。体積を V、モル体積を V_m として

$$n = \frac{V}{V_m} = \frac{5\,\mathrm{m^3}}{22.4 \times 10^{-3}\,\mathrm{m^3/mol}} = 0.223 \times 10^3\,\mathrm{mol}$$

式②に代入して

$$M = \frac{12.9\,\mathrm{kg}}{0.223 \times 10^3\,\mathrm{mol}} = 57.8 \times 10^{-3}\,\mathrm{kg/mol}$$

(答　58)

《演習問題 3.16》

イ．(○)「密度」の説明のとおりである。この定義から単位は、気体では $\mathrm{kg/m^3}$、液体では kg/L がよく使われている。

ロ．(×) 質量が m、体積が V であるとき、比体積 v は式 (3.9 b) のとおり

解答　演習問題の解答

$$v = \frac{V}{m}$$

である。液体の場合でも温度が上昇すると熱膨張によって体積 V は増加する。分母の質量 m は変わらないので分数の数値が大きくなり、比体積 v は温度上昇に伴って大きくなる。

ハ．(×)密度は式(3.7 b)のとおり

$$\rho = \frac{m}{V}$$

理想気体の体積 V はボイル-シャルル則によって変化する。分母の V は温度の上昇とともに大きくなり、質量 m は変わらないので密度 ρ は小さくなる。また、V は圧力の上昇とともに小さくなるので ρ は大きな値に変化する。この関係は実在気体でも同様である。

ニ．(○)式(3.12 b)の説明のとおり、1 mol の気体について、モル体積 V_m、モル質量 M およびガス比重 $\frac{\rho_0}{\rho_{0,air}}$ の関係から

$$\frac{\rho_0}{\rho_{0,air}} = \frac{\frac{M}{V_m}}{\frac{M_{air}}{V_m}} = \frac{M}{M_{air}} = \frac{\text{対象ガスの分子量}}{\text{空気の平均分子量}}$$

ホ．(○)ガス比重は、標準状態の空気の密度に対する対象のガスの密度の比で表される。さらに、体積を V、質量を m で表し、空気を air の添字で表すと(対象のガスは無添字)

$$\text{ガス比重} = \frac{\rho}{\rho_{air}} = \frac{\frac{m}{V}}{\frac{m_{air}}{V}} = \frac{m}{m_{air}}$$

となる。式(3.12 c)のとおり同体積のガスの質量比でも表すことができる。

(答　イ、ニ、ホ)

《演習問題 3.17》

イ．(×)プロパン(分子量 44)を P、ブタン(分子量 58)を B の添字で表し、ガス密度を ρ、モル質量を M、標準状態におけるモル体積を V_m とすると、それぞれの密度 ρ は、1 mol について式(3.7 e)から

$$\rho_P = \frac{M_P}{V_m} = \frac{44 \times 10^{-3}\ \text{kg/mol}}{22.4 \times 10^{-3}\ \text{m}^3\text{/mol}} = 1.96\ \text{kg/m}^3 \fallingdotseq 2.0\ \text{kg/m}^3 \ (\text{標準状態})$$

$$\rho_B = \frac{M_B}{V_m} = \frac{58 \times 10^{-3}\ \text{kg/mol}}{22.4 \times 10^{-3}\ \text{m}^3\text{/mol}} = 2.59\ \text{kg/m}^3 \fallingdotseq 2.6\ \text{kg/m}^3 \ (\text{標準状態})$$

設問の記述の数値はお互いに逆になっている。

ロ．(×)液体の密度は計算で求めることはできないので、必要な数値は記憶しておく。

プロパンおよびブタンの常温でのおよその密度は 0.5 kg/L および 0.56 kg/L 程度の

値である。なお、設問の数値1.5は、プロパン(気体)の比重に近い値である。

ハ. (○) 標準状態における1 molの酸素について、密度ρはイと同様に

$$\rho = \frac{M}{V_m} = \frac{32 \times 10^{-3}\,\text{kg/mol}}{22.4 \times 10^{-3}\,\text{m}^3/\text{mol}} = 1.43\,\text{kg/m}^3 \fallingdotseq 1.4\,\text{kg/m}^3 \quad \text{(標準状態)}$$

ニ. (×) シアン化水素(HCN)の分子量Aは

$$A = 1 + 12 + 14 = 27$$

比体積vとモル質量M、モル体積V_mの関係は、式(3.11 a)を用いて

$$v = \frac{V_m}{M} \quad \cdots\cdots ①$$

ここで、$M = 27 \times 10^{-3}$ kg/mol　$V_m = 22.4 \times 10^{-3}$ m^3/mol　(標準状態)

であるから、式①により

$$v = \frac{22.4 \times 10^{-3}\,\text{m}^3/\text{mol}}{27 \times 10^{-3}\,\text{kg/mol}} = 0.83\,\text{m}^3/\text{kg} \quad \text{(標準状態)}$$

なお、式(3.11 b)で分子量を用いる計算では

$$v = \frac{22.4}{27}\,(\text{m}^3/\text{kg}) = 0.83\,\text{m}^3/\text{kg}$$

記述にある0.93という値は、シアン化水素のガスの比重$\left(\frac{27}{29}\right)$に該当する。

ホ. (○) 一定質量の気体の体積は、ボイル-シャルルの法則に従って変化するので、モル体積V_mの温度変化を計算すると、その温度におけるガス密度ρを計算できる。モル質量をMとして、式(3.7 e)により

$$\rho = \frac{M}{V_m} \quad \cdots\cdots ①$$

0℃、標準大気圧の状態(これを状態1として1の添字で表す)のモル体積$V_{m,1}$(= 22.4 L/mol)、および25℃、標準大気圧の状態(これを状態2として2の添字で表す)のモル体積$V_{m,2}$としてボイル-シャルルの法則から

$$\frac{p_1 V_{m,1}}{T_1} = \frac{p_2 V_{m,2}}{T_2}$$

$p_1 = p_2$であるので消去でき、$V_{m,2} =$の形になおすと

$$V_{m,2} = \frac{T_2}{T_1} \cdot V_{m,1} \quad \cdots\cdots ②$$

$T_1 = 0℃ = 273$ K、$T_2 = 25℃ = (25 + 273)$ K $= 298$ Kであるので、式②は

$$V_{m,2} = \frac{298\,\text{K}}{273\,\text{K}} \times 22.4 \times 10^{-3}\,\text{m}^3/\text{mol} = 24.45 \times 10^{-3}\,\text{m}^3/\text{mol}$$

モル質量Mに変化はなく、式①のV_mに$V_{m,2}$を代入して密度を求める。

$$\rho = \frac{M}{V_{m,2}} = \frac{44 \times 10^{-3}\,\text{kg/mol}}{24.45 \times 10^{-3}\,\text{m}^3/\text{mol}} = 1.8\,\text{kg/m}^3$$

標準状態におけるプロパンのガス密度は2 kg/m^{3}であるので、温度の上昇とともに

密度は小さくなっているのがわかる。

別解 1 mol のプロパンについて、理想気体の状態方程式を適用し、25℃、標準大気圧のモル体積を求める。式(3.6 a)から

$$pV_m = RT$$

$$\therefore \quad V_m = \frac{RT}{p} = \frac{8.31\ \text{Pa·m}^3/(\text{mol·K}) \times 298\ \text{K}}{0.1013 \times 10^6\ \text{Pa}} = 24.45 \times 10^{-3}\ \text{m}^3/\text{mol}$$

式①に V_m の値を代入して

$$\rho = \frac{M}{V_m} = \frac{44 \times 10^{-3}\ \text{kg/mol}}{24.45 \times 10^{-3}\ \text{m}^3/\text{mol}} = 1.8\ \text{kg/m}^3$$

または、$pV = \frac{m}{M}RT$ から一気に計算すると

$$\frac{m}{V} = \rho = \frac{pM}{RT} = \frac{0.1013 \times 10^6\ \text{Pa} \times 44 \times 10^{-3}\ \text{kg/mol}}{8.31\ \text{Pa·m}^3/(\text{mol·K}) \times 298\ \text{K}} = 1.8\ \text{kg/m}^3$$

へ．(×)1 mol の標準状態の気体について、密度 ρ、モル質量 M、モル体積 V_m の関係は、式(3.7 e)から

$$\rho = \frac{M}{V_m}$$

M を求める形にして値を代入する。$\rho = 1.96\ \text{kg/m}^3$ であるから

$$M = \rho V_m = 1.96\ \text{kg/m}^3 \times 22.4 \times 10^{-3}\ \text{m}^3/\text{mol} = 43.9 \times 10^{-3}\ \text{kg/mol} \fallingdotseq 44\ \text{g/mol}$$

したがって、このガスの分子量は 44 である。

(答　ハ、ホ)

《演習問題 3.18》

イ．(×)設問の前段の記述から、標準状態の空気の密度 ρ_{air} は $1.3\ \text{kg/m}^3$ およびガス A の密度 ρ_A は $0.9\ \text{kg/m}_3$ である。ガスの比重は式(3.12 a)から

$$\text{ガスの比重} = \frac{\rho_A}{\rho_{air}} = \frac{0.9\ \text{kg/m}^3}{1.3\ \text{kg/m}^3} = 0.69$$

ロ．(○)プロパンの分子量 44 を用いて、式(3.12 b)から

$$\text{プロパンガスの比重} = \frac{44}{29} = 1.52 \fallingdotseq 1.5$$

ハ．(×)設問は、温度、圧力は標準状態であるといっていないので、密度の比を考えてみる。すなわち、その温度、圧力での密度の比が 1 より大きければ、空気よりも重いので下降しやすいといえる。

1 mol について、同温度、同圧力のモル体積はガスの種類にかかわらず同じである(アボガドロの法則)から、

$$\text{ガス密度の比} = \frac{\text{ガスの密度}}{\text{空気の密度}} = \frac{\dfrac{\text{ガスのモル質量}}{\text{ガスのモル体積}}}{\dfrac{\text{空気のモル質量}}{\text{空気のモル体積}}} = \frac{\text{ガスのモル質量}}{\text{空気のモル質量}}$$

モル質量の比は分子量の比に等しいから

$$\text{ガス密度の比} = \frac{\text{ガスの分子量}}{\text{空気の平均分子量}}$$

記述では、分子量の比が1より小さいという意味であるから、そのガスは空気よりも軽く、上方に拡散する傾向にある。

結論として、この種の問題は、単に分子量の比からガスの軽重を考えてよい。

ニ．(○)分子量の比を用いて

$$\text{プロパンのガスの比重} = \frac{44}{29} = 1.52 \quad (\text{標準状態})$$

$$\text{ブタンのガスの比重} = \frac{58}{29} = 2.00 \quad (\text{標準状態})$$

したがって、ブタンのガスの比重のほうが大きい。

ホ．(×)液密度(液比重)の必要な数値は記憶するとよい。常温におけるプロパンの液密度は概略0.5 kg/L なので、比重も0.5程度である。液比重とガス比重の読み間違いに注意。

ヘ．(○)式(3.12 b)のとおり、空気の平均分子量29より大きな分子量をもつ物質のガスの比重は1より大となる。各物質の分子量は、窒素(N_2)＝28、<u>酸素</u>(O_2)＝32、<u>プロパン</u>(C_3H_8)＝44、<u>二酸化炭素</u>(CO_2)＝44、アセチレン(C_2H_2)＝26であるので、下線の物質が1より大となる。

(答　ロ、ニ、ヘ)

《演習問題 3.19》

比体積を用いて質量を計算する問題である。

質量 m、体積 V、密度 ρ、比体積 v の関係は、式(3.7 c)、(3.10)から

$$m = \rho V = \frac{V}{v} \quad \cdots\cdots ①$$

ここで

$V = 10\ \mathrm{m}^3$

$v = 0.11\ \mathrm{m}^3/\mathrm{kg}$

式①に代入して

$$m = \frac{V}{v} = \frac{10\ \mathrm{m}^3}{0.11\ \mathrm{m}^3/\mathrm{kg}} = 90.9\ \mathrm{kg}$$

(答　90.9 kg)

《演習問題 3.20》

図のように、液相部の体積を V_L、質量を m、密度を ρ および気相部の体積を V_G とする。式(3.7 d)より

$$\text{液相部の体積}\ V_L = \frac{m}{\rho} \quad \cdots\cdots ①$$

ここで、$m = 50\ \mathrm{kg}$、$\rho = 0.54\ \mathrm{kg/L}$ であるから、式①は

$$V_L = \frac{50\ \text{kg}}{0.54\ \text{kg/L}} = 92.59\ \text{L}$$

気相部の体積 V_G は

$$V_G = 全容積 - V_L$$

であるから

$$V_G = 120\ \text{L} - 92.59\ \text{L} = 27.41\ \text{L}$$

全容積に対する気相部の割合は

$$\frac{V_G}{全容積} \times 100 = \frac{27.41\ \text{L}}{120\ \text{L}} \times 100 = 22.8\ \%$$

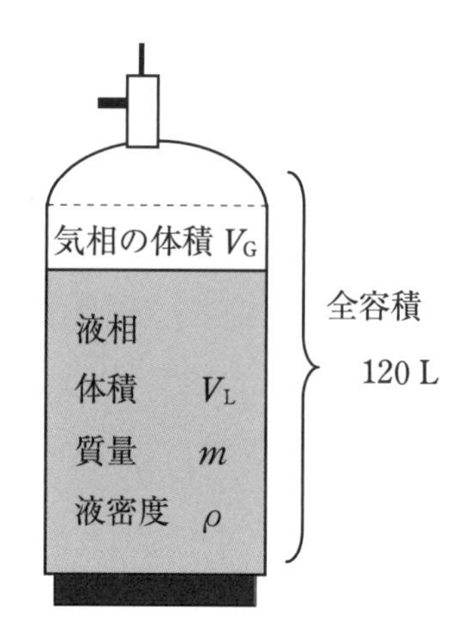

（答　22.8 %）

《演習問題 3.21》

(1) 体積分率

全体積＝(36 + 24) m^3 = 60 m^3 であるから、式 (3.14 a) を用いて

$$プロパンの体積分率 = \frac{プロパンの体積}{全体積} = \frac{36\ \text{m}^3}{60\ \text{m}^3} = 0.6$$

ブタンの体積分率 = 1 − プロパンの体積分率 = 1 − 0.6 = 0.4

(2) モル分率

理想気体の体積分率とモル分率は等しいので（式 (3.16)）

プロパンのモル分率 $x_P = 0.6$

ブタンのモル分率 $x_B = 0.4$

(3) 質量分率

体積を V、モル体積を V_m、物質量を n とすると、式 (3.1 a) から

$$n = \frac{V}{V_m}$$

標準状態のモル体積は、ガスの種類を問わず $V_m = 22.4 \times 10^{-3}\ \text{m}^3/\text{mol}$ であるので、それぞれの成分の物質量が計算できる。

$$プロパンの物質量\ n_P = \frac{36\ \text{m}^3}{22.4 \times 10^{-3}\ \text{m}^3/\text{mol}} = 1.607 \times 10^3\ \text{mol}$$

$$ブタンの物質量\ n_B = \frac{24\ \text{m}^3}{22.4 \times 10^{-3}\ \text{m}^3/\text{mol}} = 1.071 \times 10^3\ \text{mol}$$

物質量 n と質量 m の関係は、モル質量を M として、式 (2.2 b) により

$$m = nM$$

したがって

$$プロパンの質量\ m_P = n_P M_P = 1.607 \times 10^3\ \text{mol} \times 44 \times 10^{-3}\ \text{kg/mol} = 70.7\ \text{kg}$$

$$ブタンの質量\ m_B = n_B M_B = 1.071 \times 10^3\ \text{mol} \times 58 \times 10^{-3}\ \text{kg/mol} = 62.1\ \text{kg}$$

全質量は $m_P + m_B$ であるので、質量分率は

$$\text{プロパンの質量分率} = \frac{\text{プロパンの質量}(m_P)}{\text{全質量}(m_P+m_B)} = \frac{70.7\ \text{kg}}{(70.7 + 62.1)\ \text{kg}} = 0.532$$

$$\text{ブタンの質量分率} = 1 - \text{プロパンの質量分率} = 1 - 0.532 = 0.468$$

別解（質量分率の計算）

混合ガス1 molについて、モル分率から各成分の物質量 n は、$n_P = 0.6$ mol、$n_B = 0.4$ mol であり、$m = nM$ の関係を用いて

$$\text{プロパンの質量分率} = \frac{\text{プロパンの質量}(m_P)}{\text{全質量}(m_P+m_B)} = \frac{n_P M_P}{n_P M_P + n_B M_B}$$

$$= \frac{0.6\ \text{mol} \times 44\ \text{g/mol}}{0.6\ \text{mol} \times 44\ \text{g/mol} + 0.4\ \text{mol} \times 58\ \text{g/mol}}$$

$$= \frac{26.4\ \text{g}}{(26.4 + 23.2)\ \text{g}} = 0.532$$

$$\text{ブタンの質量分率} = 1 - \text{プロパンの質量分率} = 1 - 0.532 = 0.468$$

答

	体積分率	モル分率	質量分率
プロパン	0.6	0.6	0.532
ブタン	0.4	0.4	0.468

《演習問題 3.22》

各物質の物質量 n から質量 m を計算し加算する。体積を V、モル質量を M、モル体積を V_m として

$$\text{酸素の質量}\ m_{O_2} = \frac{V_{O_2}}{V_m} \cdot M_{O_2} = \frac{7\ \text{m}^3}{22.4 \times 10^{-3}\ \text{m}^3/\text{mol}} \times 32 \times 10^{-3}\ \text{kg/mol} = 10.0\ \text{kg}$$

$$\text{二酸化炭素の質量}\ m_{CO_2} = n_{CO_2} \cdot M_{CO_2} = 200\ \text{mol} \times 44 \times 10^{-3}\ \text{kg/mol} = 8.8\ \text{kg}$$

したがって、混合ガスの質量 m_{mix} は

$$m_{mix} = m_{O_2} + m_{CO_2} = (10.0 + 8.8)\ \text{kg} = 18.8\ \text{kg}$$ （**答　18.8 kg**）

なお、平均分子量を用いて計算する方法もある。

《演習問題 3.23》

$$\text{純プロパンの比重} = \frac{\text{プロパンのガス密度}}{\text{空気のガス密度}} = \frac{\dfrac{44\ \text{g/mol}}{22.4\ \text{L/mol}}}{\dfrac{29\ \text{g/mol}}{22.4\ \text{L/mol}}} = \frac{44}{29}$$

$$= 1.517$$ （標準状態）

$$\text{純ブタンの比重} = \frac{\text{ブタンのガス密度}}{\text{空気のガス密度}} = \frac{\dfrac{58\ \text{g/mol}}{22.4\ \text{L/mol}}}{\dfrac{29\ \text{g/mol}}{22.4\ \text{L/mol}}} = \frac{58}{29}$$

$$= 2.000$$ （標準状態）

式(3.17b)から

$$混合ガスの比重 = \underbrace{1.517 \times 0.9}_{プロパンの寄与分} + \underbrace{2.000 \times 0.1}_{ブタンの寄与分} = 1.565 \fallingdotseq 1.57 \quad (標準状態)$$

別解 平均分子量 Y_{mix} を用いて

$$Y_{mix} = 44 \times 0.9 + 58 \times 0.1 = 45.4$$

式(3.12 b)を用いて

$$混合ガスの比重 = \frac{Y_{mix}}{29} = \frac{45.4}{29} = 1.57 \quad (標準状態)$$

(答　1.57)

《演習問題 3.24》

理想気体の体積%(vol%)は mol% に等しい。したがって、それぞれのモル分率 x は

$$x_{N_2} = 0.60 \qquad x_{H_2} = 0.40$$

式(3.18)から、平均分子量 Y_{mix} は

$$Y_{mix} = (窒素の分子量 \times x_{N_2}) + (水素の分子量 \times x_{H_2})$$
$$= 28 \times 0.60 + 2 \times 0.40 = 17.6$$

(答　17.6)

《演習問題 3.25》

混合ガス 1 mol について、質量を m、物質量を n、モル質量を M とし、プロパンを P、ブタンを B の添字で表すと、式(3.13 a)は

$$プロパンの質量分率 = \frac{m_P}{m_P + m_B} = \frac{n_P M_P}{n_P M_P + n_B M_B}$$

$$= \frac{1\ \mathrm{mol} \times 0.8 \times 44\ \mathrm{g/mol}}{1\ \mathrm{mol} \times 0.8 \times 44\ \mathrm{g/mol} + 1\ \mathrm{mol} \times 0.2 \times 58\ \mathrm{g/mol}}$$

$$= \frac{35.2\ \mathrm{g}}{46.8\ \mathrm{g}} = 0.752$$

したがって、質量%は 75.2 wt %である。

(答　75.2 wt %)

第4章の演習問題の解答

《演習問題 4.1》

エタンは炭化水素であるから、完全に燃焼すると CO_2 と H_2O になる。

したがって、エタン1分子について、その他の物質の係数を a、b、c として化学反応式を書くと

$$C_2H_6 + a\,O_2 = b\,CO_2 + c\,H_2O \quad \cdots\cdots ①$$

炭素(C)について：　左辺は $\underline{C_2}H_6$ の2個

右辺の炭素は $\underline{C}O_2$ のみであるので、$b = 2$ で等しくなる。

水素(H)について：　左辺は $C_2\underline{H_6}$ の水素原子6個

右辺の水素は $\underline{H_2}O$ のみで、その分子中に2個あるから3分子あれば6個になる。したがって、$c = 3$

酸素(O)について：　右辺の係数 b、c が決まったので、その酸素原子の数は

$$\underline{2}\,C\underline{O_2} + \underline{3}\,H_2\underline{O} \ \Rightarrow\ 2 \times 2 + 3 \times 1 = 7（個）$$

左辺の $\underline{O_2}$ には分子中に2個の酸素原子があるので、3.5分子あれば7個になる。したがって、$a = 3.5$

したがって、化学反応式は

$$C_2H_6 + 3.5\,O_2 = 2\,CO_2 + 3\,H_2O$$

または、両辺を2倍して係数を整数にした次式も使われる。

$$2\,C_2H_6 + 7\,O_2 = 4\,CO_2 + 6\,H_2O$$

なお、連立1次方程式を解く方法もある。　　　**（答　$C_2H_6 + 3.5\,O_2 = 2\,CO_2 + 3\,H_2O$）**

《演習問題 4.2》

イ．（×）水素の燃焼式は

$$2\,H_2 + O_2 = 2\,H_2O$$

であり、これは、水素2 mol と酸素1 mol が反応して2 mol の水蒸気ができることを表している。温度、圧力が同じ状態における理想気体の場合は、体積で表してもその比率は変わらないので、水素2 L と酸素1 L から2 L の水蒸気が生成することになる。

ロ．（×）水素の燃焼方程式はイと同様に

$$2\,H_2 + O_2 = 2\,H_2O$$

この式は、水素2 mol に対して酸素が1 mol 必要であることを示している。すなわち、水素2 mol の燃焼に必要な最少の酸素は1 mol である。

ハ．（○）プロパンの燃焼方程式は

$$C_3H_8 + 5\,O_2 = 3\,CO_2 + 4\,H_2O$$

この反応式は化学量論から、$\underline{\text{1 mol のプロパン}}$と5 mol の酸素の反応により、$\underline{\text{3 mol}}$

の二酸化炭素と 4 mol の水が生成することを表している。

ニ．（×）プロパンの燃焼方程式から、プロパン 1 mol に対し二酸化炭素は 3 倍の 3 mol 生成する。この関係から二酸化炭素のモル質量 M_{CO_2}（$= 44 \times 10^{-3}$ kg/mol）とプロパンの物質量 n_P を用いて、二酸化炭素の質量 m_{CO_2} を計算する。

$$m_{CO_2} = n_P \times 3(\text{倍}) \times M_{CO_2} = 1\,\text{mol} \times 3 \times 44 \times 10^{-3}\,\text{kg/mol}$$
$$= 0.132\,\text{kg} \,(\neq 4\,\text{kg})$$

（答　ハ）

《演習問題 4.3》

化学反応式は、プロパン 1 mol に対し二酸化炭素が 3 mol 生成する関係を表している。

プロパン 1 kg を物質量（n_P）になおし、物質量でその 3 倍量の CO_2 の質量 m_{CO_2} を計算するとよい。CO_2 のモル質量 M_{CO_2}（$= 44 \times 10^{-3}$ kg/mol）を用いて

$$m_{CO_2} = n_P \times 3(\text{倍}) \times M_{CO_2} = \frac{1\,\text{kg}}{44 \times 10^{-3}\,\text{kg/mol}} \times 3 \times 44 \times 10^{-3}\,\text{kg/mol}$$
$$= 3\,\text{kg}$$

この場合、プロパンと二酸化炭素のモル質量が同じ数値であるので、計算が簡単である。

（答　3 kg）

《演習問題 4.4》

化学反応式をみると、プロパンから生成する水は 4 倍モルであり、プロピレンから生成する水は 3 倍モルである。混合ガス 10 m^3 の中に含まれるそれぞれの成分の物質量は、mol % = vol % として

$$\text{プロパンの物質量} = \frac{10\,\text{m}^3 \times 0.8}{22.4 \times 10^{-3}\,\text{m}^3/\text{mol}} = 0.3571 \times 10^3\,\text{mol} = 357.1\,\text{mol}$$

$$\text{プロピレンの物質量} = \frac{10\,\text{m}^3 \times 0.2}{22.4 \times 10^{-3}\,\text{m}^3/\text{mol}} = 0.0893 \times 10^3\,\text{mol} = 89.3\,\text{mol}$$

プロパンから生成する水の物質量 = 357.1 mol × 4（倍）= 1428 mol　………①

プロピレンから生成する水の物質量 = 89.3 mol × 3（倍）= 268 mol　………②

生成水の合計は①＋②であるから

生成水の物質量 = 1428 mol + 268 mol = 1696 mol

これを式（2.2 b）を用いて質量になおすと

生成水の質量 = 1696 mol × 18 × 10^{-3} kg/mol = 30.5 kg

別解 生成する水（水蒸気）を理想気体として

プロパンより生成する水 = 8 m^3 × 4（倍）= 32 m^3

プロピレンより生成する水 = 2 m^3 × 3（倍）= 6 m^3

∴　生成する水の合計 =（32 + 6）m^3 = 38 m^3　（標準状態）

モル体積とモル質量を用いて

$$\text{水の質量} = \frac{38\,\text{m}^3}{22.4 \times 10^{-3}\,\text{m}^3/\text{mol}} \times 18 \times 10^{-3}\,\text{kg/mol} = 30.5\,\text{kg}$$

（答　30.5 kg）

《演習問題 4.5》

イ．（○）比熱（比熱容量）の説明のとおりである。単位として、kJ/(kg・℃)、kJ/(kg・K)は実用上よく使われている。

ロ．（○）式(4.2 b)の説明のとおり顕熱の計算式である。

ハ．（○）液体が蒸発するときは、潜熱の一つである蒸発熱（気化熱）を外部から取り込む。また、蒸気が凝縮するときは、逆に凝縮熱を外部に吐き出す。

ニ．（×）記述は気体の比熱の種類に関して問うている。気体の比熱には体積一定の場合の定容比熱 c_V と圧力一定の場合の定圧比熱 c_p があり、$c_p > c_V$ である。定圧比熱は体積が膨張するための余分なエネルギーが必要であることから、定容比熱より大きな値になる。

ホ．（○）潜熱の項の説明のとおりである。　**（答　イ、ロ、ハ、ホ）**

《演習問題 4.6》

空気の質量 $m = 1\,\mathrm{kg}$

空気の比熱 $c = 1.00\,\mathrm{kJ/(kg\cdot℃)}$

温度差 $(t_2 - t_1) = (20 - 10)\,℃ = 10\,℃$

式(4.2 b)により必要な熱量 Q は

$$Q = mc(t_2 - t_1) = 1\,\mathrm{kg} \times 1.00\,\mathrm{kJ/(kg\cdot℃)} \times 10\,℃ = 10\,\mathrm{kJ}$$

（答　10 kJ）

《演習問題 4.7》

質量を m、熱量を Q、比熱を c、温度差を ΔT、時間を t で表す。

イ．（○）式(4.2 b)から

$$Q = mc\Delta T = 1\,\mathrm{kg} \times 4.2\,\mathrm{kJ/(kg\cdot℃)} \times (20 - 10)\,℃ = 42\,\mathrm{kJ}$$

ロ．（○）工率 P は、式(4.4)を変形して

$$P = \frac{Q}{t} = \frac{72 \times 10^3\,\mathrm{kJ}}{1\,\mathrm{h} \times 60\,\mathrm{min/h} \times 60\,\mathrm{s/min}} = 20\,\mathrm{kJ/s} = 20\,\mathrm{kW}$$

ハ．（×）式(4.2 b)から

$$Q = mc\Delta T = 200\,\mathrm{kg} \times 4.2\,\mathrm{kJ/(kg\cdot℃)} \times (42 - 12)\,℃ = 25200\,\mathrm{kJ} = 25.2\,\mathrm{MJ}$$

（答　イ、ロ）

《演習問題 4.8》

100 ℃の水蒸気を冷却して 100 ℃の水にするための潜熱 (Q_1) と、100 ℃の水を 35 ℃の水にするための顕熱 (Q_2) の合計熱量 (Q) を除去する必要がある。

Q_1 を計算するには、凝縮潜熱 L_C の値が必要になるが、蒸発潜熱 L_V が示されているので、$L_C = L_V$ であることを理解していると解決する。

(1) 凝縮に必要な熱（潜熱）Q_1

水の質量 m = 35 kg

凝縮潜熱 L_C = 2260 kJ/kg

式（4.3 c）により

$Q_1 = mL_C$ = 35 kg × 2260 kJ/kg = 79100 kJ = 79.1 MJ

(2) 温度を下げる熱量（顕熱）Q_2

水の比熱 c = 4.19 kJ/（kg·℃）

水の温度差 Δt =（100 − 35）℃ = 65 ℃

式（4.2 b）により

$Q_2 = mc\Delta t$ = 35 kg × 4.19 kJ/（kg·℃）× 65 ℃ = 9532 kJ ≒ 9.5 MJ

(3) 合計熱量 Q

$Q = Q_1 + Q_2$ =（79.1 + 9.5）MJ = 88.6 MJ　　（答　**88.6 MJ**）

《演習問題 4.9》

計算に使う数値は次のようになる。

給湯器の能力 P = 53 kW = 53 kJ/s

使用時間 t = 20 min × 60 s/min = 1200 s

消費熱量 Q_t は、式（4.4）のとおり供給能力と時間の積であるから

$Q_t = Pt$ = 53 kJ/s × 1200 s = 63600 kJ = 63.6 MJ　　（答　**63.6 MJ**）

《演習問題 4.10》

イ．（○）ブタンの燃焼方程式は

$$C_4H_{10} + 6.5\,O_2 = 4\,CO_2 + 5\,H_2O$$

であり、ブタン 1 mol 当たりの理論酸素量は 6.5 mol である。温度と圧力の等しい（理想）気体では物質量比と体積比は等しいので、1 m³ のブタンには 6.5 m³ が理論酸素量となる。したがって、ブタン 1 m³ に対する理論空気量は、空気中の酸素濃度を 21 vol% として

$$1\ \mathrm{m^3}\ \text{の}\ C_4H_{10}\ \text{に対する理論空気量} = \frac{6.5\ \mathrm{m^3}}{0.21} = 31.0\ \mathrm{m^3}$$

ロ．（○）題意のとおりであり、実際の燃焼器では、理論空気量よりも多い空気（これを「過剰空気」といっている）を加えて完全に燃焼するようにしている。

ハ．（×）プロパンの燃焼方程式は

$$C_3H_8 + 5\,O_2 = 3\,CO_2 + 4\,H_2O$$

であり、プロパン 1 mol 当たりの理論酸素量は 5 mol である。イと同じ考え方で

$$1\ \mathrm{m^3}\ \text{の}\ C_3H_8\ \text{に対する理論空気量} = \frac{5\ \mathrm{m^3}}{0.21} = 23.8\ \mathrm{m^3} \fallingdotseq 24\ \mathrm{m^3}$$

ニ．（○）メタンの燃焼方程式を書くと

$$CH_4 + 2\,O_2 = CO_2 + 2\,H_2O$$

メタン 1 mol 当たりの理論酸素量は 2 mol であるから

$$理論空気量 = 2\text{ mol} \times \frac{1}{0.21} = 9.52\text{ mol} \fallingdotseq 9.5\text{ mol}$$

（答　イ、ロ、ニ）

《演習問題 4.11》

各成分の燃焼方程式は

$$C_3H_8 + 5\,O_2 = 3\,CO_2 + 4\,H_2O$$

$$C_4H_{10} + 6.5\,O_2 = 4\,CO_2 + 5\,H_2O$$

混合ガス 2 mol 中の各成分の物質量 n は

プロパン　$n_P = 2\text{ mol} \times 0.9 = 1.8\text{ mol}$

ブタン　$n_B = 2\text{ mol} \times 0.1 = 0.2\text{ mol}$

燃焼式から、各成分の理論酸素量（mol）は

プロパン　$n_P \times 5(倍) = 1.8\text{ mol} \times 5 = 9.0\text{ mol}$

ブタン　$n_B \times 6.5(倍) = 0.2\text{ mol} \times 6.5 = 1.3\text{ mol}$

混合ガス 2 mol に必要な理論酸素量は

$$理論酸素量 = (9.0 + 1.3)\text{ mol} = 10.3\text{ mol}$$

したがって、その理論空気量は

$$理論空気量 = \frac{10.3\text{ mol}}{0.21} = 49.0\text{ mol}$$

別解 純成分 1 mol 当たりの理論空気量から計算する。

$$プロパン 1\text{ mol} 当たりの理論空気量 = \frac{5\text{ mol}}{0.21} = 23.81\text{ mol}$$

$$ブタン 1\text{ mol} 当たりの理論空気量 = \frac{6.5\text{ mol}}{0.21} = 30.95\text{ mol}$$

混合ガス 1 mol 当たりの理論空気量は、モル分率を用いて

$$理論空気量 = \underbrace{23.81\text{ mol} \times 0.9}_{プロパンの寄与分} + \underbrace{30.95\text{ mol} \times 0.1}_{ブタンの寄与分} = 24.52\text{ mol}$$

したがって

$$混合ガス 2\text{ mol} の理論空気量 = 24.52\text{ mol} \times 2(倍) = 49.0\text{ mol}$$

（答　49.0 mol）

《演習問題 4.12》

各成分の燃焼式を書くと

$$C_3H_8 + 5\,O_2 = 3\,CO_2 + 4\,H_2O$$

$$C_4H_{10} + 6.5\,O_2 = 4\,CO_2 + 5\,H_2O$$

各成分の物質量に対してそれぞれ 5 倍、6.5 倍の酸素が必要であるから

$$プロパンに必要な酸素量 = \frac{22\ g}{44\ g/mol} \times 5(倍) = 2.50\ mol$$

$$ブタンに必要な酸素量 = \frac{29\ g}{58\ g/mol} \times 6.5(倍) = 3.25\ mol$$

全混合ガス対する理論酸素量 = (2.50 + 3.25) mol = 5.75 mol

したがって、理論空気量は

$$理論空気量 = \frac{5.75\ mol}{0.21} = 27.38\ mol \fallingdotseq 27.4\ mol$$

（答　**27.4 mol**）

《演習問題 4.13》

混合ガス 1 mol 当たりの各成分の理論酸素量 (mol) は

プロパン　1 mol × 0.60 × 5（倍）= 3.0 mol

ブタン　1 mol × 0.40 × 6.5（倍）= 2.6 mol

したがって、混合ガス 1 mol 当たりの理論酸素量は

理論酸素量 = (3.0 + 2.6) mol = 5.6 mol

設問は 25 ℃における空気の体積 (L) を要求しているので、シャルルの法則を用いて

$$理論空気量 = \frac{5.6\ mol}{0.21} \times 22.4\ L/mol \times \frac{(25 + 273)\ K}{273\ K}$$

$$= 652\ L \quad (25\ ℃、0.1013\ MPa)$$

（答　**652 L**）

《演習問題 4.14》

各成分の燃焼方程式は

$C_3H_8 + 5\ O_2 = 3\ CO_2 + 4\ H_2O$

$C_4H_{10} + 6.5\ O_2 = 4\ CO_2 + 5\ H_2O$

したがって、各純成分 1 m^3 に対する理論空気量は、モル比＝体積比として

$$プロパン\quad \frac{5\ m^3}{0.21} = 23.81\ m^3$$

$$ブタン\quad \frac{6.5\ m^3}{0.21} = 30.95\ m^3$$

混合ガス 2 m^3 に対する理論空気量は

$$理論空気量 = 2\ m^3 \times (23.81\ m^3/m^3 \times 0.8 + 30.95\ m^3/m^3 \times 0.2) = 50.48\ m^3$$

理論空気量の 40 %の過剰空気があるから

$$必要な空気量 = 理論空気量 + 過剰空気量 = 理論空気量 + 0.4 \times 理論空気量$$

$$= 理論空気量 \times (1 + 0.4) = 50.48\ m^3 \times 1.4 = 70.7\ m^3 \fallingdotseq 71\ m^3$$

（答　**71 m^3**）

《演習問題 4.15》

30 分間の燃焼による発熱量を計算し、それを LP ガスの発熱量で割れば消費量が得られる。

工率 53 kW は 53 kJ/s の熱供給能力のことであるから、30 分間の発生熱量 Q_{30} は

$$Q_{30} = 53\,\mathrm{kJ/s} \times 30\,\mathrm{min} \times 60\,\mathrm{s/min} = 95400\,\mathrm{kJ} = 95.4\,\mathrm{MJ}$$

したがって、30 分間に消費した LP ガスの質量は

$$\text{LP ガス消費量} = \frac{Q_{30}(\mathrm{MJ})}{\text{LP ガスの発熱量}(\mathrm{MJ/kg})} = \frac{95.4\,\mathrm{MJ}}{50\,\mathrm{MJ/kg}} = 1.91\,\mathrm{kg}$$

(答　1.91 kg)

《演習問題 4.16》

燃焼による発生熱量は全量有効に水に伝わるのではなく、その 80 %が伝わる。

浴槽中の水の温度上昇に必要な熱量 Q_1 は、式 (4.2 a) より

$$Q_1 = 300\,\mathrm{kg} \times 4.2\,\mathrm{kJ/(kg \cdot ℃)} \times (42 - 12)\,℃ = 37800\,\mathrm{kJ} = 37.8\,\mathrm{MJ}$$

t 分間 (min) に LP ガスの燃焼により発生する熱量の 80 % (= Q_2) は

$$Q_2 = 2.5\,\mathrm{kg/h} \times \frac{1}{60\,\mathrm{min/h}} \times 50\,\mathrm{MJ/kg} \times t\,(\mathrm{min}) \times 0.8$$

$$= 1.667\,(\mathrm{MJ/min}) \times t\,(\mathrm{min})$$

$Q_1 = Q_2$ となる t (min) は、次の方程式を解いて

$$1.667\,(\mathrm{MJ/min}) \times t\,(\mathrm{min}) = 37.8\,(\mathrm{MJ})$$

$$t = \frac{37.8\,\mathrm{MJ}}{1.667\,\mathrm{MJ/min}} = 22.7\,\mathrm{min}$$

なお、一気に方程式を書いて解く場合は、単位をあわせて

$$300\,\mathrm{kg} \times 4.2\,\mathrm{kJ/(kg \cdot ℃)} \times (42 - 12)\,℃$$

$$= 2.5\,\mathrm{kg/h} \times \frac{1}{60\,\mathrm{min/h}} \times 50 \times 10^3\,\mathrm{kJ/kg} \times t\,(\mathrm{min}) \times 0.8$$

$$\therefore\quad t = 22.68\,\mathrm{min} \fallingdotseq 22.7\,\mathrm{min}$$

(答　22.7 min)

《演習問題 4.17》

標準大気圧、20 ℃の LP ガス 1 m³ の総発熱量が示されている。このガス 1 m³ の物質量が計算できれば、1 mol 当たりの総発熱量は容易に計算できる。

理想気体の状態方程式は

$$pV = nRT \quad \cdots\cdots ①$$

ここで、圧力 p、体積 V、温度 T は既知であるから、この状態における 1 m³ のガスの物質量 n を計算することができる。

式①を変形して数値を代入する。

$$n = \frac{pV}{RT} = \frac{0.1013 \times 10^6\,\mathrm{Pa} \times 1\,\mathrm{m^3}}{8.31\,\mathrm{Pa \cdot m^3/(mol \cdot K)} \times 293\,\mathrm{K}} = 41.60\,\mathrm{mol}$$

したがって

$$総発熱量(1\,\mathrm{mol}\,当たり) = \frac{100\ \mathrm{MJ}}{41.60\ \mathrm{mol}} = 2.40\ \mathrm{MJ/mol}$$

別解-1 ボイル-シャルルの法則を用いて計算する。標準状態を0の添字を用いて

$\dfrac{pV}{T} = \dfrac{p_0 V_0}{T_0}$　　$p = p_0$　であるから、標準状態の体積 V_0 を求めると

$$V_0 = \frac{T_0}{T} \cdot V = \frac{273\ \mathrm{K}}{293\ \mathrm{K}} \times 1\,\mathrm{m}^3 = 0.9317\ \mathrm{m}^3$$

標準状態のモル体積 V_m を用いて

$$n = \frac{V_0}{V_\mathrm{m}} = \frac{0.9317\ \mathrm{m}^3}{22.4 \times 10^{-3}\ \mathrm{m}^3/\mathrm{mol}} = 41.60\ \mathrm{mol}$$

$$\therefore\ 総発熱量(1\,\mathrm{mol}当たり) = \frac{100\ \mathrm{MJ}}{41.60\ \mathrm{mol}} = 2.40\ \mathrm{MJ/mol}$$

別解-2 シャルルの法則から20℃のモル体積 $V_{\mathrm{m},20}$ を求める。

$$V_{\mathrm{m},20} = 22.4 \times 10^{-3}\,\mathrm{m}^3/\mathrm{mol} \times \frac{293\ \mathrm{K}}{273\ \mathrm{K}} = 24.04 \times 10^{-3}\,\mathrm{m}^3/\mathrm{mol}$$

$$\therefore\ 総発熱量\ (1\ \mathrm{mol}\,当たり) = 100\ \mathrm{MJ/m}^3 \times 24.04 \times 10^{-3}\,\mathrm{m}^3/\mathrm{mol} = 2.40\ \mathrm{MJ/mol}$$

(答　1 mol の総発熱量 = 2.40 MJ)

《演習問題 4.18》

発熱量がmol当たりの数値で示されているので、各成分の質量を物質量になおしてから発熱量をかける。

$$プロパン\quad \frac{7\ \mathrm{kg}}{44 \times 10^{-3}\ \mathrm{kg/mol}} \times 2219\ \mathrm{kJ/mol} = 353 \times 10^3\ \mathrm{kJ} = 353\ \mathrm{MJ}$$

$$ブタン\quad \frac{3\ \mathrm{kg}}{58 \times 10^{-3}\ \mathrm{kg/mol}} \times 2878\ \mathrm{kJ/mol} = 149 \times 10^3\ \mathrm{kJ} = 149\ \mathrm{MJ}$$

したがって、全混合ガスの発熱量は

混合ガスの発熱量 $= (353 + 149)\ \mathrm{MJ} = 502\ \mathrm{MJ}$　　**(答　502 MJ)**

発熱量をkg当たりになおして各成分の質量をかける計算方法もある。

《演習問題 4.19》

2 mol中の各成分の物質量 n は

プロパン　$n_\mathrm{P} = 2\ \mathrm{mol} \times 0.7 = 1.4\ \mathrm{mol}$

ブタン　$n_\mathrm{B} = 2\ \mathrm{mol} \times 0.3 = 0.6\ \mathrm{mol}$

各成分が発生する熱量は

プロパン　$Q_\mathrm{P} = 1.4\ \mathrm{mol} \times 2219\ \mathrm{kJ/mol} = 3106.6\ \mathrm{kJ}$

ブタン　$Q_\mathrm{B} = 0.6\ \mathrm{mol} \times 2878\ \mathrm{kJ/mol} = 1726.8\ \mathrm{kJ}$

したがって、混合ガス2 molの発生熱量(発熱量) Q_M は

$Q_M = Q_P + Q_B = (3106.6 + 1726.8)\,\text{kJ} = 4833.4\,\text{kJ} \fallingdotseq 4833\,\text{kJ}$

別解 混合ガス1 molの発熱量を先に計算し、物質量をかけて発熱量を求める。

$$q_{mix} = 2219\,\text{kJ/mol} \times 0.7 + 2878\,\text{kJ/mol} \times 0.3 = 2416.7\,\text{kJ/mol}$$

混合ガス2 molの発熱量 Q_M は

$$Q_M = 2\,\text{mol} \times 2416.7\,\text{kJ/mol} = 4833\,\text{kJ}$$

（答　4833 kJ）

《演習問題 4.20》

可燃性ガスの爆発下限界を比べる問題であるが、各ガスの特徴を理解するとよい。簡略に解説をすると

イ．アセチレン：2.5 vol %～100 vol %　下限界が低く、爆発範囲が非常に広い。

ロ．アンモニア：15 vol %～28 vol %　燃えにくいガスなので下限界が高い。

ハ．一酸化炭素：12.5 vol %～74 vol %　発熱量の低いガスなので下限界が高い。爆発範囲は広い。

ニ．水素　：4.0 vol %～75 vol %　着火しやすく爆発範囲は広い。プロパン、ブタンほどではないが下限界は低い。

下限界を比較して　ロ＞ハ＞ニ＞イ　となる。 **（答　ロ＞ハ＞ニ＞イ）**

《演習問題 4.21》

ブタンの爆発範囲（燃焼範囲）は1.8～8.4 vol %であり、濃度を計算してこの値と比較する。

標準状態を0、20 ℃の状態を20の添字で表す。

20 ℃、標準大気圧下のモル体積 $V_{m,20}$ は、シャルルの法則を用いて計算できる。

標準状態のモル体積 $V_{m,0}$ は $22.4 \times 10^{-3}\,\text{m}^3/\text{mol}$ であるので

$$V_{m,20} = V_{m,0} \times \frac{T_{20}}{T_0} = 22.4 \times 10^{-3}\,\text{m}^3/\text{mol} \times \frac{(20 + 273)\,\text{K}}{273\,\text{K}}$$

$$= 24.04 \times 10^{-3}\,\text{m}^3/\text{mol}$$

ブタン2.3 kgの20 ℃、大気圧下の体積 V は、物質量に $V_{m,20}$ をかけると求められるので

$$V = \frac{2.3\,\text{kg}}{58 \times 10^{-3}\,\text{kg/mol}} \times 24.04 \times 10^{-3}\,\text{m}^3/\text{mol} = 0.953\,\text{m}^3$$

ブタンの濃度は全体積で割ればよいので

$$\text{ブタンの濃度 (vol \%)} = \frac{0.953\,\text{m}^3}{30\,\text{m}^3} \times 100 = 3.18\,\text{vol \%}$$

この値はブタンの爆発範囲内の数値である。

別解 上限と下限の濃度における30 m³中のブタンの質量を計算して比較する。

$$\text{上限の質量}\quad \frac{30\,\text{m}^3 \times 0.084}{24.04 \times 10^{-3}\,\text{m}^3/\text{mol}} \times 58 \times 10^{-3}\,\text{kg/mol} = 6.08\,\text{kg}$$

$$\text{下限の質量}\quad \frac{30\,\text{m}^3 \times 0.018}{24.04 \times 10^{-3}\,\text{m}^3/\text{mol}} \times 58 \times 10^{-3}\,\text{kg/mol} = 1.30\,\text{kg}$$

ブタン2.3 kgは、爆発範囲の質量1.30 kg～6.08 kgの中に入るので、爆発範囲内の濃度である。

（答　爆発範囲内である）

《演習問題 4.22》

混合した空気量をx(m^3)とすると、希釈前後の全発熱量に変化はないから次の方程式ができる。

$$128\ \mathrm{MJ/m^3} \times 1\ \mathrm{m^3} = 40\ \mathrm{MJ/m^3} \times (1 + x)\ \mathrm{m^3}$$

$$\therefore\quad (1 + x) = \frac{128\ \mathrm{MJ/m^3} \times 1\ \mathrm{m^3}}{40\ \mathrm{MJ/m^3}} = 3.2\ \mathrm{m^3}$$

$$x = (3.2 - 1)\ \mathrm{m^3} = 2.2\ \mathrm{m^3}$$

別解 128 MJ/m^{3}が40 MJ/m^{3}になったのであるから、希釈倍率は

$$\frac{128\ \mathrm{MJ/m^3}}{40\ \mathrm{MJ/m^3}} = 3.2(\text{倍})$$

すなわち、1 m^{3}のLPガスに対し3.2 m^{3}の混合ガスができたので、希釈用空気は

$$(3.2-1)\ \mathrm{m^3} = 2.2\ \mathrm{m^3}$$

である。

（答　2.2 m^3）

第5章の演習問題の解答

《演習問題 5.1》

戸別供給方式における最大ガス消費量（戸別）（Q_S）は、設置されているすべての燃焼器のガス消費量の合計値である。この場合、ふろがまの主機能と追い焚き機能は、同時に使用することがあるのでそれぞれ1台と考え、式（5.1 a）、（5.1 b）により

$$Q_S = (9.7 + 6.4 + 17.9 + 9.8)\,\mathrm{kW} = 43.8\,\mathrm{kW}$$

（答　43.8 kW）

《演習問題 5.2》

最大ガス消費量 Q_G は式（5.2 a）のとおり

最大ガス消費量（集団）Q_G ＝戸数×平均ガス消費量×最大ガス消費率 ……………… ①

であるから、最大ガス消費率を添付図から読みとると Q_G は計算できる。

図のように、50戸に対応する最大ガス消費率は29％（＝0.29）であるから、式①に数値を代入して

$$Q_G = 50\,戸 \times 18.7\,\mathrm{kW}/戸 \times 0.29$$
$$= 271.2\,\mathrm{kW}$$

（答　271.2 kW）

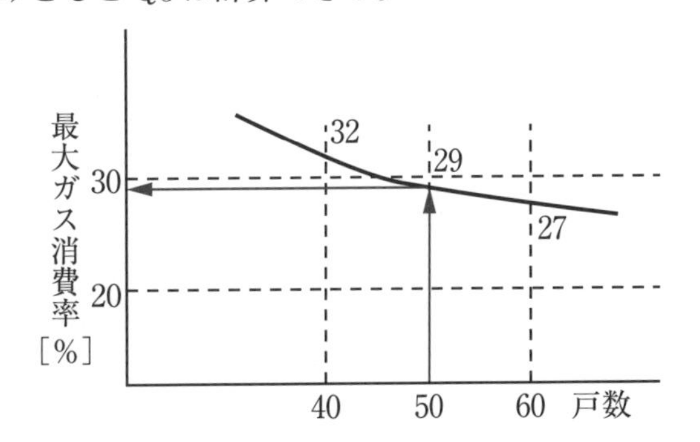

《演習問題 5.3》

最大ガス消費量（戸別）＝ 56.2 kW

容器の標準ガス発生能力＝ 3.2 kg/（h･本）

であるから、式（5.3）にこれを代入して

$$容器設置本数（本）= \frac{最大ガス消費量（戸別）(\mathrm{kW})}{容器の標準ガス発生能力(\mathrm{kg/(h\cdot本)}) \times 14}$$

$$= \frac{56.2\,\mathrm{kW}}{3.2\,\mathrm{kg/(h\cdot本)} \times 14} = 1.25\,本 \rightarrow （切り上げて）2\,本$$

（答　2本）

《演習問題 5.4》

式（5.3）に当てはめる。

すなわち

最大ガス消費量（戸別）＝ 77.0 kW

容器の標準ガス発生能力＝ 3.20 kg/(h･本)

式（5.3）から

$$容器設置本数（本）= \frac{77.0\,\mathrm{kW}}{3.20\,\mathrm{kg/(h\cdot 本)} \times 14} = 1.72\,本 \rightarrow （切り上げて）2\,本$$

2系列であるので

全容器設置本数＝ 2 本× 2 ＝ 4 本　　**（答　4 本）**

《演習問題 5.5》

(1)最大ガス消費量(集団)

式(5.2 a)に次の値を代入する。

消費者戸数＝8 戸

1 戸当たりの平均ガス消費量＝28 kW

ピーク時の最大ガス消費率＝0.68

∴　Q_G ＝ 8 戸× 28 kW/ 戸× 0.68 ＝ 152.3 kW

(2)容器の設置本数

小規模集団(2 系列)の式(5.4 b)に次の値を代入する。

平均ガス消費率＝0.7

標準ガス発生能力＝3.6 kg/(h･本)

全容器の発生能力＝最大ガス消費量の 1.1 倍

$$\therefore \quad 容器設置本数（片側：本）= \frac{152.3\,\mathrm{kW} \times 0.7 \times 1.1}{3.6\,\mathrm{kg/(h\cdot 本)} \times 14} = 2.3\,本$$

→ （切り上げて）3 本

2系列であるから

容器設置本数(両側：本)＝ 3 本× 2 ＝ 6 本　　**（答　6 本）**

《演習問題 5.6》

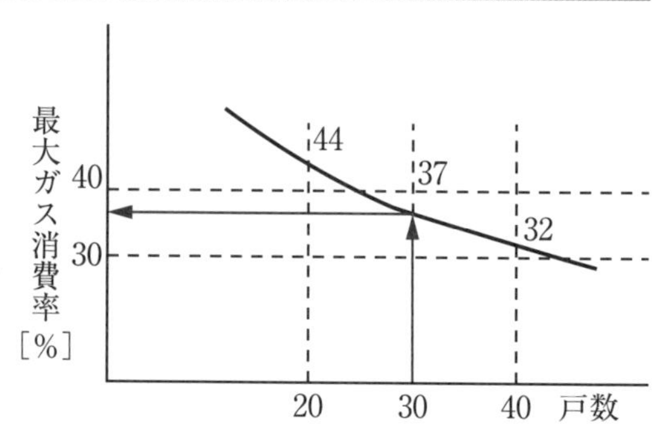

最大ガス消費率を図から読みとり、最大ガス消費量(集団)Q_G を計算する。

消費者戸数は 30 戸であるから、図のように最大ガス消費率 37 % を読みとる。

式(5.2 a)により、最大ガス消費量(集団)Q_G は

Q_G ＝ 30 戸× 23.3 kW/ 戸× 0.37

＝ 258.6 kW

LP ガス 1 kg/h＝ 14 kW は与えられていないが、式（5.4 c）により

$$\text{容器設置本数(片側：本)} = \frac{258.6\,\text{kW} \times 0.7 \times 1.1}{2.2\,\text{kg/(h·本)} \times 14} = 6.5\,\text{本}$$

→ （切り上げて）7本

同本数の2系列であるので

容器設置本数(両側：本) = 7本× 2 = 14本　　　　（答　**14本**）

《演習問題 5.7》

ここでは、式(5.2 a)と(5.4 c)を1本化したものに数値を代入して計算する。

容器設置本数(片側：本)

$$= \frac{(\text{戸数} \times \text{平均ガス消費量} \times \text{最大ガス消費率}) \times 0.7 \times 1.1}{\text{容器の標準ガス発生能力} \times 14}$$

$$= \frac{50\,\text{戸} \times 32.0\,\text{kW/戸} \times 0.29 \times 0.7 \times 1.1}{2.5\,\text{kg/(h·本)} \times 14} = 10.2\,\text{本} \rightarrow 11\,\text{本}$$

同本数の2系列なので

容器設置本数(両側：本) = 11本× 2 = 22本　　　　（答　**22本**）

《演習問題 5.8》

32 Aの水平直管の中を336 kW相当のLPガスが流れる(バルブ等はない)場合の圧力損失を180 Pa以内にするように配管の長さを決める問題である。

配管の長さ(m)	配管中の圧力損失(Pa)	
12.5	145.8	166.7
15	175.0	200.0
呼び径　A(B)	ガス消費量(kW)	
32 (3/4)	325.0	347.5

「配管早見表」(早見表)の要素である配管径、ガス消費量、圧力損失および配管の長さのうち、配管の長さ L 以外は既知であるので、早見表を用いて直接 L を求めることができる。

呼び径(32 A)の欄のガス消費量336 kWの直近で大きな値347.5 kWを選択する。その上部にある圧力損失 Δp について、$\Delta p \leqq 180$ Paであって180 Paに最も近い数値を探すと166.7 Paがあるので、これを採用すると、この配管の長さは12.5 mである。

したがって、$\Delta p \leqq 180$ Paのときの最大の配管の長さは12.5 mである。

336 kW未満の値の選択は条件を逸脱する危険側になるので避ける。　　（答　**12.5 m**）

《演習問題 5.9》

題意により、配管の立上がり、立下がりによる圧力損失はなく、また、継手などの圧力損失も考慮する必要はないので、配管の長さは18 mとし、早見表では18 m以上の最も近い数値である20 mを採用する。(18 m未満の数値を使用すると、使用可能なガス消費量が大きくなり、18 mのときの圧力損失が上限を超えるおそれがある。)

表のように、20 mに対して圧力損失が丁度120 Paの数値があるのでそれを採用し、呼び径 20 A の位置との交点の数値から 56.9 kW を読みとる。逆にいうと、20 A で 56.9 kW のガス消費量のとき、20 m の位置での圧力損失が 120 Pa となり（18 m ではそれよりも小さい）、題意に合致する。

配管の長さ（m）	配管中の圧力損失（Pa）	
17.5	105.0	116.7
20	120.0	133.3
呼び径　A（B）	**ガス消費量（kW）**	
20（3/4）	56.9	60.0

この場合は、圧力損失の値が表中の値（120 Pa）に一致したが、一致しない場合は、上限の圧力を超えないように圧力損失が少ない直近の数値を採用する。

（答　56.9 kW）

《演習問題 5.10》

（1）A－B 間の圧力損失（圧損）Δp_{AB}

この配管系には 1 個のバルブと 2 個のエルボがあるので

配管の長さ L_1 = (3.0 + 2.0 + 3.0 + 2.0 + 1 × 2.5 + 2 × 0.5) m = 13.5 m

ガス消費量（kW） = (10.3 + 34.8) kW = 45.1 kW

右のように早見表から、呼び径 20 A の圧損 Δp_1 を求める。

Δp_1 = 65.0 Pa

A－B 間には 3.0 m の立上がりがあるので、その圧損 Δp_2 は

Δp_2 = 3.0 m × 10 Pa/m = 30 Pa

マイコンメーターの圧損 Δp_3 は題意から

Δp_3 = 150 Pa

∴　$\Delta p_{AB} = \Delta p_1 + \Delta p_2 + \Delta p_3$

= (65.0 + 30 + 150) Pa = 245 Pa

配管の長さ（m）	配管中の圧力損失（Pa）	
12.5	41.7	54.2
15	50.0	65.0
呼び径　A（B）	**ガス消費量（kW）**	
20（3/4）	42.4	48.4

（2）B－C 間の圧損 Δp_{BC}

（1）と同様に

配管の長さ L_2 = (8.0 + 3.0 + 1 × 2.5 + 1 × 0.5) m = 14.0 m

ガス消費量（kW） = 34.8 kW

早見表から、配管の圧損 Δp_4 は

Δp_4 = 40.0 Pa

3.0 m 立上がりによる圧損 Δp_5 は

Δp_5 = 3.0 m × 10 Pa/m = 30 Pa

∴　$\Delta p_{BC} = \Delta p_4 + \Delta p_5$

= (40.0 + 30) Pa = 70 Pa

配管の長さ（m）	配管中の圧力損失（Pa）	
12.5	20.8	33.3
15	25.0	40.0
呼び径　A（B）	**ガス消費量（kW）**	
20（3/4）	30.0	38.0

なお、点 B からコンロに至る 3.0 m のラインは、A－C 間の流れに無関係であるので無視する。

（3）A－C 間の圧損 Δp

Δp は Δp_{AB} と Δp_{BC} の合計であるから

$$\Delta p = \Delta p_{AB} + \Delta p_{BC} = (245 + 70)\ \mathrm{Pa} = 315\ \mathrm{Pa}$$

(答　315 Pa)

立上がり、立下がりの計算を (1)、(2) で分割して計算したが、最後に一括して加減計算をしてもよい。

《演習問題 5.11》

20 A の配管系に LP ガス消費量 56.9 kW が流れるとき、A－B 間の圧力損失(Δp_{AB})が 300 Pa 以下になる実際の配管の長さ(l)を求める。

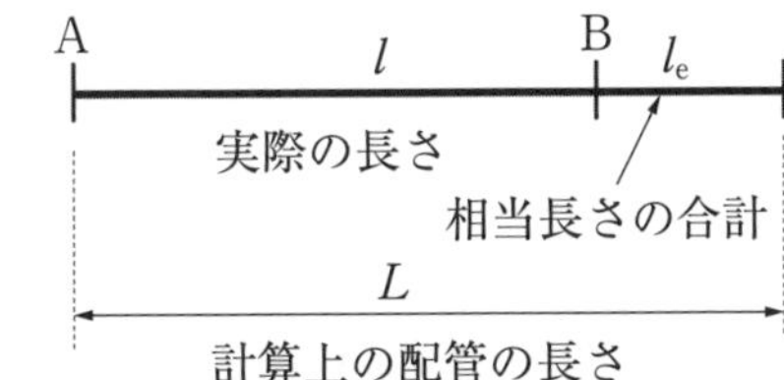

配管系にはエルボ(1 個)とバルブ(2 個)があるので、計算上、それらの相当する長さの合計(l_e)加えた配管の長さ(L)が必要になる。

$$L = l + l_e \quad \cdots\cdots ①$$

A－B 間の圧力損失(Δp_{AB})を構成する要素は

・Δp：配管(継手等を含む)の抵抗による圧力損失

・Δp_U：立上がりによる圧力損失

・Δp_M：マイコンメータによる圧力損失

である。

早見表では、ガス消費量－配管長さ－圧力損失の関係を用いるので、配管の抵抗による圧力損失(Δp)の最大の値が必要になる。各圧力損失の関係は

$$\Delta p_{AB} = \Delta p + \Delta p_U + \Delta p_M$$

$$\therefore \quad \Delta p = \Delta p_{AB} - (\Delta p_U + \Delta p_M) \quad \cdots\cdots ②$$

題意により $\Delta p_{AB} \leqq 300$ Pa であり、Δp_U、Δp_M は既知であるから Δp の最大値は計算できる。

Δp　Δp_U　Δp_M　Δp_{AB}

圧力損失の構成

さらに、早見表から継手等を含めた長さ L の値が得られると、式①から実際の長さ l が計算できることに留意する。

(1) 継手等の相当長さを含めた配管の長さ L の計算

マイコンメータの圧損 $\Delta p_M = 150$ Pa であり、立上がりによる圧損 Δp_U は

$$\Delta p_U = 3.0\ \mathrm{m} \times 10\ \mathrm{Pa/m} = 30\ \mathrm{Pa}$$

$\Delta p_{AB} \leqq 300$ Pa として、式②を応用すると

$$\Delta p = \Delta p_{AB} - (\Delta p_U + \Delta p) \leqq \{300 - (30 + 150)\}\ \mathrm{Pa} = 120\ \mathrm{Pa}$$

管径 20 A で 56.9 kW のガス消費量のとき、Δp が 120 Pa 以下になる配管の長さ L は早見表から（表を参照）

$$L = 20\ \mathrm{m}$$

配管の長さ (m)	配管中の圧力損失 (Pa)	
20	100.0	120.0
22.5	112.5	135.0
呼び径　A (B)	ガス消費量 (kW)	
20 (3/4)	52.0	56.9

なお、この場合は表に 56.9 kW の数値があ

るのでこれを用いたが、数値が一致しない場合には、その数値より大きな直近の値を用いて危険性を排除する。

(2)実際の配管の長さ l の計算

エルボおよびバルブの相当する配管の長さの合計 l_e は

$$l_e = 1\text{個} \times 0.5\,\text{m/個} + 2\text{個} \times 2.5\,\text{m/個} = 5.5\,\text{m}$$

式①を変形して

$$l = L - l_e = (20 - 5.5)\,\text{m} = 14.5\,\text{m}$$

(答　14.5 m)

《演習問題 5.12》

水平な直管であり、かつ、継手などの圧力損失は無視できるので、単純に配管内の圧力損失を考えるとよい。

設問を別の言葉で表すと、「配管の長さ 15 m において、圧力損失が 80 Pa 以下でガス消費量が <u>50 kW 以上</u>になる最小の呼び径を早見表から探せ」ともいえる。

配管の長さ (m)	配管中の圧力損失 (Pa)		
15	65.0	75.0	90.0
呼び径　A (B)	**ガス消費量 (kW)**		
15 (1/2)	20.9	22.5	24.6
20 (3/4)	48.4	52.0	56.9
25 (1)		103.8	
32 (1 1/4)		212.8	

早見表で考察すると

① 配管長さ 15 m で圧損が 80 Pa 以下になる位置の 75.0 (Pa) に注目する。

② その圧損でのガスの消費量 (kW) 欄を見ると、15 A は 22.5 kW であるので 50 kW を流すことが出来ない。不採用となる。

③ 20 A は 52.0 kW であるから、50 kW 分の LP ガスを流すことができるので条件に合っている。

④ 25 A、32 A も OK であるが、最小の呼び径を要求しているので不採用。

(答　20 A)

《演習問題 5.13》

切管 X の両端の継手外面間の距離 $G_X = 800\,\text{mm}$ が与えられているので、切管 X の長さ l_X は計算できる。したがって、切管 Y に関係する寸法が示されているが、計算には無関係である。

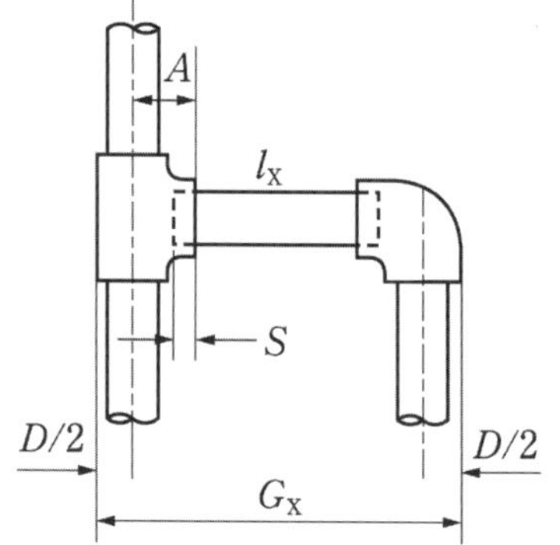

継手の中心から端面までの距離を A、ねじ込みしろを S、継手の外径を D として、G_X と l_X の関係は式 (5.6 c) から

$$G_X = l_X + 2(A - S) + D$$

$$\therefore \quad l_X = G_X - 2(A - S) - D \quad \cdots\cdots\cdots\cdots\cdots\cdots ①$$

ここで、題意および表から

$G_X = 800\,\text{mm}$　$D = 36\,\text{mm}$

$A = 32\,\text{mm}$　$S = 12\,\text{mm}$

式①に代入して

$$l_X = 800 - 2 \times (32 - 12) - 36 = 724\,(\mathrm{mm})$$ （答　724 mm）

《演習問題 5.14》

切管の長さを l、継手の外面と中心線間の距離を G'、継手の外径を D とし、ねじ込みしろを S、継手の中心から端面までの距離を A で表すと、式(5.6 e)のとおり

$$G' = l + 2(A - S) + \frac{D}{2}$$

$$\therefore \quad l = G' - 2(A - S) - \frac{D}{2} \quad \cdots\cdots ①$$

ここで、題意と表から

$G' = 570\,\mathrm{mm}$、$A = 38\,\mathrm{mm}$、$S = 14\,\mathrm{mm}$、$D = 44\,\mathrm{mm}$　である。

式①に値を代入して

$$l = 570 - 2 \times (38 - 14) - \frac{44}{2} = 500\,(\mathrm{mm})$$

（答　500 mm）

《演習問題 5.15》

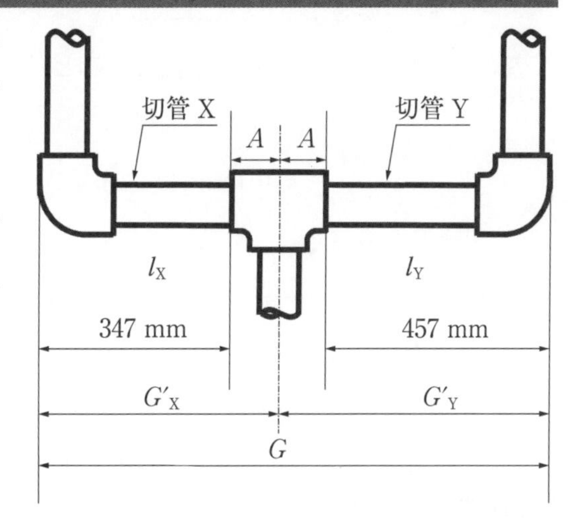

図のように切管 X と Y との接合部の継手の中心線から左右それぞれの継手の外面までの距離を G'_X、G'_Y とする。また、継手の中心から端面までの距離を A、ねじ込みしろを S、継手の外径を D とすると、G'_X および G'_Y は、示された左右の継手外面からの距離(347 mm、457 mm)に A を加えたものであるから

$$G'_X = 347 + A = 347 + 38 = 385\,(\mathrm{mm})$$

$$G'_Y = 457 + A = 457 + 38 = 495\,(\mathrm{mm})$$

式(5.6 e)を用いて、切管の長さ l_X、l_Y は

$$l_X = G'_X - 2(A - S) - \frac{D}{2} = 385 - 2 \times (38 - 14) - \frac{44}{2} = 315\,(\mathrm{mm})$$

$$l_Y = G'_Y - 2(A - S) - \frac{D}{2} = 495 - 2 \times (38 - 14) - \frac{44}{2} = 425\,(\mathrm{mm})$$

したがって、切管 X、Y の長さの合計は

$$l_X + l_Y = (315 + 425)\,\mathrm{mm} = 740\,\mathrm{mm}$$

別解 左右の継手外面間の距離 $G(= G'_X + G'_Y)$は、示された長さ(347 mm、457 mm)に A

の2倍の数値を加えたものであるから

$$G = (347 + 457) + 2 \times 38 = 880\,(\mathrm{mm})$$

継手のねじ込み部分の数は4つであるので、式(5.6 g)を応用して

$$l_X + l_X = G - 4(A - S) - D = 880 - 4 \times (38 - 14) - 44 = 740\,(\mathrm{mm})$$

（答　740 mm）

《演習問題 5.16》

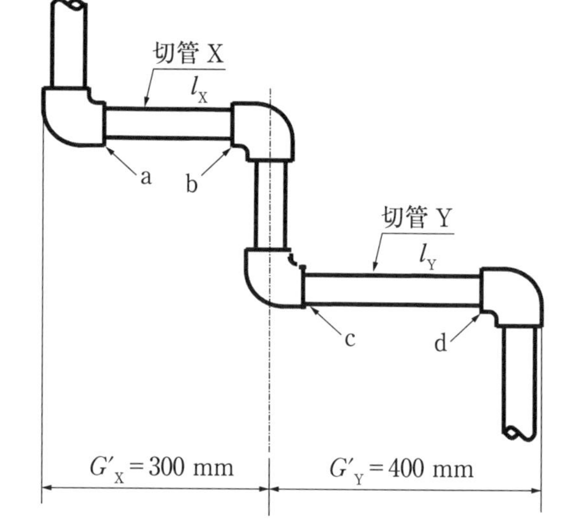

(1)切管 X の長さ l_X

継手の外径を D、ねじ込みしろを S、継手の中心から端面までの距離を A で表す。

図のように、真ん中の継手の中心線から左端の継手の外面間の距離 $G'_X = 300$ mm が示されている。式(5.6 e)は

$$G'_X = l_X + 2(A - S) + \frac{D}{2}$$

$$\therefore \quad l_X = G'_X - 2(A - S) - \frac{D}{2} \quad \cdots\cdots ①$$

表から数値を読みとり式①に代入すると

$$l_X = 300 - 2 \times (38 - 14) - \frac{44}{2} = 230\,(\mathrm{mm})$$

(2)切管 Y の長さ l_Y

$G'_Y = 400$ mm として、同様に

$$l_Y = G'_Y - 2(A - S) - \frac{D}{2} = 400 - 2 \times (38 - 14) - \frac{44}{2} = 330\,(\mathrm{mm})$$

(3) 合計の長さ $(l_X + l_Y)$

$$l_X + l_Y = (230 + 330)\,\mathrm{mm} = 560\,\mathrm{mm}$$

別解 配管系の有効なねじ込み部分の数は、a、b、c、dの4箇所であるので、式(5.6 g)を応用して

$$G'_X + G'_Y = (l_X + l_Y) + 4(A - S) + D$$

$$\therefore \quad l_X + l_Y = (G'_X + G'_Y) - 4(A - S) - D$$

$$= (300 + 400) - 4 \times (38 - 14) - 44 = 560\,(\mathrm{mm})$$

（答　560 mm）

《演習問題 5.17》

図のとおり、切管 X の継手間の距離 G'_X を計算し

$$G'_Y = G - G'_X \quad \cdots\cdots ①$$

の関係を用いて切管 Y の長さ l_Y を求める。

(1) G'_X

式(5.6 e)のとおり

$$G'_X = l_X + 2(A - S) + \frac{D}{2}$$

………………………………… ②

切管 X
300mm
l_X
切管 Y
l_Y
G'_X
G'_Y
L
G＝1300 mm

ここで、題意と表から

$l_X = 300$ mm　　$D = 36$ mm

$A = 32$ mm　　$S = 12$ mm

式②に代入して

$$G'_X = 300 + 2 \times (32 - 12) + \frac{36}{2} = 358\,(\mathrm{mm})$$

(2) l_Y

管系の継手外面間の距離 G は 1300 mm である。切管 Y の継手間の距離 G'_Y は式①から

$$G'_Y = G - G'_X = (1300 - 358)\,\mathrm{mm} = 942\,\mathrm{mm}$$

式②の中の G'_X と l_X をそれぞれ G'_Y と l_Y として、l_Y を求める形にすると

$$l_Y = G'_Y - \left\{2(A - S) + \frac{D}{2}\right\} = 942 - \left\{2 \times (32 - 12) + \frac{36}{2}\right\} = 884\,(\mathrm{mm})$$

別解 管系の長さに関係する継手のねじ込み部分の数は 4 箇所であるから、式（5.6 g）を用いて

$$G = L + D = l_X + l_Y + 4(A - S) + D$$

$$\therefore \quad l_Y = G - \left\{l_X + 4(A - S) + D\right\} = 1300 - \left\{300 + 4 \times (32 - 12) + 36\right\} = 884\ (\mathrm{mm})$$

（答　884 mm）

《演習問題 5.18》

表の呼び径欄は「B」で表示されているので、15 A は 1/2 B であることを知っている必要がある。

右図のように、切管 X、Y の長さ l_X、l_Y とその両端の継手中心線間の距離 L_X、L_Y の関係から計算する。

(1) L_X

$$L_X = l_X + 2(A - S)$$

ここで

$l_X = 250$ mm　$A = 27$ mm

$S = 11$ mm

$$\therefore \quad L_X = 250 + 2 \times (27 - 11) = 282\,(\mathrm{mm})$$

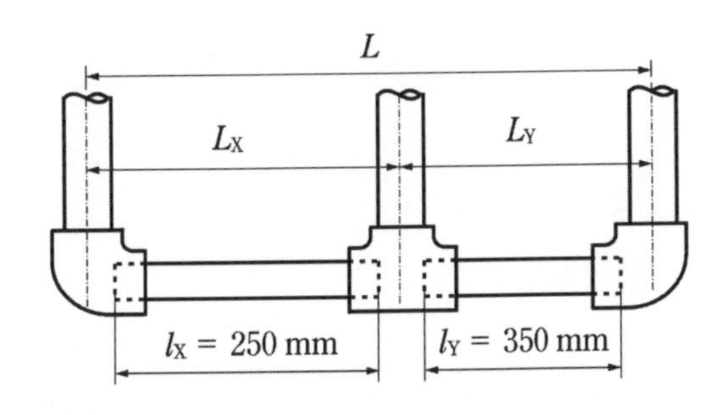

(2) L_Y

$$L_Y = l_Y + 2(A - S)$$

ここで、$l_Y = 350\,\mathrm{mm}$ であるので

$$L_Y = 350 + 2 \times (27 - 11) = 382\,(\mathrm{mm})$$

(3) L

$$L = L_X + L_Y = 282 + 382 = 664\,(\mathrm{mm})$$

別解 長さに関係する継手のねじ込み部の数＝4箇所であるから、式(5.6 g)を適用すると

$$L = (l_X + l_Y) + 4\,(A - S)$$

$$= (250 + 350) + 4 \times (27 - 11) = 664\,(\mathrm{mm})$$

(答　664 mm)

付録

計算問題でよく使われるやさしい数学

本書で対象としている高圧ガスの資格の試験問題によく使われる一次方程式や比例計算などのポイントを概説する。

中学校の前半までに学んだものであるが、普段あまり使う機会がなく忘れた人は一読して思い出して頂きたい。

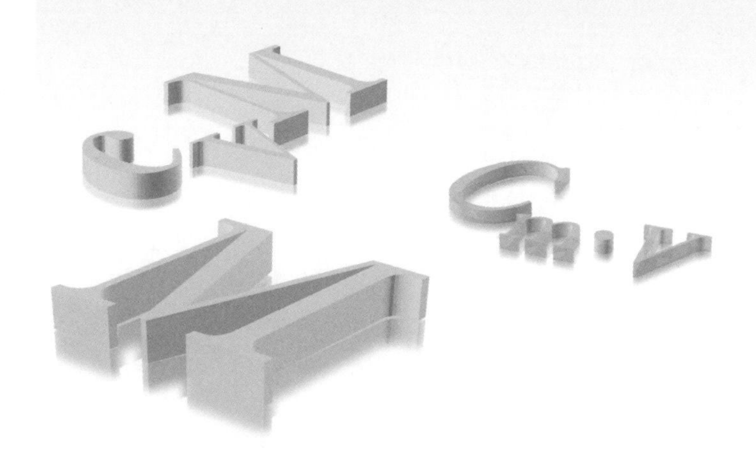

1　演算の原則

(1) 加減乗除の符号の変化（負の数の計算）

①負の数を加える　：　加える数の符号はそのまま変わらない（引き算になる）

例　　$3+(-4)=3-4=-1$

②負の数を引く　：　引く数の符号を変える

例　　$3-(-4)=3+4=+7$

③負の数をかける　：　かけられるもとの数（被乗数）の符号を変える

$(+)\times(-)\ \rightarrow\ (-)$　　例　　$5\times(-2)=-10$

$(-)\times(-)\ \rightarrow\ (+)$　　例　　$-5\times(-2)=+10$

④負の数で割る　：　割られるもとの数（被除数）の符号を変える

$(+)\div(-)\ \rightarrow\ (-)$　　例　　$10\div(-2)=-5$　または　$\dfrac{10}{(-2)}=-5$

$(-)\div(-)\ \rightarrow\ (+)$　　例　　$-10\div(-2)=+5$　または　$\dfrac{(-10)}{(-2)}=+5$

(2) かけ算・割り算（乗除）はたし算・引き算より先に計算する

同じ計算式の中に、たし算・引き算と混合してかけ算・割り算がある場合には、かけ算、割り算を先に計算する。

例　：　$\underline{(-5)\times 2}+20-3=-10+20-3=7$

先に計算する

例　：　$7+\underline{4\div 2}=7+2=9$

先に計算する

例　：　$10-\underline{8\div 2}-\underline{2\times 4}=10-4-8=-2$

(3) (　　) 内は先に計算する

例　：　$30-\underline{(5-15\times 2+8\div 4)}=30-\underline{(5-30+2)}=30-(-23)=53$

《演習》

次の計算をせよ。

イ．$3.2+(4+5.2\times 2)$　　ロ．$(200-310\div 0.2)-100\times(-3)$

ハ．$400\div 4\times 3-(300-5\times 4.2)$　　ニ．$0.4\times 0.2-(0.7\div 10-0.2)$

《解答》

イ．$3.2+(4+5.2\times 2)=3.2+(4+10.4)=3.2+14.4=17.6$

ロ．$(200-310\div 0.2)-100\times(-3)=(200-1550)+300=-1350+300$

$= -1050$

ハ．$400 \div 4 \times 3 - (300 - 5 \times 4.2) = 300 - (300 - 21) = 21$

ニ．$0.4 \times 0.2 - (0.7 \div 10 - 0.2) = 0.08 - (0.07 - 0.2) = 0.08 - (-0.13) = 0.21$

2 分数の計算

(1) たし算、引き算(加法、減法)

分母を同じ数字にして(通分して)計算する。分母どうしの公倍数をもってくる。

例 ： $\frac{1}{2}+\frac{1}{3}=\frac{1\times 3}{2\times 3}+\frac{1\times 2}{3\times 2}=\frac{3}{6}+\frac{2}{6}=\frac{3+2}{6}=\frac{5}{6}$

この場合、6 は分母の 2 および 3 の公倍数である。このように分母どうしをかけ合わせた数字は公倍数となり、分母にかけた数字と同じ数字を分子にかけてから加算する(最小公倍数がわかればその値を使うとよい)。

例 ： 次の式は、分母の 2.5 を 2 倍すると 5 になることに着目して

$$\frac{1}{2.5}-\frac{1}{5}=\frac{1\times 2}{2.5\times 2}-\frac{1}{5}=\frac{2}{5}-\frac{1}{5}=\frac{2-1}{5}=\frac{1}{5}$$

分母どうしをかけ合わせた式で計算してみると

$$\frac{1}{2.5}-\frac{1}{5}=\frac{1\times 5}{2.5\times 5}-\frac{1\times 2.5}{5\times 2.5}=\frac{5}{12.5}-\frac{2.5}{12.5}=\frac{2.5}{12.5}=\frac{25}{125}=\frac{1}{5}$$

(2) かけ算(乗法)

分子どうし、分母どうしをかけ合わせる。

例 $\frac{3}{4}\times\frac{5}{6}=\frac{3\times 5}{4\times 6}=\frac{15}{24}=\frac{5}{8}$

(3) 割り算(除法)

割る方の分数(除数)の分子、分母をひっくり返してかけ合わせる。

例 $\frac{3}{4}\div\frac{5}{6}=\frac{3}{4}\times\frac{6}{5}=\frac{3\times 6}{4\times 5}=\frac{18}{20}=\frac{9}{10}$

これを分数で表したものも考え方は同じである。

例 分母 $\dfrac{\frac{3}{4}}{\frac{5}{6}}$ 分子 $=\frac{3\times 6}{4\times 5}=\frac{18}{20}=\frac{9}{10}$

例 $\dfrac{1}{\frac{1}{5}+\frac{1}{4}}=\dfrac{1}{\frac{1\times 4}{5\times 4}+\frac{1\times 5}{4\times 5}}=\dfrac{\frac{1}{1}}{\frac{4+5}{20}}=\frac{1\times 20}{1\times 9}=\frac{20}{9}$

《演習》

次の計算をせよ。

イ. $\frac{7}{12}+\frac{7}{4}$　　ロ. $\frac{11}{42}-\frac{2}{21}$

ハ. $\frac{17}{35}\times\frac{1}{5}$　　ニ. $\frac{1}{12.5}\div\frac{2}{0.5}$

ホ. $\dfrac{\dfrac{1}{2}-\dfrac{3}{8}}{\dfrac{1}{8}+\dfrac{1}{16}+\dfrac{1}{4}}$

《解答》

イ. $\dfrac{7}{12}+\dfrac{7}{4}=\dfrac{7}{12}+\dfrac{7\times 3}{4\times 3}=\dfrac{7+21}{12}=\dfrac{28}{12}=\dfrac{7}{3}$ (= 2.333…)

ロ. $\dfrac{11}{42}-\dfrac{2}{21}=\dfrac{11}{42}-\dfrac{2\times 2}{21\times 2}=\dfrac{11-4}{42}=\dfrac{7}{42}=\dfrac{1}{6}$ (= 0.1666…)

ハ. $\dfrac{17}{35}\times\dfrac{1}{5}=\dfrac{17\times 1}{35\times 5}=\dfrac{17}{175}$ (= 0.0971…)

ニ. $\dfrac{1}{12.5}\div\dfrac{2}{0.5}=\dfrac{1\times 0.5}{12.5\times 2}=\dfrac{0.5}{25}=\dfrac{1}{50}$ (= 0.02)

ホ. $\dfrac{\dfrac{1}{2}-\dfrac{3}{8}}{\dfrac{1}{8}+\dfrac{1}{16}+\dfrac{1}{4}}=\dfrac{\dfrac{4-3}{8}}{\dfrac{2+1+4}{16}}=\dfrac{\dfrac{1}{8}}{\dfrac{7}{16}}=\dfrac{1\times 16}{8\times 7}=\dfrac{2}{7}$ (= 0.2857…)

3 指数を使った計算（べき計算）

(1) 指　数

同じ数を複数かけ合わせる（累乗）とき、指数を使うと便利である。

例えば

$$\underbrace{5\times5\times5}_{3個}=5^3\,(=125)\quad(5の3乗)$$

$$\underbrace{10\times10\times10\times10}_{4個}=10^4\,(=10000)\quad(10の4乗)$$

のように表し、数字の右肩に小さく書く数字を指数という。また、このように指数のある数どうしを扱う計算をべき計算といっている。

一般に

$$\underbrace{a\times a\times a\times\cdots\cdots\times a}_{n個}=a^n\quad(aのn乗)$$

また、次のように分母の累乗はマイナスの指数で表す。

$$\frac{1}{\underbrace{a\times a\times\cdots\cdots\times a}_{n個}}=\frac{1}{a^n}=a^{-n}\quad(aのマイナスn乗)$$

である。例えば

$$\frac{1}{10\times10\times10}=10^{-3}\left(=\frac{1}{1000}=0.001\right)\quad(10のマイナス3乗)$$

(2) べき計算のかけ算、割り算

① かけ算　：　指数のたし算

例えば

$$(5\times5\times5)\times(5\times5)=5^3\times5^2=5^{3+2}=5^5$$

のように、一般には

$$a^n\times a^m=a^{n+m}$$

② 割り算　：　指数の引き算

例えば

$$\frac{5\times5\times5}{5\times5}(=5^3\div5^2)=\frac{5^3}{5^2}=5^{3-2}=5^1=5$$

のように、一般には

$$a^n\div a^m=\frac{a^n}{a^m}=a^{n-m}$$

③ べき数の累乗　：　指数のかけ算

例えば

$a^n\times a^m=a^{n+m}$

$a^n\div a^m=\dfrac{a^n}{a^m}=a^{n-m}$

$(a^0=1)$※

$(a^n)^m=a^{n\times m}$

$(ab)^n=a^n\times b^n$

※　$1=\dfrac{a^m}{a^m}=a^{m-m}=a^0$

$$\underbrace{5^2 \times 5^2 \times 5^2}_{3個} = (5^2)^3 = 5^{2\times3} = 5^6$$

のように、一般には

$$(a^n)^m = a^{n\times m}$$

①〜③の一般式をまとめると、前頁の表になる。

(3) 桁の大きな数、または小さな数の表現

10万、100万、10億など桁が大きくなると、数値にゼロがたくさん並ぶので、計算上不便である。そのときはそれぞれ $\times 10^5$、$\times 10^6$、$\times 10^9$ などの10の累乗を使うことが多い。

例えば

$$5500000\,(五百五十万) = 5.5 \times 1000000 = 5.5 \times 10^6$$

のように表す。

桁の小さな数字の場合は、$\times 10^{-5}$、$\times 10^{-6}$、$\times 10^{-9}$ などの累乗を使う。

例えば

$$0.00055 = \frac{5.5}{10000} = \frac{5.5}{10^4} = 5.5 \times \frac{1}{10^4} = 5.5 \times 10^{-4}$$

また、10の累乗を含む数値の加減計算は、次のように、同じ指数にして(位をあわせて)たし算、引き算をする。

$$2 \times 10^3 + 3 \times 10^2 = (2 \times 10) \times 10^2 + 3 \times 10^2 = (20 + 3) \times 10^2$$
$$= 23 \times 10^2\,(= 2.3 \times 10^3)$$

$$4 \times 10^{-2} - 5 \times 10^{-3} = 40 \times 10^{-3} - 5 \times 10^{-3} = (40 - 5) \times 10^{-3}$$
$$= 35 \times 10^{-3}\,(= 3.5 \times 10^{-2})$$

《演習》

次の数字を( )内の10の累乗の数字を使って表せ。

イ．1250000　(10^4、10^6)

ロ．43000000　(10^5、10^8)

ハ．0.000031　(10^{-5}、10^{-7})

ニ．0.00000084　(10^{-5}、10^{-7})

《解答》

イ．$1250000 = 125 \times 10000 = 125 \times 10^4$
$= 1.25 \times 1000000 = 1.25 \times 10^6$

ロ．$43000000 = 430 \times 100000 = 430 \times 10^5$
$= 0.43 \times 100000000 = 0.43 \times 10^8$

ハ．$0.000031 = 3.1 \times \frac{1}{100000} = 3.1 \times 10^{-5}$

$$= 310 \times \frac{1}{10000000} = 310 \times 10^{-7}$$

ニ．$0.00000084 = 0.084 \times \frac{1}{100000} = 0.084 \times 10^{-5} = 8.4 \times 10^{-7}$

《演習》

次の計算をせよ。

イ．$3 \times 10^3 \times 1.2 \times 10^2$　　ロ．$4.2 \times 10^4 \times 3 \times 10^{-2}$

ハ．$\frac{5.6 \times 10^6}{4 \times 10^2}$　　ニ．$\frac{48 \times 10^{-2}}{24 \times 10^{-4}}$

ホ．$\frac{6 \times 10^3 \times 9 \times 10^{-3}}{3 \times 10^{-6}}$　　ヘ．$2 \times 10^6 + 310 \times 10^3$

ト．$3 \times 10^{-3} - 110 \times 10^{-6}$

《解答》

イ．$3 \times 10^3 \times 1.2 \times 10^2 = (3 \times 1.2) \times (10^3 \times 10^2) = 3.6 \times 10^{3+2} = 3.6 \times 10^5$

ロ．$4.2 \times 10^4 \times 3 \times 10^{-2} = (4.2 \times 3) \times (10^4 \times 10^{-2}) = 12.6 \times 10^{4-2} = 12.6 \times 10^2$

ハ．$\frac{5.6 \times 10^6}{4 \times 10^2} = \frac{5.6}{4} \times \frac{10^6}{10^2} = 1.4 \times 10^{6-2} = 1.4 \times 10^4$

ニ．$\frac{48 \times 10^{-2}}{24 \times 10^{-4}} = \frac{48}{24} \times \frac{10^{-2}}{10^{-4}} = 2 \times 10^{-2-(-4)} = 2 \times 10^2$

ホ．$\frac{6 \times 10^3 \times 9 \times 10^{-3}}{3 \times 10^{-6}} = \frac{6 \times 9}{3} \times \frac{10^3 \times 10^{-3}}{10^{-6}} = 18 \times 10^{3-3-(-6)} = 18 \times 10^6$

ヘ．$2 \times 10^6 + 310 \times 10^3 = 2000 \times 10^3 + 310 \times 10^3 = (2000 + 310) \times 10^3$

$$= 2310 \times 10^3 = 2.31 \times 10^6$$

ト．$3 \times 10^{-3} - 110 \times 10^{-6} = 3000 \times 10^{-6} - 110 \times 10^{-6} = (3000 - 110) \times 10^{-6}$

$$= 2890 \times 10^{-6} = 2.89 \times 10^{-3}$$

4 等式および１次方程式

(1) 等式およびその性質

$A + B = C + D$ のように、等号（=）で結ばれた式を等式（とうしき）といい、等号の左側の部分（この場合は $A + B$）を左辺（さへん）、右側の部分（$C + D$）を右辺（うへん）という。この等式が数および数を意味する文字（A、B …、a、b … など）の組合せを用いて表されるものが文字式（もじしき）（代数式（だいすうしき））である。

文字式の中の特定の文字をある数（または式）に置き換えることを代入（だいにゅう）という。

また、$2x = 2$ の等式は、x の値は１で成り立ち、それ以外の数値では成り立たない。このように、文字に代入する値によって成り立つ（成り立たない場合もある）等式を方程式（ほうていしき）と呼んでいる。方程式が成り立つ文字の特定の値は解（かい）であり、解を求めることを方程式を解（と）くという。求める文字（未知数（みちすう））の最も大きな累乗（x^a の a）が１（$x^1 = x$）の場合を１次方程式、２の場合（x^2）を２次方程式という。ここでは、１次方程式について記述する。

方程式を解く場合によく利用される等式の性質を次に掲げる。

等式の性質

① 左右両辺を入れ替えても成り立つ

$$A = B \quad \rightarrow \quad B = A$$

② 左右両辺に同じ数または式を加えても成り立つ

$$A = B \quad \rightarrow \quad A + C = B + C$$

③ 左右両辺から同じ数または式を減じても成り立つ

$$A = B \quad \rightarrow \quad A - C = B - C$$

④ 左右両辺に同じ数または式を乗じても成り立つ

$$A = B \quad \rightarrow \quad AC = BC$$

⑤ 左右両辺を同じ数または式で除しても成り立つ

$$A = B \quad \rightarrow \quad \frac{A}{C} = \frac{B}{C} \quad (C \neq 0)$$

(2) １次方程式

平易な例として次の式Ａを解く。

$5x - 10 = 0$ ………………………………………… Ａ

両辺に 10 を加える（等式の性質②）。

$5x - 10 + 10 = 0 + 10$

∴ $5x = 10$ ………………………………………… Ｂ

式ＡとＢについて 10 に注目すると、結果的に左辺の -10 が符号を変えて右辺に $(+)10$ として移動している。すなわち、数や式を左辺から右辺、または右辺から左辺へ移すときは、単に符号を変えてやればよい。この方法を移項（いこう）といい、頻繁に使われる。

次に、式Bの両辺を x の係数（けいすう）（x についている数）と同じ数の5で割って（除して）x ＝の形にする（等式の性質⑤）。

$$\frac{5}{5}x = \frac{10}{5}$$

$$\therefore \quad x = 2$$

すなわち、Aの方程式の解は $x = 2$ としてこの方程式は解けた。

式Bから x ＝の形にしたように、$ax = b$ の場合は、b を x の係数 a で割ると x が求められ（$x = \frac{b}{a}$）、また、$\frac{1}{a}x = b$ の場合には、b に a をかけると x の値が得られる（$x = ab$）。

もう少し複雑な方程式Cを解いてみる。

$$4(2x + 4x - 5) = 3x - 41 \quad \cdots\cdots\cdots\cdots \text{C}$$

この式は $2x$、$3x$ のような x と係数の積と数から成り立っており、これらを項（こう）といい、各項が＋、－記号で結びつけられている。x の項と数はそれぞれ加減計算ができる。

（　）の中は計算が優先されるので、左辺を簡単な式にすると

左辺：$4(2x + 4x - 5) = 4\{(2 + 4)x - 5\} = 4(6x - 5)$

4と $(6x - 5)$ のかけ算は、4をそれぞれの項に分配してかけ、（　）を開く（展開（てんかい）する）。

左辺：$4 \times (6x - 5) = 4 \times 6x - 4 \times 5 = 24x - 20$

このように、$a(b + c) = ab + ac$ として計算できることを分配（ぶんぱい）（の）法則（ほうそく）といっている。

したがって、式Cは次のように書ける。

$$24x - 20 = 3x - 41 \quad \cdots\cdots\cdots\cdots \text{D}$$

式Dの左辺の（－20）の符号を変えて右辺に移項し、右辺の $3x$ を同様に左辺に移項すると

$$24x - 3x = -41 + 20$$

$$21x = -21$$

両辺を x の係数の21で割ると

$$x = \frac{-21}{21} = -1$$

となり、方程式が解けた。

検算をするために、式Cの x に－1を代入すると

左辺：$4(2x + 4x - 5) = 4\{2 \times (-1) + 4 \times (-1) - 5\} = 4 \times (-11)$
$= -44$

右辺：$3x - 41 = 3 \times (-1) - 41 = -3 - 41 = -44$

したがって、左辺＝右辺であり、$x=-1$の正しいことが確かめられる。

《演習》

次の方程式を解け。

イ．$9x-4=-7x$　　ロ．$7x+1=-3+3x$

ハ．$\dfrac{2x-1}{5}=x+1$　　ニ．$\dfrac{4x+1}{x+2}=3$

ホ．$\dfrac{3}{5}x-10=\dfrac{3}{10}x+\dfrac{1}{2}$　　ヘ．$\dfrac{0.1\times25}{293}=\dfrac{2.5\times10}{x}$

《解答》

イ．左辺の-4と右辺の$-7x$をそれぞれ移項して

$$9x+7x=4$$

$$16x=4 \qquad \therefore\ x=\frac{4}{16}=\frac{1}{4}$$

ロ．移項して

$$7x-3x=-3-1$$

$$4x=-4 \qquad \therefore\ x=\frac{-4}{4}=-1$$

ハ．両辺に5をかけて分母を払い、分配法則を用いる。

$$2x-1=5(x+1)=5x+5$$

移項して

$$2x-5x=5+1$$

$$-3x=6 \qquad \therefore\ x=\frac{6}{-3}=-2$$

ニ．両辺に$x+2$をかけて分母を払う。

$$4x+1=3(x+2)=3x+6$$

$$4x-3x=6-1 \qquad \therefore\ x=5$$

ホ．分母の公倍数の10を両辺にかけて分母を払う。

$$10\times\left(\frac{3}{5}x-10\right)=10\times\left(\frac{3}{10}x+\frac{1}{2}\right)$$

$$6x-100=3x+5$$

移項して

$$3x=105 \qquad \therefore\ x=\frac{105}{3}=35$$

ヘ．両辺に分母の積$(293x)$をかけて分母を払う。

$$0.1\times25\times x=2.5\times10\times293$$

$$\therefore\ x=\frac{2.5\times10\times293}{0.1\times25}=2930$$

(3) 連立1次方程式

次の式Aのように、未知数が2個(x、y)ある方程式は2元1次方程式といい、xの値が決まるとyの値も決まる(その逆も成り立つ)。

$x + y = 5$ ………………………………………………………………………… A

すなわち

$x = 1$のとき　　$y = 4$

$x = 2$のとき　　$y = 3$

⋮　　　　⋮

などとなるが、この式だけでxとyを特定の値として決めることはできない。

これに、もう1つの式Bも成り立つような条件を設定すると、xとyの値を決めることができる。

$x + 4y = 14$ ……………………………………………………………………… B

式AとBの両方の条件を満たす方程式ということで、連立方程式(れんりつほうていしき)

$$\begin{cases} x + y = 5 \\ x + 4y = 14 \end{cases}$$ ………………………………………………………………… C

と書き、この場合は未知数が2個(2元(げん))なので、2元1次連立方程式と呼ばれる。

直感的には、式Cに$x = 2$、$y = 3$を代入してみると

A：　$x + y = 2 + 3 = 5$

B：　$x + 4y = 2 + 4 \times 3 = 14$

となり、この連立方程式の解であろうことが推察できるが、実際には次に記すような方法で解くとよい。

解き方には加減法と代入法がある。

(a) 加減法

両辺に同じ数または式を加えても引いても等式は成り立つ(等式の性質②、③)ので、未知数の1つが消えるように式Bの等式からAの等式を引く(B − A)。すなわち、式Aは$x + y$と5は等しいので、式Bの両辺から等しい値を引いても成り立ち、右図のようになる。

$$\begin{array}{rrl} & x + 4y = 14 & \cdots \text{B} \\ -) & x + \ \ y = \ \ 5 & \cdots \text{A} \\ \hline & 3y = \ \ 9 & \end{array}$$

計算式を書くと

$x + 4y - (x + y) = 14 - 5$ ……………………… D

∴　$3y = 9$

両辺を3で割って

$y = 3$

式Aに$y = 3$を代入すると

$x + 3 = 5$

移項して

$x = 5 - 3 = 2$

すなわち、この連立方程式の解は、$x = 2$、$y = 3$ということになる。

式Dのように、x、yのうちxを含まない式に導くことをxを消去（しょうきょ）するという。

このように加減法は、一方の未知数を等式の加減によって消去し、1元1次方程式になおして未知数を求める方法である。

(b) 代入法

一方の式の未知数間の関係を用いて、他方の式を1元1次方程式に変える方法である。

連立方程式Cにおいて

$$x + y = 5$$

を移項し

$$y = 5 - x \quad \cdots\cdots\cdots\cdots \text{E}$$

他方の式のyにこれを代入すると

$$x + 4y = x + 4(5 - x) = 14$$

$$x + 20 - 4x = 14$$

項を整理して

$$-3x = -6$$

$$\therefore \quad x = \frac{-6}{-3} = 2$$

式Eに$x = 2$を代入して

$$y = 5 - x = 5 - 2 = 3$$

したがって、連立方程式の解は$x = 2$、$y = 3$となる。

なお、式Eのように1つの方程式を$y =$の形に変形することをyについて解くという。

また、同じように未知数が3個の場合は3元1次方程式、4個の場合は4元1次方程式、n個の場合はn元1次方程式といわれる。

《演習》

次の連立方程式を解け。

イ. $\begin{cases} 4x + 3y = 30 \\ 8x - y = 46 \end{cases}$　　ロ. $\begin{cases} 4x - 5y = -8 \\ 5x - 3y = 3 \end{cases}$

ハ. $\begin{cases} \dfrac{1}{4}x + \dfrac{2}{5}y = \dfrac{17}{10} \\ x + 4y = 14 \end{cases}$　　ニ. $\begin{cases} \dfrac{5 + y}{x} = 4 \\ \dfrac{x + 106}{y} = 10 \end{cases}$

《解答》

イ. $\begin{cases} 4x+3y=30 & \cdots\cdots ① \\ 8x-y=46 & \cdots\cdots ② \end{cases}$

(加減法)

②を 3 倍して (y の係数を 3 にする) ①に加えて y を消去する。

②×3： $3(8x-y)=3\times 46$

$\therefore\ 24x-3y=138$ ……………… ②′

右図の計算から

$4x+3y=\ 30$ … ①
$+)\ 24x-3y=138$ … ②′
$28x=168$

$28x=168 \qquad x=\dfrac{168}{28}=6$

②に $x=6$ を代入すると

$y=8x-46=8\times 6-46=48-46=2$

したがって、解は $x=6$、$y=2$ である。

このほかに、①を 2 倍したものから②を引いて、y を先に求めることもできる。

(代入法)

②から y について解くと

$y=8x-46$ ……………… ③

①の y に代入して

$4x+3(8x-46)=30$

$4x+24x-138=30$

$28x=168$

$\therefore\ x=\dfrac{168}{28}=6$

③から

$y=8x-46=8\times 6-46=2$

加減法と同じ解が得られた。

ロ. $\begin{cases} 4x-5y=-8 & \cdots\cdots ① \\ 5x-3y=3 & \cdots\cdots ② \end{cases}$

(加減法)

x を消去するために、①を 5 倍し、②を 4 倍して引き算をする。

①×5： $5(4x-5y)=5\times(-8)$

$20x-25y=-40$ ………… ①′

②×4： $4(5x-3y)=4\times 3$

$20x-12y=12$ ……………… ②′

右図のように②′−①′として

$20x-12y=12$ …… ②′
$-)\ 20x-25y=-40$ … ①′
$13y=52$

$13y=52$

$\therefore\quad y = \dfrac{52}{13} = 4$

①より

$$x = \frac{-8 + 5y}{4} = \frac{-8 + 5 \times 4}{4} = \frac{12}{4} = 3 \qquad (x = 3、y = 4)$$

(代入法)

①より

$$x = \frac{-8 + 5y}{4}$$

②に代入する

$$\frac{5(-8 + 5y)}{4} - 3y = 3$$

$$\frac{-40 + 25y}{4} - \frac{12y}{4} = 3 \quad \to \quad 13y = 52$$

$\therefore\quad y = 4$

①より

$$x = \frac{-8 + 5y}{4} = \frac{-8 + 5 \times 4}{4} = 3 \qquad (x = 3、y = 4)$$

ハ. $\begin{cases} \dfrac{1}{4}x + \dfrac{2}{5}y = \dfrac{17}{10} & \cdots\cdots ① \\ x + 4y = 14 & \cdots\cdots ② \end{cases}$

(加減法)

①を 20 倍したものから②を 2 倍したものを引く。

$$20 \times \left(\frac{1}{4}x + \frac{2}{5}y\right) = 20 \times \frac{17}{10}$$

$5x + 8y = 34 \quad \cdots\cdots ①'$

$2 \times (x + 4y) = 2 \times 14$

$2x + 8y = 28 \quad \cdots\cdots ②'$

①′ − ②′(右図)

$$\begin{array}{rl} 5x + 8y = 34 & \cdots ①' \\ -)\ 2x + 8y = 28 & \cdots ②' \\ \hline 3x = \ \ 6 & \end{array}$$

$3x = 6$

$\therefore\quad x = \dfrac{6}{3} = 2$

②より

$$y = \frac{14 - x}{4} = \frac{14 - 2}{4} = 3 \qquad (x = 2、y = 3)$$

(代入法)

②より　$x = 14 - 4y$

①に代入すると

$$\frac{1}{4}(14-4y)+\frac{2}{5}y=\frac{17}{10}$$

両辺を 20 倍して

$$20\times\frac{1}{4}(14-4y)+20\times\frac{2}{5}y=20\times\frac{17}{10}$$

y について整理すると

$$-12y=-36 \qquad \therefore \quad y=\frac{-36}{-12}=3$$

②より

$$x=14-4y=14-4\times3=2 \qquad (x=2、y=3)$$

二.
$$\begin{cases} \dfrac{5+y}{x}=4 & \cdots\cdots\cdots\cdots ① \\ \dfrac{x+106}{y}=10 & \cdots\cdots\cdots\cdots ② \end{cases}$$

(加減法)

①、②の分母を払い整理する。

①から

$$4x-y=5 \quad \cdots\cdots\cdots\cdots ①'$$

②から

$$x-10y=-106 \quad \cdots\cdots\cdots\cdots ②'$$

②′を 4 倍して

$$4x-40y=-424 \quad \cdots\cdots\cdots\cdots ②''$$

右図のように①′から②″を引く。

$$39y=429$$

$$\therefore \quad y=11$$

$$\begin{array}{rl} 4x-y=5 & \cdots\cdots ①' \\ -)\ 4x-40y=-424 & \cdots ②'' \\ \hline 39y=429 & \end{array}$$

②′から

$$x=-106+10y=-106+10\times11=4 \qquad (x=4、y=11)$$

(代入法)

②′から

$$x=10y-106$$

①′に代入すると

$$4\times(10y-106)-y=5$$

$$39y=429 \qquad \therefore \quad y=11$$

②′から

$$x=10y-106=10\times11-106=4 \qquad (x=4、y=11)$$

5 比例式および比例、反比例

(1) 比

2つの数 a、b があり、b の値を基準にした a の値の割合を表すのが比(ひ)であり、$a:b$ で表す。いいかえれば、a は b の何倍か、を表しているともいえ、$a:b$ は分数で $\frac{a}{b}$ と書ける。

この $\frac{a}{b}$ を比の値という。$a:b$ では、前に書く a を前項(ぜんこう)、後の b を後項(こうこう)といっている。

比の重要な性質としては、前項および後項に同じ数をかけても割っても比の値は変わらない。

$$a:b = ka:kb$$

あるいは

$$a:b = \frac{a}{k}:\frac{b}{k} \quad (k \neq 0)$$

(2) 比例式

$a:b$ と $c:d$ の比の値が等しいとき

$$a:b = c:d \iff \frac{a}{b} = \frac{c}{d}$$

と書き、これらが比例式(ひれいしき)といわれるものである。

比例式の外側にある項(a と d)を外項(がいこう)、内側にある項(b と c)を内項(ないこう)という。この比例式の性質として重要なことは、外項の積($a \times d$)と内項の積($b \times c$)が等しいことである。

すなわち

$$a:b = c:d \iff ad = bc$$

また、分数で表した場合には、分子と分母のたすき掛けの積が等しい。

$$\frac{a}{b} \times \frac{c}{d} \iff ad = bc$$

この性質を利用して、次の比例式の x の値を求める。

$$3:5 = x:8$$

このように、比例式の中に未知数があって、その値を求めることを比例式を解くという。比例式の外項の積と内項の積は等しいので

$$3 \times 8 = 5 \times x$$

$$\therefore \quad x = \frac{24}{5}$$

となる。

分数で表して普通に一次方程式を解くと

$$\frac{3}{5} = \frac{x}{8}$$

$$\therefore \quad x = \frac{3}{5} \times 8 = \frac{24}{5}$$

(3) 比　例

x および y がいろいろな数値をとることができる文字（変数）であるとき、x の値が 2 倍、3 倍…になると y も 2 倍、3 倍…となる関係を、y は x に比例するという。

これを式で表すと

$$y = ax \quad \cdots\cdots\cdots\cdots\cdots\cdots \text{A}$$

となり、ここで a は変化しない数（定数）を表し、比例定数（ひれいじょうすう）という。

式 A の両辺を x で割ると

$$\frac{y}{x} = a\,(= 一定) \quad (x \neq 0) \quad \cdots\cdots\cdots\cdots\cdots\cdots \text{B}$$

となり、y と x の比は常に一定であって a の値になる。

また、式 B から

$x = x_1$ のとき $y = y_1$ とすると $\dfrac{y_1}{x_1} = a$

$x = x_2$ のとき $y = y_2$ とすると $\dfrac{y_2}{x_2} = a$

であるから

$$\frac{y_1}{x_1} = \frac{y_2}{x_2} \quad \cdots\cdots\cdots\cdots\cdots\cdots \text{C}$$

となる。式 C は比例計算でよく使われる式である。

y と x の関係をグラフで表すと、次のように原点 O を通る直線となる。

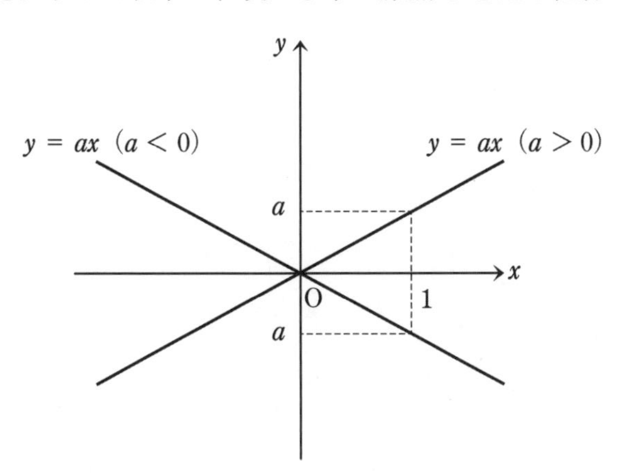

比例定数 a は、直線 $y = ax$ の傾きを表す。a が負 $(a<0)$ の場合は、x の増加とともにその倍数だけ y は減少する。

次の例題を比例を使って解いてみよう。

右図のようなばね秤の伸びる長さ(y)は、おもりの重さ(x)に比例するとする。この秤に5gのおもりをつるすと1.5cm伸びたとすると、15gと30gのおもりでは、それぞれ何cm伸びるか。

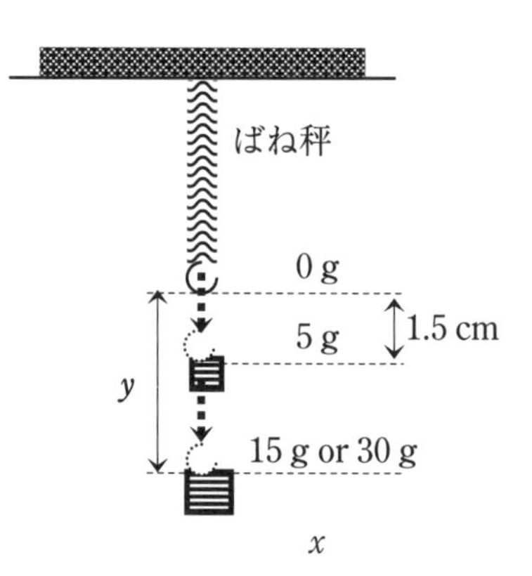

比例の式Cから

$$\frac{y_1}{x_1}=\frac{y_2}{x_2}=a \qquad (a\text{は比例定数})$$

であり、おもり5g($x_1=5$)のときのばねの伸びは1.5cm($y_1=1.5$)であるので、単位を省略すると

$$\frac{y_1}{x_1}=\frac{1.5}{5}=0.3\,(=a)$$

である。15g($x_2=15$)のときの伸びをy_2とすると、$\frac{y_2}{x_2}$の値は$\frac{y_1}{x_1}=a$に等しいから

$$\frac{y_2}{x_2}=\frac{y_1}{x_1}=0.3$$

したがって

$$y_2=0.3\times x_2=0.3\times 15=4.5\,(\text{cm})$$

30gのとき($x_3=30$)は

$$y_3=0.3\times x_3=0.3\times 30=9.0\,(\text{cm})$$

として計算できる。

グラフで表すと次の図のようになる。

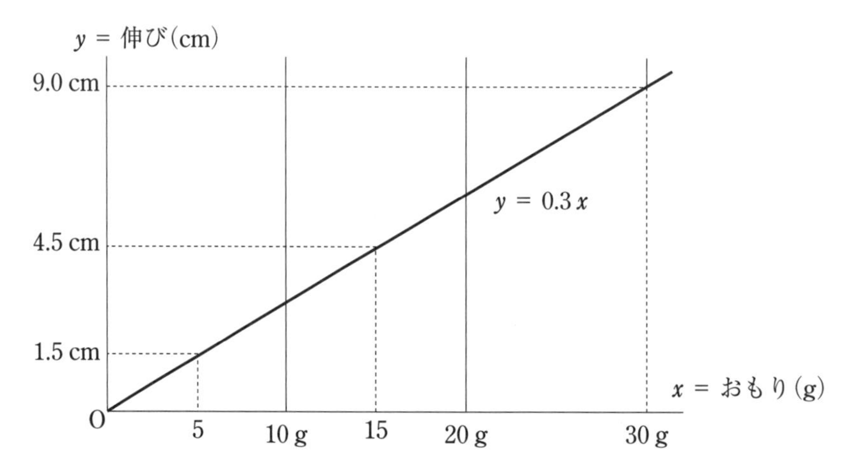

また、比例式を用いても計算することができる。

15gのときの伸びをs、30gのときの伸びをtとして、重さ：伸びの比例式をつくると

$$5:1.5=15:s=30:t$$

$$5s=1.5\times 15 \quad\rightarrow\quad s=\frac{1.5\times 15}{5}=4.5\,(\text{cm})$$

$$5t = 1.5 \times 30 \quad \rightarrow \quad t = \frac{1.5 \times 30}{5} = 9.0\,(\text{cm})$$

(4) 反比例

x と y を変数として、x が2倍、3倍…になると y が $\frac{1}{2}$、$\frac{1}{3}$ …になる関係があるとき、y は x に反比例（はんぴれい）するという。

これを式で表すと

$$y = \frac{a}{x} \quad \cdots\cdots\cdots\cdots\cdots\cdots \text{D}$$

であり、a は定数で、これも比例定数と呼ばれる。

両辺に x をかけると

$$xy = a \quad (a = \text{一定}) \quad \cdots\cdots\cdots\cdots\cdots\cdots \text{E}$$

となり、変数の積は比例定数 a の値で一定である。

すなわち

$x = x_1$ のとき $y = y_1$ として、$x_1y_1 = a$

$x = x_2$ のとき $y = y_2$ として、$x_2y_2 = a$

であるから

$$x_1y_1 = x_2y_2 \quad \cdots\cdots\cdots\cdots\cdots\cdots \text{F}$$

この式Fは、反比例の計算によく使われる。

x と y の関係をグラフで表すと、次のように直角双曲線と呼ばれる線図になる。

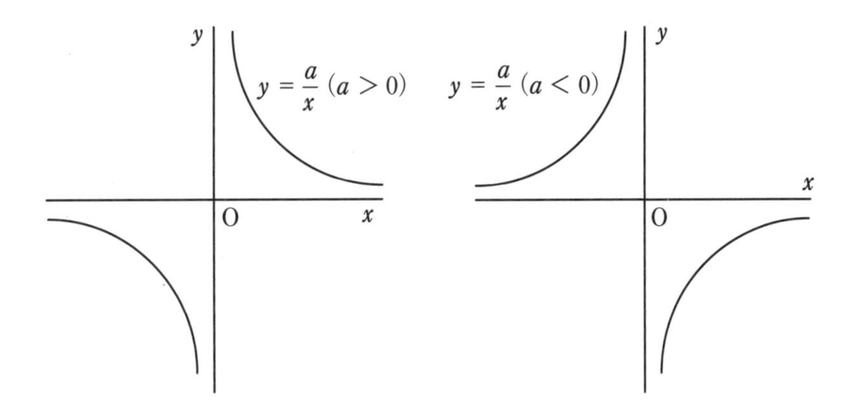

次の例題を反比例の式を用いて解いてみよう。

y が x に反比例するとき、次の空欄の数字を埋めよ。

x		1	5	10
y	10	−5		

y が x に反比例するので、比例定数を a とすると

$$xy = a$$

$x = 1$ のとき $y = -5$ であるから

$$a = xy = 1 \times (-5) = -5$$

したがって、

$$y = 10 \text{ のとき} \quad x = \frac{a}{y} = \frac{-5}{10} = -0.5$$

$$x = 5 \text{ のとき} \quad y = \frac{a}{x} = \frac{-5}{5} = -1$$

$$x = 10 \text{ のとき} \quad y = \frac{a}{x} = \frac{-5}{10} = -0.5$$

したがって、表は次のようになり、グラフでは前頁の右側の形 $(a<0)$ になる。

x	-0.5	1	5	10
y	10	-5	-1	-0.5

6 図形の面積、体積など

(1) 三角形の面積

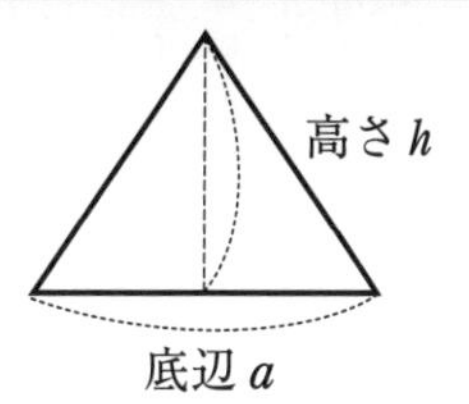

$$面積\ S = \frac{1}{2} \times (底辺) \times (高さ) = \frac{1}{2}ah$$

(2) 長方形の面積

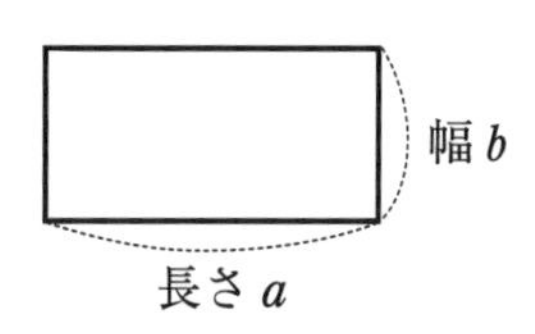

$$面積\ S = (長さ) \times (幅) = ab$$

(3) 台形の面積

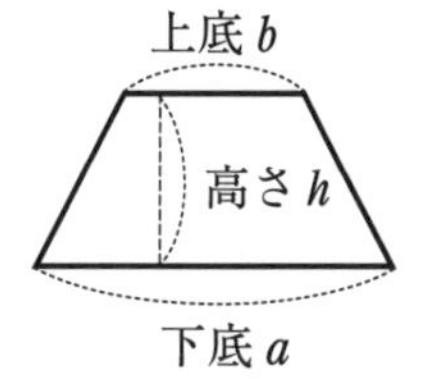

$$面積\ S = \frac{1}{2} \times [(上底) + (下底)] \times (高さ) = \frac{1}{2}(a + b)h$$

(4) 円の周囲（円周）および面積（円周率：π）

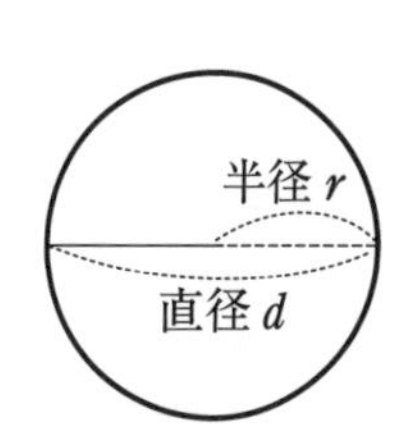

$$円周\ l = 2 \times (円周率) \times (半径) = 2\pi r$$
$$= (円周率) \times (直径) = \pi d$$
$$面積\ S = (円周率) \times (半径)^2 = \pi r^2$$
$$= \frac{1}{4} \times (円周率) \times (直径)^2 = \frac{\pi}{4}d^2$$

（ここで、円周率 $\pi = 3.14$ として（3.1415…であるが、実用的には3桁でよい）

$$\frac{\pi}{4} = 0.785$$

となるので、この数値を記憶しておくと計算が速い。）

(5) 円柱の側面積および体積

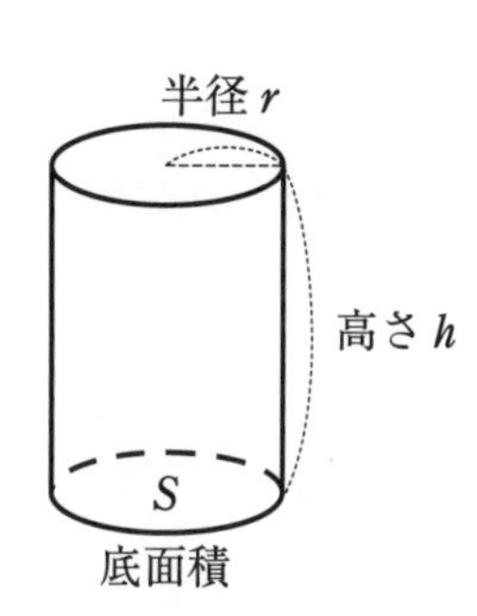

$$側面積\ S' = (円周) \times (高さ) = 2\pi rh = \pi dh$$
$$体積\ V = (底面積) \times (高さ) = Sh = \pi r^2 h = \frac{\pi}{4}d^2 h$$

BK403021

よくわかる基礎計算問題の解き方
設備士、販売、特定、移動等の基礎計算に強くなる

2010年5月27日　初版発行
2014年3月24日　改訂版発行
2017年2月15日　第2次改訂版発行
2021年2月16日　第3次改訂版発行

著　者――宇野　洋
発行者――近藤賢二　　検印省略
発行者――高圧ガス保安協会

東京都港区虎ノ門4丁目3番13号　ヒューリック神谷町ビル　〒105-8447
電話　03(3436)6102　FAX　03(3459)6613
https://www.khk.or.jp/

印刷・製本　新日本印刷(株)

ISBN 978-4-906542-35-2